U0017920

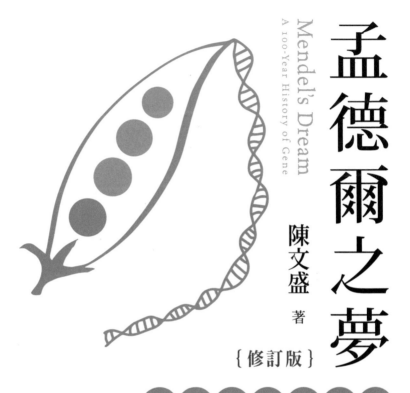

孟德爾之夢

Mendel's Dream
A 100-Year History of Gene

陳文盛 著

{修訂版}

基因的百年歷史

為什麼要再探孟德爾之夢？

周成功（陽明交通大學生命科學系退休教授）

　　每一個重要科學理論形成的背後，都有一個長期摸索碰撞的過程。只有透過對這段歷史的回顧，了解科學探究活動的始末，我們才比較容易掌握這段科學知識內在發展的脈絡。科學知識才不會淪落成一堆無趣、冰冷的教條，而是一個充滿人性活動的心智結晶。因此從科學史下手，永遠是一般人接近科學的最佳途徑，同時也是科學教育中最有效的入門方式。很可惜在中文的世界裡，大部份有關科學史的書籍都出自翻譯，而教科書中科學史的敘述多半是片斷或是語焉不詳。因此學生在這樣的養成過程中，對科學態度或是研究精神的陌生與疏離也就不足為奇了。

　　雖然每個人都認同科學史在科學教育中的重要性，但願意花費心力，投身在這個領域中的學者並不多見。陽明大學陳文盛教授這本《孟德爾之夢：基因的百年歷史》，毫無疑問為科學史的中文寫作提供了一個新的面向。我相信它未來對從高中到大學這個階段的生物學教育，會有深刻而長遠的影響。

　　《孟德爾之夢：基因的百年歷史》是從達爾文（Charles Darwin）發表《物種起源》（*On the Origin of Species*，1859 年）開始談起。大家都知道達爾文的演化論是現代生物學的基礎，而他在《物種起源》中很清楚提出了生物個體變異與天擇的關係。但生物個體的變異怎麼樣忠實地從上一代遺傳到下一代？這是演化論成立的重要關鍵，而達爾文對遺傳學的認知是錯誤的！少了正確的遺傳理論，演化論是跛足而殘缺的。這時孟德爾（Gregor Mendel）的出現就有了特別的意義。

孟德爾從豌豆交配的實驗結果發現生物遺傳的規律（1865 年），彌補了達爾文的缺憾，開啟了探究遺傳基因的新紀元。隨後基因從一個抽象的遺傳概念，逐步落實到 DNA 的物質基礎上，最後一直到闡明了 DNA 的遺傳密碼怎麼決定蛋白質胺基酸的排序（1967 年）為止，本書完整回顧了這一百年從古典到分子遺傳學的發展歷史。

本書的另一個特色就是仔細重現了這個階段所有重要實驗（不論成功或失敗）的緣起、實驗設計與實驗結果對後來發展的影響。現在大多數學生，甚至包括許多老師在內，對於許多古典的遺傳學實驗都早已忘懷。但我認為這些實驗其實是訓練學生批判性思考最好的教材：在粗陋的工具與局部知識的限制下，如何針對重大的科學問題設計實驗、解讀實驗的結果，碰到實驗的挫折又該怎麼去克服等等。只有透過在這種摸索、探究的過程中，科學家怎麼提問、怎麼相互詰難，我們才能看出不同科學家行事的風格、科學的品味和他們所碰撞出的智慧火花。另外作者不時也會將這些實驗發生的時代背景一併提出，更可以加深我們對這些重大科學進展的歷史感。

當然本書也有一些讓一般讀者不容易親近的障礙，特別是許多專有名詞與實驗的生物系統，會使得所描述的實驗過程不容易完全了解。換言之，這是一本需要下一點功夫閱讀才能領會其妙處的書。所以我會特別推薦本書給任何喜愛遺傳學的人，尤其是那些正處於高中到大學階段的同學們。同時，我也期待未來會有更多類似的作品出現。

見證分子遺傳學的榮光

徐明達（陽明交通大學生化與分子生物研究所榮譽退休教授）

　　分子遺傳學是 20 世紀科學最大的成就之一，這個發展使得看起來千變萬化的生命現象，有了一個一以貫之的基本理論，讓我們對生命的奧秘有更深一層的了解，而且對醫藥、農牧、環境科技產生革命性的影響，甚至因為對基因體序列的分析，而發展出新的科技及資訊產業。

　　這個偉大的成就起源於孟德爾的仔細觀察及分析，並提出革命性的看法，後來再經過很多科學家的努力及奮鬥，最後才得到這個寶貴的知識。這一段曲折、複雜又有趣的過程，是人類文明發展史中很重要的一個章節。享受現代舒適及豐富生活的人們應該去了解這一段歷史。在這一本書裡，陳文盛教授用他的生花妙筆將這一段重要的歷史娓娓道來，不但把專業知識用淺易的文字描述出來，更把科學家在奮鬥中的人性歷程——意外、失敗、轉折、興奮——展現出來，讓讀者了解科學知識並不只是教科書裡簡化的敘述，而是有深厚的感性層面，這一點對於科學教育非常重要。

　　我個人的學術生涯剛好和這段歷史重疊，我有幸參與這個歷程，因此讀這本書時特別有很深的感觸。很多的發現在當時都令人非常興奮，也是讓我持續在這個領域研究的原因。陳教授也是參與這方面研究的傑出學者。我們要感謝陳教授特別花時間，把這一段重要的科學史呈現給大家。

從求知、求真到人性

黃達夫（和信治癌中心醫院院長）

　　《孟德爾之夢》的內容不但生動有趣，更具深遠的教育內涵。我認為所有華文世界的知識份子都應該了解遺傳學，而以此書做為入門引薦，進入 21 世紀生命科學的世界。

　　這本書最引人入勝之處，是陳文盛教授以自身從事生物遺傳學研究的科學家身分，深入淺出，娓娓道出遺傳學歷史的演變、錯誤的不斷修正，並且在其中穿插一連串有趣的生命故事。書中不少人事和理論被證實的過程，勾起我數十年學術研究生涯的回憶，而觸動我對於那一段時光深深的懷念。

　　我自己在 1960 年代末期到 1970 年代中期也正在研究人類核酸的修復機制。人類有些疾病和核酸的正確或不正確的修復有關，在那段期間，核酸腫瘤學在生命科學的研究所佔的地位越來越重要，終於在 21 世紀的今天，變成醫學發展最重要的領域。從這一點來預卜將來科學和醫學的新發現，將不只更進一步了解人類疾病的成因，更能夠找出更多有效而傷害性較少的治療方法。所以，生活在 21 世紀的普羅大眾也要了解什麼是遺傳學、什麼是 DNA、什麼是先天具有的毛病，以及哪些疾病是因為我們自己的生活習慣合併先天問題而引發，才能夠預防疾病的發生。

　　對 DNA、遺傳學和細胞繁殖有興趣的讀者，會發現生物學、化學、物理學的整合在遺傳學上的重要性。只是對單獨一種科學具有深入了解是不夠的。同時，從這些科學家的故事，我們可以看到他們努力從事研究，不只是來自於自發的好奇心，還有無私地發揮自己所能、奉獻他人的利他精神，也是驅動他們努力不懈追求真理的動力。

遺傳學從孟德爾的豌豆實驗開始，經過果蠅、黴菌、噬菌體，進入 DNA 結構激烈的競爭，到了解 DNA 的複製、對突變和適應的分辨等等；從達爾文、孟德爾一直到華生、克里克，再到今天基因圖譜的解碼（有賴美、英政府和民間的合作），處處都呈現人類從求知、求真為出發點，推動科技不斷進步，終於在 21 世紀的今天，我們幾乎每天、每個月、每年都可以看到這兩種精神交互作用所帶來的最美好的果實。這種人性與科技進步之間互動所帶給我們的成果，顯示二者不可分離的關係。孟德爾在 1860 年代，大概也沒有夢想到一百五十多年後，他的研究啟發了這麼多有益於人類的發現。我揣測這個詮釋，可能是陳文盛教授把這本書取名為「孟德爾之夢」的理由吧！

　　我個人特別對於每位科學家不同性格的敘述感到興趣。這代表求真的科學精神（scientific inquiry）與人性（humanity）互動所產生的結晶。雖然這些年來，科技的進展加速，似乎遠遠超過人道可以駕馭科技的能力，但是未來的世界是否更美好，將取決於人道與科學之間緊密的互動、影響、導正的最終結果。

「為什麼」比「什麼」重要

　　1953年夏天，美國長島冷泉港實驗室的第18屆「定量生物學研討會」具有特別的歷史意義。會場的聚光燈聚在DNA身上。華生（James Watson）在大會演講，講他和克里克（Francis Crick）剛發現不久的DNA雙螺旋模型。這是雙螺旋首次公開露臉。在另一場演講，赫胥（Alfred Hershey）發表他們著名的果汁機實驗。

　　生物學的學生們應該都讀過赫胥和他的助理蔡斯（Martha Chase）做的「果汁機實驗」。他們用T2噬菌體（感染細菌的病毒）進行實驗。他們想問的是：DNA或者蛋白質是遺傳物質？一般的教科書告訴我們：赫胥和蔡斯用放射性的硫標示噬菌體的蛋白質，用放射性的磷標示噬菌體的DNA；他們發現T2感染大腸桿菌的時候，進入細菌的是放射性的磷（DNA），沒有放射性的硫（蛋白質），所以赫胥和蔡斯證明了基因是DNA。

　　事實是這樣嗎？顯然不是。如果我們置身於1953年的這場大會，我們會聽到赫胥說：「我個人的猜測是，DNA不會被證實是遺傳專一性的獨特決定者。」他不確定遺傳物質就是DNA。

　　如果我們再閱讀他們九個月前發表的論文，我們會看到文中如此說：「感染的時候，大部份噬菌體的硫留在細胞表面，大部份噬菌體的磷進入細胞。」注意，文章只說「大部份」的硫留在表面，和「大部份」的磷進入細胞。可是大部份的教科書都說「硫」全部留在外頭，磷「全部」進入，所以DNA是遺傳物質。

　　這篇論文發表前八年（1944），美國洛克斐勒研究所艾佛瑞（Oswald Avery）醫生的實驗室也提出支持DNA是遺傳物質的論文。艾佛瑞的實驗室用各種生化和物理技術，分析造成肺炎雙球菌遺傳

改變（「轉形」）的化學物質。他們在論文下結論說：「在技術的限制內，具有活性的部份不含有偵測得到的蛋白質……大部份或許全部都是……去氧核糖核酸〔DNA〕。」

艾佛瑞和赫胥都是嚴謹的科學家，深知實驗技術的限制，無法排除他們的 DNA 樣本中完全沒有蛋白質（或其他物質）的存在，所以不能肯定基因就是 DNA。假如他們斷然宣稱基因就是 DNA，他們一定飽受批評。

胡適曾經說：「有幾分證據，說幾分話；有七分證據，不能說八分話。」在證據不足的時候，要維持客觀的存疑態度，不輕易論斷。這是科學家必須具備的嚴謹治學精神。艾佛瑞等人以及赫胥和蔡斯的研究結果支持 DNA 的遺傳角色，沒有錯，但是他們都沒有排除基因含有蛋白質或其他物質的可能性。這樣保守的邏輯論證是絕對必要，不能妥協的。

如果我們把時間再提早九年（1935），我們就會碰見剛好相反的情況。那時同樣也在洛克斐勒研究所的史坦利（Wendell Stanley）純化了菸草鑲嵌病毒，並且成功將病毒結晶起來。病毒能夠結晶，顯然純度很高。他分析晶體的化學成份，發現只有蛋白質。此外，純化的病毒依然具有感染力，所以史坦利下結論說：「菸草鑲嵌病毒可以看成一種自我催化的蛋白質……需要活細胞的存在以進行複製。」這項研究讓那個時期的科學家更相信蛋白質是遺傳物質。

現在我們知道菸草鑲嵌病毒的遺傳物質，其實是包在蛋白質中的 RNA。這 RNA 佔病毒重量的 6%，但是史坦利沒有偵測到它，顯然是技術上的不足。根據不完美的技術所得到的結果下結論是很危險的。完美的技術是很稀罕的。

教科書教我們 DNA（以及有些病毒的 RNA）才是基因的攜帶者，沒有錯，可以背起來。但是如果我們簡化歷史，說艾佛瑞等人以及赫胥和蔡斯證明這件事，我們就辜負了他們堅守的科學精神。這樣的科學精神正是學生亟需學習的。

這些例子凸顯閱讀原始論文的重要性。在原始的論文中，我們才可以接觸到原始的數據、推理和結論，而不是被扭曲、過度簡化或過度詮釋的結論。閱讀原始論文，我們才能設身處地從作者的角度思考，了解來龍去脈，而不只是背書本告訴我們的條文。

求知不能只是用背的。華生說過：「知道『為什麼』（觀念）比學習『什麼』（事實）還重要。」他早在大學時代就領悟到應該盡量接觸原始論文和資料，不要太依賴教科書。教科書的內容大多是根據二手或更多手的資訊，做簡化的陳述。簡化的結果常常就是誤導。難怪分子生物學領導人戴爾布魯克（Max Delbrück）會說：「大部份教科書交代科學發展史的方式都百分之百的愚蠢。」

生物學應該是這個樣子

1953那一年，我才8歲。我真正接觸DNA的時候，已經是25歲。

那時候我剛剛進入美國德州大學達拉斯分校（University of Texas at Dallas, UTD）的分子生物學系攻讀博士學位。第一學年上了「分子遺傳學」和「巨分子物理化學」兩門核心課程，我才知道分子生物學是怎麼一回事，DNA是怎麼一回事，遺傳密碼是怎麼一回事。

出國前，我接觸的傳統生物學，像動物學、植物學、生理學、解剖學等，大都是相當表面的陳述，缺少基本層次的理論。讓原本大學聯考選擇「甲組」（理工和醫科）的我相當失望。接觸到UTD的這些課程，才讓我產生無比的興趣與熱情。突然之間，我發現生物學應該就是這個樣子，有物理、化學和數學支撐著的生物學。

當時UTD才剛成立。分子生物學系第一屆的學生只有六位。老師的人數卻是我們的兩倍。我選擇的指導老師漢斯‧布瑞摩爾（Hans Bremer），是從物理學家轉行的生物學家。系裡的老師中，他治學最嚴，我選他也是因為他的嚴格。我希望從他那裡學習自律，收斂鬆散。當時希望當他學生的還有一位美國女孩，漢斯選擇了我。我就這樣子踏入分子生物學的研究領域。

漢斯成為學術上影響我最深的人。他親自教我實驗技巧、教我撰寫實驗記錄和科學論文，還和我逐字修潤講稿並排練演講。最特別的是他開的「論文研讀」課程。他挑選重要的論文，讓我們課前閱讀，然後在課堂中不厭其煩地討論，不放過任何細節，例如：作者為什麼要做這項研究；實驗為什麼用這一個技術不用那一個；數據的分析和詮釋有什麼漏洞；實驗的結果告訴我們什麼，沒有告訴我們什麼。這樣嚴謹的要求和瑣碎的磨練，是我研究生涯的最重要修煉之一。

漢斯在第二次大戰結束後從德國移民到美國。他來達拉斯之前，先後在戴爾布魯克的研究所及史坦特（Günther Stent，見第 2 章）的實驗室擔任博士後研究員。系裡還有很多老師也是來自歐洲。他們或他們從前的老師，有些會在這本書中出現。

例如，我們的系主任是來自英國的克魯茲（Royston Clowes），他之前是知名的遺傳學家海斯（William Hayes，見第 4 章）的學生。來自德國的藍恩（Dimitrij Lang），以前是電子顯微鏡大師克林施密特（Albrecht Kleinschmidt）的學生，他們兩人發展出用電子顯微鏡觀察 DNA 的技術（見第 4 章）。

系裡還有一群輻射生物學家，其中魯柏特（Stanley Rupert，見第 10 章）是 DNA 修復的拓荒者之一。1958 年他在大腸桿菌中發現修復紫外線傷害的光裂合酶，這個酶在可見光的照射下可以修復被紫外線破壞的 DNA。1970 年代，土耳其學生桑卡（Aziz Sancar）在他指導下分離到這個酶和基因。桑卡因為這個酶，與其他兩位 DNA 修復酶的研究者在 2015 年共同獲得諾貝爾化學獎。

我剛從 UTD 畢業的時候，漢斯曾推薦我到加州大學柏格（Paul Berg，見「後記」）的實驗室做博士後研究，但是柏格說要等到隔年才有位子，我沒有等。我和另一位老師到俄亥俄州醫學院做博士後研究。柏格後來因為發展重組 DNA 技術，得到 1980 年的諾貝爾獎。

在俄亥俄州的時候，我曾做了一項四股 DNA 結構的研究。那時候我寫信請教剛從英國劍橋搬到美國沙克生物研究院的克里克，他看

了我的文稿後告訴我，那四股 DNA 的模型在五年前已經有位蘇格蘭的科學家發表過了。我如果想進一步研究的話，他建議我可以進英國克魯格（Aaron Klug，見第 7 章）的實驗室。我沒有聽他的。克魯格 1982 年得到諾貝爾獎。

除了這幾位，這本書中提到的其他人物，我都只有在書籍和論文中接觸到。最早是在 UTD 的時候，漢斯拿戴爾布魯克 1949 年發表的〈一位物理學家看生物學〉（A Physicist Looks at Biology）給我們看。在這篇回顧文中，戴爾布魯克陳述他和薛丁格（Erwin Schrödinger）兩人以物理學家的觀點來看，基因應該是化學分子；但是以分子而言，基因卻太過於穩定，很詭異，似乎有違現有的物理原理。薛丁格甚至在《生命是什麼？》（What Is Life?）書中，提出遺傳學中可能隱藏著新的物理定律。這個煽動性的想法吸引了很多菁英物理學家，積極投入遺傳學研究。戴爾布魯克等人更形成「噬菌體集團」，用大腸桿菌和噬菌體為研究題材，在細胞中的分子層次研究基因。

漢斯還給我們另外一篇史坦特於 1968 年發表的回顧文章〈那就是那時候的分子生物學〉（That Was the Molecular Biology That Was）。史坦特把從《生命是什麼？》到 1953 年的雙螺旋這段時期稱為分子生物學的「浪漫期」，因為這段期間，很多人都心懷尋找新物理定律的美夢。在接下來的「教條期」，基因的研究開始揭開明確的分子機制和理論，一切結構和機制似乎都可以用現有的物理化學原理解釋，沒有提出新物理定律的必要。戴爾布魯克等人的浪漫美夢，儘管帶領了革命的風潮，仍舊只是一場美夢。

一個逐夢的故事

那時候的我正在實驗室中打拚，只想早日畢業，所以對漢斯給我們的這些課外讀物沒有太在意。等到離開 UTD 好幾年後，身處於學術生涯，回顧起來才體會到漢斯的用心。他是在薰陶我們，要放寬眼界，要見樹又見林。

2005 年，在我擔任國家講座的期間，台灣大學的于宏燦教授安排我去做一系列的五場演講，題目是「分子生物學的崛起」。之後，我將內容擴充，開始在陽明大學和東海大學開一門叫做「孟德爾之夢：分子生物學開拓史」的課程，給大學部和研究所的學生選修，一直到現在。這段期間，我也曾經簡化科學內容的部份，加重時代背景（包括藝術與哲學的發展），在通識教育的學程中開課。

　　我用「孟德爾之夢」這個名稱的想法，是出於孟德爾告訴修道院同僚的一句話：「我的時代將會來臨。」我為了它先後閱讀了四十多本參考書籍、這段歷史中的重要論文，還有很多的網頁資料，包括紀錄影片和口述歷史。我把這些教材整理起來，加上一些延伸讀物及網路資料，提供給學生們閱讀和參考。十年下來，我開始覺得應該把這一切撰寫成書，因為雖然關於這段歷史的英文著作很多，但是中文出版物很貧乏，一直到 2009 年遠流出版的《創世第八天》中文版三巨冊。《創世第八天》是歷史學家賈德森（Horace Judson）的經典報導文學，講的是分子生物學三、四十年的黃金時期。我曾推薦這本書做為上課的參考書，但是發現幾乎沒有一個學生真正去讀它。那超過 1100 頁的內容，除了特別有心的人，一般學生或老師都會卻步。

　　我開始寫我的書。我要從頭說起，不只是談那三、四十年的黃金時期。我從孟德爾和達爾文開始寫起，因為基因的概念是那個時期開始孕育，DNA 也在那時候被發現。從孟德爾發表豌豆論文，一直到日後遺傳密碼的解碼，基因神秘面紗的揭開，剛好歷經了一百年。這本書說的就是這一百年中的基因歷史。

　　這些故事中，我要注重科學方面的申述和推論。賈德森是歷史學家，不是實驗科學家。他在《創世第八天》中科學推理方面沒有達到我的期望，在課題的取捨方面也不太符合我的主觀喜好。

　　分子生物學不是憑空產生的，它仰賴很多其他學門（例如物理、化學、數學和資訊科學等）的知識和技術，特別是一些新出現的觀念和科技。有趣的是有些新儀器竟然來自平日的生活用品。例如廚房用

的果汁機，就一再出現在這段歷史中。果汁機誰都會用。反過來，有些科技儀器（例如 X 射線繞射晶體圖學），在操作上和分析上都非常專業，就不是可以輕易解說清楚的 。

　　最了不起的是研究者為了解決當前的課題，在沒有現成技術可用之下，自己摸索，發明出新的技術來。例如：梅塞爾森（Matthew Meselson）和史塔爾（Frank Stahl）為了測試 DNA 複製模型，使用超高速離心機發展出密度梯度離心的嶄新技術。這種嶄新的技術不但成就了該項研究，也成為日後相關研究技術的典範。

準備你的心靈

　　問題的思考、策略的選擇和結果的詮釋，都和科學家個人的背景很有關係，特別是他們的教育和經驗。對書中關鍵的人物，我會做一些背景的描述，尤其和他們的發展有關的部份。達爾文和孟德爾在同一個時期做了很多（有些類似的）遺傳研究，但是他們研究的風格非常不同，其中一個重要因素就是兩人的學識修養非常不同。

　　除了個人內在的因素，外在時空的機緣也是研究成敗的重要因素。科學發現過程不像大眾想像般依循一條直線，有規劃、有條理地前進，而是有很多路線錯綜交織在時空中，充滿了錯誤、曲折、意外和運氣。你知道華生和克里克建構了三個不同的 DNA 模型，才得到正確的答案嗎？你知道科學家花了十四年的功夫才解完遺傳密碼，而前八年發表的理論和模型通通是錯的嗎？這些失敗的故事，都不會出現在教科書中，但是它們都可以幫助我們對科學研究的本質和發展有正確且踏實的理解。

　　錯誤、歧途和失敗都是不可避免的，尤其是當我們選擇高風險的研究時。指導老師給學生或者計畫書規劃的研究題目，通常不會是高風險的，通常有可以預期的結果。但是，當學生脫離這個課題，追求自己的夢，他就踏上陌生且高風險的發現之旅。兩個最明顯的例子是：華生和克里克的 DNA 雙螺旋結構，以及梅塞爾森和史塔爾

的 DNA 半保留複製模型。這兩項研究既不是指導教授規劃，也不是研究計畫規劃的。克里克和梅塞爾森當時都還是研究生，在進行別的論文題目。他們都是抽空從事這些「課外活動」，跌跌撞撞圓了他們的夢。

別忘了，當初孟德爾的遺傳研究也是「課外活動」。他沒有論文指導老師，也沒有研究計畫。他只是修道院裡的一位修士，在沒有任何酬報下，只有院長和同僚的鼓勵（大概也幫忙吃了很多豌豆），八年中完成 28000 株豌豆的雜交實驗。他為了什麼？他只是為了發掘其中「應該隱藏著的大自然法則」。

這些大大小小的冒險活動在本書中佔據重要的地位。我們隨著這些冒險家面對挑戰，隨著孟德爾思考豌豆雜交實驗的結果，隨著華生和克里克在來自四處的線索中抽絲剝繭，構思DNA的結構。一個謎題的解答帶來另一個謎題，一個挑戰接著一個挑戰，編織出精采的歷史。

這不是一本輕鬆閱讀的科普書籍。不管我們用何種方式進行，科學的學習永遠不是輕鬆的，永遠要花腦筋和精神的。別相信人說科學可以輕輕鬆鬆學習，那是騙人的。真正扎實的學習，永遠必須付出扎實的力氣。

將這本書捧在手上翻閱，隨時停下來思考，慢慢咀嚼和消化。碰到太艱深或太生澀的題材，不妨放下書，沖一杯咖啡，休息一下再回來，也不妨暫時跳過，擱置起來，或者找人討論。除非你已經是專家，你一定會碰到障礙，沒有關係。如果這本書說的你都懂，你就沒學到什麼。發覺自己不懂或不解，就是進步的第一步。

讓這本書帶給你收穫與快樂，也幫助你準備你的心靈。

〈修訂版序〉
新的面貌與感謝

　　《孟德爾之夢》自從 2017 年出版以來，經歷修訂五刷，並授權北京時代華文書局出版簡體版（書名《基因前传：从孟德尔到双螺旋》）。現在我們決定改版《孟德爾之夢》，賦予新的面貌，同時對內容進行微幅修訂。

　　《孟德爾之夢》所談的都是有一段距離的歷史，期間發現的遺傳原理都有定論，經得起考驗，因此基本上不需要大幅修訂。此次增訂新版只在下列幾處內容有實質的添加：

　　第 2 章結尾處新增了一節有關達爾文演化論和孟德爾遺傳學整合的簡要歷史，交代 20 世紀早期的學者們如何將這兩項獨立的創論融合起來，塑造成完整的理論。這要感謝清華大學黃貞祥教授在網路專欄「GENE 思書軒」指出這項缺失。

　　第 7 章後段有提到為什麼華生與克里克一開始就認定 DNA 雙螺旋是右旋的，有些讀者會好奇他們為什麼如此確定，因此我在這裡增加了一段史實和意見。

　　最後，書末附錄的〈基因的百年歷史與後續的里程碑〉也新增了近年來的幾項新突破；在〈延伸閱讀與網路資源〉裡，我刪除或更新了一些過時的資訊，同時增加了一些新內容。

　　新版書中也添加了幾幅我的插畫，包括在《科學人》專欄發表過的，希望增加一些輕鬆趣味。新版封面我還是和上次一樣畫了一幅畫，感謝美術設計謝佳穎的加工設計。這次的新版編輯，我要感謝遠流出版公司的總編輯王明雪、編輯林孜懃與王心瑩，以及行銷企劃舒意雯。

　　最後，這些年來，承蒙各地讀者們的鼓舞和支持，謝謝大家！

致 謝

感謝教育部 2002~2005 年和 2008~2011 年兩屆國家講座,支持我進行這方面的歷史研究和教學。也許這本書可以看做身為講座的一項成果分享。

這本書能夠順利出版,最要感謝的是《科學人》雜誌張孟媛副總編輯的努力推動和編輯。她嚴謹認真的訂正和修潤,使得這本書增色很多,並且減少了很多瑕疵和錯誤。我聽從她的建議,自己畫封面圖和每一章刊頭的小圖。用藝術形式表達自己,帶來更深的充實感。也感謝優升活設計中心的版面構成,以及圖解繪者邱意惠在科學製圖上的美好協助。

謝謝徐明達和周成功兩位教授審閱我的初稿,給我很好的修正和建議。謝謝孫以瀚教授幫我審閱他專長的第二章內容。謝謝周、徐兩位教授,以及和信醫院黃達夫院長為我寫推薦序。

這十年來,我幾乎每年都在陽明大學和東海大學開課,講「孟德爾之夢」。有些很有心的同學很熱情地來上課,很認真地撰寫出很精采的報告。之前在陽明大學的課程,我讓同學們閱讀這本書的初稿,同學們還幫我糾正一些錯誤。感謝所有的這些學生們。

最後謝謝我太太玉芬一路的支持和鼓勵。

本書獻給我的老師漢斯
以及歷年來和我一起認真工作認真玩的學生們

這是當年我用漫畫形式畫的漢斯。
他在做離心實驗，離心管中的金魚
是開玩笑的。那時期攜帶型計算機
剛問世，但是他一直不捨口袋中那
把計算尺，一直到師母送他一項不
能拒絕的禮物。

目　錄

達爾文是自然學家，著重於觀察和歸納，孟德爾受
的訓練則是比較嚴謹的物理和數學。孟德爾用豌豆
實驗建立起的遺傳原理，大力支持了達爾文提出的
演化論。

白眼突變果蠅的實驗結果，扎扎實實支持著孟德爾
的遺傳論，還因此發現了聯鎖遺傳！以 X 射線誘
發的紅麵包黴營養需求突變株，連結生化與遺傳
學，成為快速方便的實驗材料。

薛丁格引用戴爾布魯克的模型，從量子力學的角度
討論基因為何物、如何儲藏大量資訊。物理學家舔
嚐到遺傳學的物理意義，遺傳學的弔詭更使他們興
奮不已。

孟德爾之夢

Mendel's Dream
A 100-Year History of Gene

〈楔子〉
酒館中的狂言

　　1953 年 2 月 28 日，星期六，在英美列強與蘇聯集團的冷戰陰影下，希臘、土耳其和南斯拉夫在安卡拉簽署「巴爾幹條約」。希臘和土耳其都是「北大西洋公約組織」的成員，南斯拉夫是站在西方這邊的共產國家，「巴爾幹條約」的簽署將南斯拉夫納入西方的防禦系統。在東方，韓戰已經進行了兩年八個月。

　　這天中午，英國的劍橋，兩位年輕人從冷颼颼的街上走進劍橋大學旁的「老鷹酒館」，興沖沖地向一群正在用餐的朋友宣稱：「我們發現了生命的秘密！」

　　發這狂言的是來自卡文迪什實驗室的 36 歲英國物理學家，法蘭西斯・克里克，他的同伴是 24 歲的美國細菌學家詹姆斯・華生。那天早上，華生才剛剛用紙板模型排出 DNA 分子的鹼基配對模式，為他們的「雙螺旋」模型填上最後的關鍵拼圖。一個星期後，他們用鐵片和鋼絲完成了雙螺旋的完整模型。這個模型將成為 20 世紀最重要的發現之一。

　　這兩位年輕人如何碰在一起合作達成這項成就，過程很曲折，也很有爭議。它的源頭要追溯到將近一個世紀前，在英國掀起大風波的達爾文演化論，以及孟德爾修士在修道院中做的豌豆遺傳研究。達爾文的學說欠缺一個解釋物種變異的原理，對此，在英國的他和其他科學家都束手無策。反而在歐洲大陸的孟德爾用數學分析史無前例地導出遺傳原理，但是他的洞見卻遭受冷淡的對待。孟德爾並不氣餒，他告訴修道院裡的同僚說：「我的時代將會來臨。」

　　1869 年，孟德爾的論文出版後三年，瑞士人米歇爾（Friedrich Miescher）在傷患繃帶的膿汁中萃取出一種黏稠的化合物。這個化合

物來自細胞核，所以他把它命名為「核素」（nuclein）；它就是我們今天所稱的DNA，米歇爾認為它可能是細胞儲藏磷酸的地方。一直到20世紀初期，科學家認為孟德爾的遺傳因子（基因）是位在染色體上，而DNA是染色體的主要成份之一，它才被認真看待。染色體的另外一個主要成份是蛋白質，那麼到底基因是蛋白質或是DNA？當時有不少的實驗證據支持蛋白質。此外，蛋白質是由20種次單位（胺基酸）組成的，應該能夠產生極多的變化擔當基因的角色；DNA卻只有四種次單位（核苷酸），看起來很單純，似乎只能扮演結構的角色。很少人看好DNA。

克里克和華生兩人都看好DNA。他們閱讀了支持 DNA的少數關鍵報告，相信基因應該是DNA。當時只知道DNA的基本化學結構是由四種核苷酸串連的聚合物，但是它的立體結構還是一個謎。克里克和華生認為，如果DNA是基因所在，解開它的立體結構很重要，可以幫助對基因的了解，突破當時的瓶頸。

在 1953 年 2 月 28 日的早上，他們終於正確解出 DNA 的雙螺旋結構。他們贏了兩處的競爭者——近在 80 公里外倫敦國王學院的羅薩琳・佛蘭克林（Rosalind Franklin）和威爾金斯（Maurice Wilkins），以及遠在美國加州理工學院的鮑林（Linus Pauling）。國王學院當時是最積極進行 DNA 結構分析的地方，鮑林則是結構生物學的權威，隔年就得到諾貝爾化學獎。

為什麼克里克會宣稱他們發現了「生命的秘密」呢？雖然這是年少輕狂的行為，但是他們有很好的理由。他們在雙螺旋結構中發現一些「基因的秘密」：基因如何儲藏遺傳資訊、如何突變，以及如何複製。這一個分子結構居然隱藏著多重的遺傳學意義，也讓他們更相信基因確實是DNA。

這是意料不到的禮物。基因不再只是抽象的因子，而是活生生的化學分子。它開啟了科學家用物理和化學方法在試管中研究基因的大門，為科學家指出未來努力的方向。從雙螺旋結構的角度，科學家可

以開始研究DNA如何複製，遺傳資訊如何儲存，又如何傳遞到蛋白質分子，讓後者執行各種生理功能。這些課題成為接下來十幾年科學家追尋的聖杯。這段時間經過大西洋兩岸科學家的努力，這些課題基本上都得到解答。更重要的是「遺傳密碼」的發現——生物體居然存在著密碼系統！如果一百年前有人這樣預言，一定被當做瘋子。1943年，二次世界大戰中，旅居愛爾蘭的量子力學大師薛丁格在他的《生命是什麼？》一書中，就提出細胞中有遺傳密碼的想法。這個大膽的假設居然成真了。

孟德爾的大膽狂言成真了，他的時代來臨了。克里克的大膽狂言也成真了，他們真的發現了生命的秘密，而且是最基本的秘密。3月7日，當他們把完整的雙螺旋模型用鐵片和鋼絲建構起來的時候，他們可曾想到它會成為20世紀最重要的發現之一嗎？

從豌豆到「遺傳密碼」，歷時一百年，這個環繞著DNA的「瘋狂的追尋」（克里克自傳的書名）就是本書要講給大家聽的故事。

第 1 章
鴿子與豌豆

1859~1900

有一天，我剝下一張老樹皮，看見兩隻很罕見的甲蟲，就兩手各抓一隻。然後我又看到第三隻，新的品種，我捨不得放棄，所以我就把我右手抓的那隻丟進我的嘴巴裡。天哪！牠射出某種苦辣的液體燒燙我的舌頭，我被迫把那甲蟲吐出來，牠不見了，那第三隻也不見了。

——達爾文

達爾文的夢

在劍橋大學就學的時候，達爾文就展現自然學家收集標本的高度熱忱。在 18 世紀，歐洲的自然學家四處觀察周遭的動物、植物、黴菌等各種生物，收集標本來研究大自然。他們重視觀察和歸納，通常不太進行科學實驗。這門屬於比較軟性的科學，是很多經濟寬裕的中產仕紳的時尚嗜好。

達爾文生長在富裕的家庭，祖父是有名的醫生伊拉士摩・達爾文（Erasmus Darwin），外祖父則是有名的瑋緻活瓷器公司創辦人維奇伍德（Josiah Wedgwood）。他本來進入愛丁堡大學攻讀醫科（當時英國最好的醫學院），但是他對醫生的工作興致索然，荒廢功課。這時期他加入一個研究自然史的學生社團，培養了野外觀察研究的嗜好。在愛丁堡兩年之後，父親毅然將他轉入劍橋大學，希望他畢業之後從事牧師的工作。當時英國的牧師一定要有大學的學位。

達爾文在劍橋結交很多自然學家朋友，不時聚會並從事野外活動，自己也開始狂熱地收集甲蟲標本。1831 年，達爾文從劍橋大學畢業後，沒有依照父母的願望去當牧師。命運帶他走上一條他完全預想不到的路。他加入了費茲羅（Robert Fitzroy）船長所領導的環球勘查航行，扭轉了他後半輩子的一切。

那年 8 月底，他收到劍橋的老師兼朋友韓斯洛（John Henslow）教授來信，告訴他皇家海軍的小獵犬號在尋找一位能擔任無薪自然學家和地質學家職位的紳士，參加他們環球調查航行。1831 年 12 月 27 日，達爾文登上小獵犬號，展開這趟未知之旅。這趟環繞地球一周、為期五年的航行，讓達爾文接觸到非常繁多的生物物種及化石。他不停收集樣本、製作標本、歸納整理，連同生物與地質報告一起寄回英國。這些物種的多樣性以及地理分佈的廣泛，讓他非常著迷。

小獵犬號回到英國的時候，達爾文已經是一位聞名的自然學家了。他開始到處演講和發表論文，開始有系統地整理和分析那些數量龐大的標本，很多專家都加入幫忙。從這些經驗，他開始發展出物

圖 1-1　1869 年達爾文 60 歲時的照片，《物種起源》出版已經
　　　　十年。當代名女攝影家卡麥隆（Julia Cameron）的作品。

種起源和天擇的理論。為了支持物種不是牢固不變的理論，他進行很
多育種雜交實驗與觀察。他的基本理論大約 1838 年就開始成形了。
1839 年初，達爾文被選為皇家學會的會員，很高的榮耀。同時他與
大他九個月的表姊艾瑪・維奇伍德（Emma Wedgwood）結婚，艾瑪
是一位虔誠的基督教徒。這樣表姊弟近親的結婚，有違他在演化論中
提到的「雜種優勢、近交衰退」觀念。

1855 年，一位四處旅遊、收集標本的自然學家華萊士（Alfred Wallace）發表一篇論文〈論調控新物種形成的定律〉（On the Law which has Regulated the Introduction of New Species）。華萊士和達爾文很不一樣，出身貧窮，幾乎一輩子都如此。他受到幾位旅遊自然學家（包括達爾文）的感召，先後前往亞馬遜河流域和馬來群島進行很長時間的研究，經費都是依賴販賣他所收集的標本所得。他在這篇論文說：每一個新物種的出現都不是無中生有；在同一個時間和空間，都已經有親屬的物種存在。他認為這個論點，可以解釋他所觀察到的生物和化石的地理分配。達爾文的朋友認為這很接近他的理論了，但是達爾文不以為意。他還是慢條斯理地整理資料，打算寫一本叫做「天擇」的巨著。

　　1858 年春天，華萊士在馬來群島患病，躺在床上發冷發熱，突然想起十二年前讀過的《人口論》（An Essay on the Principle of Population）。馬爾薩斯的這本經典提出族群的個體數目快速成長，終將超越自然資源的成長，帶來必然的災難。他想，生物物種的演化似乎可以從這個角度思考。面對自然的天敵、資源的不足，他說：「為什麼有些會死，有些會活？答案很清楚，整體來說最適者會活。面對疾病的威脅，最健康的逃離；面對敵人，最強壯、最靈敏、或者最狡猾的逃離；面對饑荒，最好的獵人或者消化系統最好的逃離，等等。然後我就想到，這自動的程序必然會改進種族，因為每一代劣等的必定會被殺死，優秀的會存活，亦即最適者存活……這樣子動物體軀的每一部份都可以依照需要修改，就在這修改的過程中，沒有修改的就死掉，於是每一個新物種的特殊形狀和清楚的隔離都可以得到解釋。我越想越相信，我終於發現我長期追尋解決物種起源的自然定律。」接下來幾天，他將他的想法寫成一篇 20 頁的論文，寄給達爾文。

　　這年 6 月華萊士的論文抵達的時候，達爾文自己的著作也已經撰寫了一段時間。他看到相隔半個地球的華萊士竟然提出和自己相同的演化機制，這篇論文刺激了他快速整理出一篇論文，和華萊士的論文

一起在 7 月 1 日舉行的林奈學會上宣讀。當時華萊士還在婆羅洲，達爾文則在辦兒子的喪事，兩人都不在現場。文章最後發表在《倫敦林奈學會學報》。

達爾文自此發憤圖強，開始撰寫一本巨著的摘要。沒想到這份摘要後來就演化成五百多頁的《物種起源》。1859 年出版之後，大受歡迎，印製的 1250 本一下子就賣光。那年他已經 50 歲了。

在引言中，達爾文就如此綜合整本書的要義：「當物種生下來的個體數目遠超乎可能生存的數目，就會有不停的生存競爭；一個個體只要有稍微對自己有利的變化，在生命複雜而且隨時變化的條件下，就可能有更佳的生存機會，也就是『天擇』。以穩固的遺傳原理而言，任何通過篩選的品種就會傾向繁殖它改變過的新形式。」達爾文和華萊士的演化論都是如此主張：物種數目隨著時間增加，個體爭奪有限資源，在自然篩選的壓力下競爭，適者生存，不適者被淘汰。

達爾文甚至在《物種起源》中提出地球上所有的生物可能源自一個共同祖先，這是演化論中非常重要的概念。他曾經在筆記本中畫了一幅「生命樹」（圖 1-2），並在這頁上頭寫著「I think」（我想）兩個字。對此，達爾文曾經在寫給華萊士的信中如此說：「雖然我不會活著看到，我相信有朝一日，大自然的每一個大界都會有相當真實的族譜樹。」他說的「界」是指當時生物分類的動物、植物界和原生生物的三個界。達爾文以及當時的分類學家歸納動植物的族譜，所依據的是個體形態的相似性。單靠形態的相似性來判斷親緣性的話，誰都很難把植物與動物歸納在一起，更別說黴菌、細菌這些原生生物。

一百年後，達爾文的夢成真了，而且不但每一個「界」都有一個族譜，所有的「界」其實都涵蓋在同一個族譜中。也就是說動物、植物、黴菌、細菌等通通來自一個共同的祖先。這樣單一的族譜是 19 世紀的科學家很難想像的。

支持這單一族譜的堅強證據來自細胞裡的分子訊息。儘管一種細菌、一棵樹和一個人，怎麼看都不像，但是我們的細胞中有無數相似

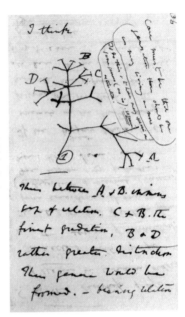

圖 1-2 達爾文在筆記本上畫的生命樹。時間是 1837 年，他從小獵犬號航行歸來不到一年。他在左上角寫了「I think」（我想），顯示他還在思索中。下方圈起來的①代表這生命樹的先祖，末梢有橫槓的樹枝代表絕種的物種，沒有橫槓的是存活的物種。

的蛋白質和相似的基因。親緣越接近的生物之間的蛋白質越相似，基因也越相似。這種細胞分子的共通性存在於地球上每一種生物之間。地球所有生命屬於同一起源的證據確鑿。

從這分子訊息所建立的族譜的角度來看，演化的步驟就反映在基因的變異。基因的變異造成蛋白質的變異，蛋白質的變異造成個體性狀的變異。族群中不同性狀的個體，才接受自然的挑戰和篩選。

演化論不可或缺的一環

但是達爾文不知道這些。他知道物種發生可遺傳的變異是演化論的一項要素，有這些可以遺傳的變異，才能在大自然的競爭中篩選出適合生存的物種。沒有變異，就沒有演化。但是物種的變異如何發生？如何遺傳？達爾文沒有答案。這個問題沒有答案的話，他的天擇

說只是個半成品。

達爾文自己說：「篩選的力量，無論是來自人類，或者是大自然透過生存競爭以及適者生存施加的，絕對要依靠生物體的變異。沒有變異的話，就沒有任何效果；個體的變異不管多微小，都足以達到效果，而且大概是新物種形成的主要或者唯一的工具。」

對當時的學者，生物的遺傳變異實在很令人迷惑。從人類本身的世代相傳到畜養的動植物的育種，都可以很明顯觀察到生物體各種性狀的遺傳和變化。這些現象好像有些規律，例如有些子代繼承親代的特徵（「龍生龍，鳳生鳳，老鼠的兒子會打洞」）；有些卻呈現和親代不同的特徵或不同的組合。對這些現象，大家不管如何思索，都歸納不出具體的章法。

當時歐洲最能夠著手思考遺傳現象的，大概就是園藝學家了。園藝學家接觸很多不同品種的植物，並且進行雜交產生新品種。不過他們的實驗結果也很令人困惑，例如紅花的品種和白花的品種交配，有些植物產生紅花或白花的子代，有些則產生粉紅色花的子代，有些的後代甚至開紅白相間的花。他們無從歸納出任何可靠的原則，得不到到任何具體的結論。

達爾文自己也做了很多遺傳實驗，嘗試找出支持演化論的原理。他於 1868 年發表兩巨冊的《馴養下的動物與植物之變異》（*The Variation of Animals and Plants Under Domestication*）描述這些實驗和觀察，記載了很多他做過的遺傳實驗。這本書出版的時候，孟德爾的遺傳論文已經發表了兩年，達爾文顯然不知道它。

達爾文對鴿子有深厚的興趣，他曾經做過很多的家鴿交配實驗。歐洲的家鴿應該是從野生岩鴿馴化育種而來的。達爾文曾用家鴿交配，竟然看到具有岩鴿型羽毛花紋的子代。達爾文認為這些子代是恢復到野生的形態，認為他觀察到的現象是物種演化的見證。

達爾文還做了很多的植物育種實驗，超過 50 種，包括豌豆、蘭花和亞麻等。不過他從來沒有仔細研究這些植物的性狀遺傳，他比較

有興趣的是「雜種優勢」，以及它與演化的關係。所謂「雜種優勢」是指親緣比較遠的雙親所生育的後代會比較優異、比較有競爭力。和它相反的就是「近交衰退」，也就是近親交配容易出現衰弱有缺陷的體質。「雜種優勢」在畜牧和農產育種上很重要，達爾文相信它在演化中也扮演很重要的角色。

達爾文甚至和孟德爾一樣，也種植豌豆做研究。他種植過 41 種不同品種的豌豆。孟德爾研究的豌豆性狀，例如豆子的圓皺、植株的高矮、花朵的顏色等，達爾文都有觀察，但是他沒有像孟德爾那樣進行雜交實驗。

達爾文倒是做了金魚草的雜交實驗。有趣的是，他讓雙瓣花和三瓣花的親代交配，第一代子代都是雙瓣花；第一代子代互相交配後，得到的第二代子代有 88 株雙瓣花和 37 株三瓣花。這二者的比例是 2.4：1，已經接近著名的孟德爾豌豆實驗的 3：1 比例（見下文）。達爾文在著作中曾提到這結果，但是沒有做任何分析和申論。另外，他做了櫻草雜交實驗，第二子代也同樣出現 3：1 的比例。對於這類實驗結果，他都沒有特別重視它可能具有的意義。

對這些遺傳實驗結果進行數學的分析和思考，超出達爾文以及其他自然學家的訓練和能力。它們都要到具有嚴謹數學訓練的孟德爾的手中，才得到應有的歸納和分析，背後的基本原理才得以釐清。

攪拌式的遺傳

達爾文顯然一直都不知道或者不注意孟德爾的遺傳論文。他一直到過世（1882 年）都執著於當時流行的「攪拌遺傳」理論。「攪拌遺傳」認為子代的性狀是雙親的性狀攪拌而形成的。這樣的想法比較直覺，比較容易被接受，譬如白人和黑人生下灰色皮膚的小孩，或者紅花的植株和白花的植株生出粉紅色花的植株。

此外，「攪拌遺傳」產生的變化比較小。微小的變化正合達爾文演化論述的胃口，他認為演化的驅動力主要來自微小變異的累積。他

說：「天擇得以達成，必須依賴非常微小的遺傳變異，每一個變異對個體的生存都有助益。」

「攪拌遺傳」有問題。如果性狀的遺傳是攪拌式，那麼隨著世代的延續，族群成員所具有的性狀就越來越接近中間值，到最後就沒有太大的變化。演化中如果出現一個優勢的特徵，它在傳宗接代過程中，就會迅速被沖淡稀釋了。它如何在緩慢的天擇過程中扮演關鍵的角色？

當時格拉斯哥大學的工程學教授簡金（Fleeming Jenkin）就指出這個矛盾。他舉了一個假設的故事說明他的論點：「假如有個白人因為船難留在一座黑人住的島上……我們這船難英雄或許會成為國王；他或許會在求生過程中殺死很多黑人；他或許會有很多妻子和小孩……我們白人的優質應該會讓他活到很老，但是無論經過多少代，他都無法讓他的後代子民變白……第一代會有幾十個聰明的黑白混種年輕人，比一般黑人聰明許多。我們可以預期好幾代，佔據王座的都是膚色接近黃色的國王；但是會有人相信整座島上的族群會漸漸變白或變黃嗎？」

對這樣的駁議，達爾文如此說：「簡金給我很多麻煩，不過他比任何其他論文或評論還有用。」達爾文自己也承認「攪拌遺傳」有問題。1866 年，他在一封寫給華萊士的信上提起他做的甜豆雜交實驗：「我拿彩紋女神（Pink Lady）和紫甜豆（purple sweet pea）交配，它們是顏色差異很大的品種。我得到完全是這兩種的變異，沒有中間品種，即使在同一個豆莢中也是如此。」也就是說，這實驗結果類似孟德爾所觀察到的，不符合「攪拌遺傳」的理論。

達爾文之後提出攪拌遺傳的變奏，叫做「泛生說」（pangenesis，圖 1-3），出現在《馴養下的動物與植物之變異》第 17 章。泛生說認為遺傳單位（達爾文稱之為「微芽」）是個體的細胞所產生，經過體液流到生殖細胞。雙親的微芽就藉著精子或卵子而傳遞到子代，在子代體內混合，這樣就使得雙親的特徵出現在子代身上。

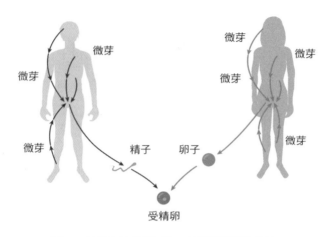

圖 1-3 達爾文的「泛生說」。這個學說認為掌管
個體特徵的遺傳單位（「微芽」）經過體
液流到生殖細胞，透過生殖細胞的結合
在子代體內混合。

　　「泛生說」也受到挑戰，這次來自達爾文的親戚，一位遠房表弟
高爾頓（Francis Galton）。高爾頓聰慧又多才多藝，集生物學家、數
學家、統計學家和發明家於一身。他是達爾文演化論的支持者，但是
身為科學家，他不盲從。他嘗試幫助達爾文釐清遺傳的問題，在達爾
文的鼓勵下，他用兔子做輸血實驗來測試達爾文的「泛生說」理論。

　　高爾頓根據「泛生說」的論點，推論微芽會從血液流到生殖細胞，
所以他就把垂耳兔子的血液輸給直耳的兔子，然後讓後者和直耳的兔
子交配生小兔子。結果所有的小兔子還都是直耳的，沒有一隻是垂耳
的，顯然垂耳的微芽沒有發揮作用。高爾頓本來希望用實驗支持表兄
的「泛生說」，卻得到相反的結果。身為科學家，高爾頓還是發表了
這項研究結果。對這研究結果，達爾文馬上提出撇清，他說他的「泛
生說」並沒有說微芽是血液所傳遞的。如果微芽是靠血液傳遞的話，
那麼沒有血液的原蟲和植物就無法進行遺傳。

圖 1-4 孟德爾修士。攝於 1880 年。

海峽另一邊醞釀的風暴

當達爾文演化論在英國引起大風波的時候，另外一場風暴正在海峽另一邊的歐陸醞釀著。這場風暴卻要潛伏三十多年才引爆出來。

地點是在當時奧匈帝國布諾恩市的聖湯瑪斯修道院。聖湯瑪斯修道院屬於奧古斯丁修會，那是當時天主教裡最自由的修會，非常注重教育與研究。它的教條是「從知識到智慧」。他們的領袖聖奧古斯丁曾經如此說：「如果你祈禱，你在對上帝說話；如果你閱讀，上帝在對你說話。」

那時候的歐洲，除了大學之外，奧古斯丁修會的教會是最大的圖書寶庫，受到皇帝和教會的支持與鼓勵，是窮人受教育的天堂。出身貧窮農家的孟德爾原本在帕拉茨基大學攻讀哲學和物理學，經濟窘困，還接受妹妹用嫁妝資助。在他很要好的物理老師法蘭茲（Friedrich Franz）推薦下，他於 1843 年進入聖湯瑪斯修道院，頗受院長（也是

農藝學會會員）賞識，支持他進修和研究。1849 年，孟德爾開始在普通中學試當數學和希臘文的代課教師。第二年，他參加中學物理教師的鑑定考試，沒有成功。再過一年，修道院院長送他到維也納皇家帝國大學就讀，一直到 1853 年。

當時帝國大學中，孟德爾的老師包括兩位馳名的植物學家。其中，植物解剖學系主任芬哲（Eduard Fenzl）是個保守的植物分類學家，相信生物的發育有神聖的生命力主導，而且生物基本上是穩定、不會變異的；植物生理學系主任恩格（Franz Unger）則比較前瞻，提倡生物變異的研究。

達爾文的《物種起源》1859 年才剛在英國出版，隔年德文版也出版，在奧匈帝國流傳。恩格站在達爾文同一邊，認為生物品系不是恆定的，會隨著時間和空間變異。在保守的環境下，這樣的論點曾經給他帶來解聘的危機，還好有慕尼黑大學的植物學權威納吉里（Karl von Nageli）支持他。

孟德爾日後進行的豌豆研究，風格和當代的植物學家很不一樣。他把這生物學問題當做物理學問題研究，使用合乎邏輯的實驗設計以及嚴謹的數學分析。這應該和他在帝國大學受教於兩位物理學家很有關係，其中一位是物理學家都卜勒（Christian Doppler）。都卜勒早年因為發展出「都卜勒定律」而馳名世界，這個定律解釋了為什麼車子接近或者離開我們的時候，喇叭聲的頻率會改變。孟德爾入學第一個學期就上他的課，後來也當過他的實驗示範助理。另外一位物理學家艾丁斯豪森（Andreas von Ettingshausen）則精通統計學，寫過一本排列組合的書。日後孟德爾分析豌豆實驗數據所使用的統計分析，顯然受到這位老師的影響。數學教育讓他得以用統計學在看似雜亂的數據中找到秩序。1856 年，孟德爾再度參加中學教師的鑑定考試，這次仍然沒有通過。考官之一是他的老師芬哲。傳說在考試的時候，芬哲和孟德爾之間有意見衝突，芬哲相信「精源論」，認為精子決定一切，孟德爾卻認為卵和精子一樣重要。

這次考試失敗之後，他就放棄教書的夢想，開始在修道院種豌豆做遺傳研究，先後延續了七、八年。這項工作的背後動機，或許就是為了證明自己的理論。

孟德爾本來選來做遺傳研究的不是豌豆，而是小鼠。他讓野生的褐色小鼠和小白鼠雜交，再觀察後代皮毛色的變化。這事情讓當地的主教知道了，主教覺得禁慾的修道士怎麼可以從事這種玩弄性交的實驗，就出手阻止。孟德爾只好改做植物的研究，開始在花園裡種植豌豆。對這件事，他曾經如此說：「雖然我不得不把研究對象由動物改成植物，但是有一件事主教大概不知道，植物也是經由性交產生下一代！」

就這樣子，命運讓孟德爾踏入豌豆的遺傳研究。如果主教沒有干涉，他還是用老鼠做研究的話，他絕對不可能像豌豆那樣子進行雜交、分析幾百隻甚至幾千隻老鼠子代。遺傳學的歷史應該會很不一樣，孟德爾的名字到後世可能沒有人知曉。

物種變異的爭論

孟德爾為什麼要做老鼠或豌豆的雜交研究呢？他是抱著怎麼樣的信念？我們從他發表的論文中的論述可以看出來。他說：「花卉的人工育種交配中，雜種顏色出現的顯著規律性，其中應該隱藏著大自然的法則。」所以，孟德爾是抱持著尋找大自然法則的信念出發。

和其他做相同嘗試的科學家（例如達爾文）比較，他使用的是前所未有的研究策略。他把定量及或然率的分析方法帶入遺傳學的研究，分析各種「特徵」（孟德爾的用詞）出現在子代的數目和頻率，完全不理會這些特徵如何產生。也就是說，他完全不在乎豌豆花是白色或紫色；他只在乎白花的子代有多少，紫花的子代有多少。花色生理學這個黑盒子，他完全跳過去不理會。

不過豌豆的實驗雜務還是不能避免。豌豆是一年生的植物，一個生長週期是一年，所以做實驗很花時間。此外，豌豆是雌雄同花，會

自花授粉，也就是說同一朵花的雄蕊會用花粉讓雌蕊內的卵受精。孟德爾要進行雜交實驗，就要避免自花授粉。他必須把花朵中未成熟的雄蕊預先切除，避免授粉；然後再從其他植株花朵中的成熟雄蕊取下花粉，進行授粉。這樣子一朵一朵花地進行雜交工作。八年來，他總共進行了大約 28000 株豌豆的雜交。

孟德爾從種子商人取得 34 個不同品種的「純種」豌豆，具有各種不同的性狀特徵，有的是植株高矮不同，有的是花朵顏色不同，有的是豆子形狀不同等。最重要的是這些品種都是純種的，也就是說紫花的品種自我授粉之後得到的後代也都是紫花，不會變；白花品種自交的後代也都是白花，不會變。孟德爾花了兩年的時間證實這些品種都是純種。純種的豌豆才適合拿來進行雜交實驗。

他的研究策略相當簡單，就是先雜交兩株特徵不同的純種豌豆，觀察子代的特徵，統計不同特徵的後代的數目，然後嘗試在這些數據中尋找出一個規律來。

純數學的分析

孟德爾首先交配圓豆子的純種和皺豆子的純種。這樣的交配後得到的第一代子代（稱為 F1）都是圓豆，沒有皺豆，也沒有半圓半皺的。這個現象，不管哪個品種是父系、哪個品種是母系，結果都一樣。孟德爾測試了其他六組特徵（見下文），也都得到同樣的結果，就是 F1 都只出現一個親代的特徵，另外一個親代的特徵都不見了。

這個現象，已故的著名植物學家格特納（Karl von Gärtner）就發現過。格特納是植物雜交研究的先驅，曾做個七百多種植物的雜交研究。孟德爾熟讀他的著作，在日後自己的論文中也提到他高達 17 次之多。達爾文在《物種起源》中也提到他 32 次。

這些 F1 的結果是孟德爾所預期的。當他讓 F1 豌豆互相交配得到第二代子代（稱為 F2），他發現那些消失的親代特徵又出現了。這點格特納也發現過，所以孟德爾並不訝異。顯然這些特徵不是真的消

失，而是隱藏在 F1 中，到了 F2 才重新出現。孟德爾稱這些重現的特徵為「隱性」，另一個出現在 F1 的特徵為「顯性」。他說，當二者同時存在一個個體（譬如 F1）的時候，顯性的特徵比較強勢，會蓋過隱性的特徵。隱性的特徵並沒有消失，它只是被遮蓋住，它還是會出現在後代（F2）。

孟德爾發現了這七對呈現顯隱性關係的特徵：

1. 圓豆是顯性，皺豆是隱性。
2. 黃色的豆仁是顯性，綠色的豆仁是隱性。
3. 灰色的豆皮是顯性，白色的豆皮是隱性。
4. 飽滿的豆莢是顯性，不飽滿的豆莢是隱性。
5. 未成熟豆莢綠色的是顯性，黃色的是隱性。
6. 花朵腋生（長在側邊）是顯性，花朵頂生（長在頂上）是隱性。
7. 高莖是顯性，矮莖是隱性。

孟德爾更進一步注意到具有顯性特徵的 F2，佔所有 F2 子代大約

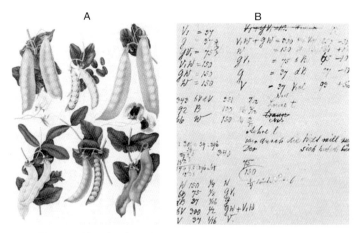

圖 1-5 孟德爾豌豆雜交實驗。（A）孟德爾研究豌豆的各種變異，由 19 世紀畫家柏奈（Album Bernay）繪製。（B）孟德爾的實驗記錄手稿，有很多符號和數字。

3/4；具有隱性的特徵的 F2 佔大約 1/4。顯性是隱性的三倍。這個有趣的比例，在這七對特徵的雜交實驗都出現。七個實驗得到的倍數分別是 2.96、3.01、3.15、2.95、2.82、3.14、2.84，平均值 2.98。他認為這些都代表 3：1 的比例。他對這個比例很有信心，因為這些數據都是根據幾百到幾千個 F2 子代計算的。當時現代統計學還沒有出現，孟德爾就注意到，如果樣本的數目很小（只有幾十個）的話，計算出來的比例就波動很大，從 1.9 到 4.9。這是不可避免的統計學誤差，所以他都以幾百到幾千個樣本做計算。

這 3：1 是暗示什麼意思呢？那表現隱性特徵的 1/4，顯然它們是只攜帶隱性特徵的純種，沒有問題。那表現顯性特徵的 3/4，有的可能是純種（只攜帶顯性的特徵），有的可能是雜種（同時攜帶顯性和隱性的特徵）。為了釐清這點，孟德爾就讓它們自交，再觀察下一代（F3）。純種 F2 自交產生的 F3 會都像親代，沒有變化；雜種 F2

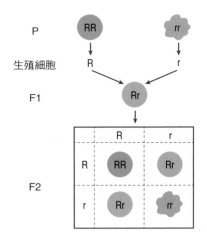

圖 1-6 孟德爾的單因子雜交實驗。純種的圓豆株（RR）和純種的皺豆株（rr）雜交，得到第一代（F1）都是圓豆的雜種（Rr），F1 再自交得到第二代（F2），出現 3：1 的圓豆株與皺豆株。3：1 的比例可以用方陣（龐氏方格）說明。

自交產生的 F3 會有變化。

　　前述圓豆和皺豆株產生的 565 株圓豆 F2 自交後，發現有 193 株是純種，有 373 株是雜種。純種和雜種 F3 的比例是 193：373，接近 1：2。他在其他六組特徵的 F3 中，也都得到相同的結果，就是純種和雜種 F3 的比例都接近 1：2。

　　根據這些結果，原本的 3：1 的比例就可以轉換為 1：2：1 的比例。孟德爾在維也納皇家帝國大學的數學教育中就遇過這個比例，出現在「二項分佈」。所謂「二項分佈」的觀念，早在 1713 年就由瑞士數學家白努利（Jacob Bernoulli）首先提出，是分析機率以及排列組合的利器。孟德爾在維也納上大學時候的老師物理學家艾丁斯豪森，就以精通排列組合學而聞名於世。最簡單的二項分佈，即可解釋孟德爾觀察到的 3：1 和 1：2：1 比例。

$$(A + a)^2 = (A + a)(A + a) = A^2 + 2Aa + a^2$$

　　這個方程式代表從 A 與 a 兩種族群中取樣兩次，所能夠得到的組合的分佈。譬如，A 代表生男孩，a 代表生女孩，這個方程式就表示生兩個小孩可能得到的各種組合。AA 是生兩個都是男孩，aa 是生兩個都是女孩，Aa 表示一男一女。後者有兩個可能，先男後女或先女後男，所以是 2Aa。這個方程式各項係數的比例 1：2：1，就是「生兩男：生一男一女：生兩女」的機率的比例。

　　孟德爾用二項式來說明他的實驗觀察到的結果。這些結果也可以用方陣圖解，就是把 A 和 a 當做長度。$(A+a)^2$ 就是一個寬和高都是 A+a 的正方形的面積。從圖解就可以看到這個面積，可以分解成一個 A^2、一個 a^2，和兩個 Aa。日後，英國的遺傳學家龐尼特（Reginald Punnett）發明用這樣的方格來說明（圖 1-6）。這個比較容易懂的方式就一直為遺傳教科書使用至今，稱為「龐氏方格」。

　　孟德爾在論文中則用這樣的方式解釋他的分析：

$$\frac{A}{A} + \frac{A}{a} + \frac{a}{A} + \frac{a}{a} = A + 2Aa + a$$

A 和 a 分別代表顯性和隱性的因子。左邊的分母是卵的因子，分子是花粉的因子，一共有四種組合。右邊的 A 和 a 各代表純種的 A/A 和 a/a；Aa 代表雜種 A/a 和 a/A。它們之間的比例就是 1：2：1。A 和 Aa 都具有顯性特徵，所以有顯性與隱性特徵的比例就是 3：1。

就這樣子，孟德爾用或然率分配的數學就解釋了豌豆遺傳實驗的結果，一項前無古人的創舉。

雙特徵的獨立分配

孟德爾更進一步進行雙特徵的交配，也就是雙親之間有兩個特徵的差異。結果他的數學分析也可以成功解釋所有的結果。

他拿一株黃色（YY）圓豆（RR）的純種，和一株綠色（yy）皺豆（rr）的純種交配。黃色（Y）和圓豆（R）是顯性的，所以 F1 豆子（YyRr）都是黃色圓豆。當這些 F1 子代互相交配，隱性的綠色和皺豆又出現在 F2 子代。這都是預期的。

不過，在 F2 子代中，除了有原來的黃色圓豆以及綠色皺豆的植株之外，孟德爾還看到黃色皺豆和綠色圓豆這兩種新組合。這是什麼意思呢？

在原來的純種親代中，一株是黃色圓豆，一株是綠色皺豆。如果豆子的圓皺和顏色兩個特徵是相連不可分離（也就是說黃色的就會是圓豆的，綠色的就會是皺豆的），那麼 F2 就應該只出現黃色圓豆和綠色皺豆兩種，比例是 3：1，不會出現黃色皺豆或者綠色圓豆（圖 1-7「聯鎖分配」）。

反過來說，如果豆子的圓皺和顏色之間完全沒有關聯，二者遺傳到子代的時候各走各的，毫不相干，那麼第二子代應該四種組合（圓黃、皺黃、圓綠、皺綠）都會出現，而且它們的比例孟德爾用四項分佈的方程式推演得到：

$$(RY+Ry+rY+ry)^2 =$$
$$RRYY+2RRYy+2RrYY+4RrYy+RRyy+2Rryy+ rrYY+2rrYy+rryy$$

其中 RRYY(1)、RRYy(2)、RrYY(2)、RrYy(4) 都是圓黃，總數是
9。RRyy(1) 和 Rryy(2) 是圓綠，總數是 3。rrYY(1) 和 rrYy(2) 是皺黃，
總數也是 3。rryy(1) 是皺綠，數目是 1。所以它們的比例是 9（圓黃）：
3（皺黃）：3（圓綠）：1（皺綠）。（圖 1-7「獨立分配」）。孟德爾所得
到的結果是 315 株圓黃、108 株皺黃、101 株圓綠、32 株皺綠，吻合
這 9：3：3：1 的比例。

　　孟德爾進一步分析這四類子代，證實只有皺綠的 F2 子代確實是

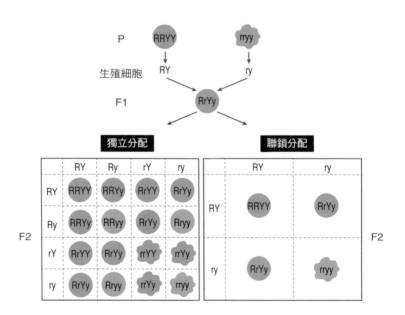

圖 1-7 孟德爾的雙因子雜交實驗。他分析豌豆圓與皺（R/r）、黃與綠（Y/
y）兩個因子之間的關聯性。子代中各種性狀組合的比例，可以
用方陣說明，也可以用二項方程式解釋。

純種（rryy），它們自交的後代都是和親代一樣，沒有變化。其他三種雜種自交後都會產生不同特徵的後代，顯示它們是雜種，而且比例都符合公式計算的預期。

我們還可以進一步如此印證：我們把 F2 中的圓皺和黃綠分別獨立考慮。只考慮圓皺的話，圓豆一共有 416（315+101），皺豆一共有 140（108+32），比例是 2.97：1。只考慮顏色的話，黃色豆一共 423（315+108），綠色豆一共 133（101 ＋ 32），比例是 3.18：1。顯然圓皺和黃綠兩組特徵在交配中都各自遵守 3：1 的比例。所以，這兩個特徵雜交的結果就好像兩個平行獨立的單特徵雜交。也就是說，雖然這個實驗牽涉到雙特徵，這些特徵的傳遞行為互相不相關。

於是，孟德爾下結論說，從親代到子代的遺傳，特徵分配到子代的方式是獨立進行，互不相干。豆子顏色特徵的分配不會受圓皺特徵的干擾，反之亦然。後人稱這個理論為「孟德爾的獨立分配律」。關於這個議題，下一章談到摩根（Thomas Morgan）的果蠅研究時，會再來討論。

研究結果被忽略嗎？

就這樣，孟德爾完成了豌豆遺傳的理論。他最重要的理論基礎有二，其一是性狀特徵的「顯性」和「隱性」的關係，其二是他排列組合的數學分析。植物雜種出現顯隱性現象，早在大約四十年前就有人觀察到，也是在豌豆上看到。但是，沒有人想到把它與數學分析結合起來，釐清雜交遺傳的原理。

在孟德爾的分析中，他所研究的豌豆特徵是什麼其實不重要。它們從花園中的觀察，變成紙上的符號。豌豆為什麼是圓的或皺的，為什麼是黃色或綠色，也都不重要。在分析中，它們只是不同的數學符號。也就是說，孟德爾完全不理生理學的黑盒子，只在乎數學。從簡單的 3：1 以及 9：3：3：1 的數學關係，就推演出遺傳學的基本原理，這是天才的成就，也是一項空前的創舉，為未來的遺傳學建立了定量

分析的傳統。

　　1865 年 2 月 8 日，孟德爾在布爾諾自然史學會中發表論文。他用了一個小時的時間，把他八年的研究成果講給學會的會員聽。演講的題目相當簡單低調：「植物雜交的實驗」。3 月 8 日，他又再發表一次，這次加入比較深奧的數學。從很多跡象顯示，這些演講並沒有引起同僚的特別注意。這也不太能夠怪這些同僚，做園藝研究的人大都缺乏數學訓練，不能體會孟德爾定量分析的內涵意義。

　　隔年，他把這些演講內容發表在學會的會報中，好像也沒有掀起什麼波浪。這篇論文，孟德爾要求 40 份的抽印本。在那個時代，這樣數字的抽印本算是不少，他至少寄了十幾份給當時著名的科學家，包括他的偶像納吉里，但是似乎沒有寄給達爾文。1881 年德國植物學家佛克（Wilhelm Focke）在他寫的《植物雜種》（*The Plant Hybrids*）一書中也提到孟德爾，多達 18 次。達爾文曾經有這本書（書上有他的簽名），但是他送給別人，而且書中敘述孟德爾研究的那幾頁紙張都沒有裁開，顯然達爾文沒有閱讀。達爾文所有的著作和通訊，也從未提到孟德爾或他的研究。即使他讀了孟德爾的論文，對數學恐懼的他可能也不懂孟德爾的數學分析。

　　孟德爾寄出抽印本後兩個月，就收到納吉里從慕尼黑寄來的回信。納吉里表示對孟德爾的研究很有興趣，但是他卻質疑孟德爾對實驗結果的詮釋，認為孟德爾的實驗結果並不足以構成完整的理論。孟德爾很高興地回信給納吉里，兩人持續通信長達七年之久。和納吉里的這些通訊討論，對孟德爾後續的研究有很大的影響。

被山柳菊打敗

　　1865 年，孟德爾開始進行山柳菊的雜交實驗，那時候他還沒有開始和納吉里通信。山柳菊是一屬形態多變的植物，是納吉里的專長，所以後來孟德爾常在信中向納吉里請教。1868 年，孟德爾被選為修道院的院長，每天要處理許多繁雜的行政事務，做研究的時間比

較少了。不過他還是親手進行辛苦的山柳菊雜交實驗，一直到 1873 年。

　　山柳菊很漂亮，但是雜交實驗非常難搞。它的花朵是一種叫做「聚生花」的複合體，每一坨聚生花中含有很多同時具備雄蕊與雌蕊的同性小花。進行山柳菊的雜交，也要和豌豆一樣，對每一朵小花在開花前進行「去勢」（切除雄蕊），避免自花授粉。小花很小，所以去勢得在顯微鏡下進行，操作困難，失敗率很高。專家估計孟德爾做過五千多次去勢手術。

　　操作辛苦是一回事，最令孟德爾困擾的是山柳菊實驗的結果。山柳菊的雜交結果竟然和豌豆的結果完全相反！用高品種和矮品種的山柳菊雜交，得到的 F1 子代有高有矮，不像豌豆那樣都是高的。讓 F1 子代互相交配，結果 F2 子代反而都呈現純種的特徵，高的 F1 自交生出來的 F2 都是高的，矮的 F1 自交生出來的 F2 都是矮的，不像豌豆那樣是有高有矮（3：1）。

　　這樣南轅北轍的結果對孟德爾打擊一定很大，不過冷酷的事實擺在眼前，無法逃避。1869 年他根據這些結果發表一篇論文，題目是〈論人工授精獲得的山柳菊雜種〉。在這篇論文中，他說：「在所有的例子中，豌豆用兩個品種交配得到的雜種，都是一樣的形態，但是它們的下一代反過來有變化，並遵循特定的定律變化。根據目前的實驗，山柳菊的結果似乎剛好相反。」這些結果似乎表示豌豆研究得到的遺傳法則，或許只適用於某些生物；山柳菊（還有可能包括其他生物）或許有它們自己的法則。在寫給納吉里的信中，孟德爾說：「到這個地步，我不得不說，和豌豆雜種比較，山柳菊的雜種顯現幾乎相反的行為。我們在這裡顯然只是遭遇到源自一個更高的通用法則的獨立現象。」他意思是說，應該有一個更高層的法則可以同時解釋這兩個現象。

　　豌豆和山柳菊兩種不同遺傳法則的概念，一直持續到 20 世紀初。生物學家（包括重新「發現」孟德爾遺傳學的研究者，見第 2 章）還

擁抱這個觀念，而且在論文中提出來。一直要等到 1904 年，丹麥植物學家奧斯坦費德（Carl Ostenfeld）才解開了弔詭。

奧斯坦費德發現問題出在山柳菊的古怪生殖方式。山柳菊的花雖然有雄蕊和雌蕊，但是平常不進行有性生殖，它的種子沒有經過雄蕊的花粉授精，是無性生殖。當一個生物用無性生殖繁殖，子代就是親代的複製品，當然就維持一樣的特徵。所以孟德爾以為他拿到的山柳菊品種都是純種，因為這些子代都長得和親代一樣，沒有變化。但其實它們都不是純種，它們只是都進行無性生殖。

當孟德爾拿這些非純種的雙親做雜交的時候，他也是和做豌豆實驗一樣，拿一個品種的花粉授粉給另一個品種。這樣的交配是有性生殖，而兩個親代都是雜種，所以得到的 F1 子代當然有高有矮。

接下來他再讓這些 F1 植株自交，當然就沒有人工授粉的必要。殊不知沒有外力的干擾，這些山柳菊又進行無性生殖，結果當然每一株 F1 產生的 F2 後代都長得和 F1 親代一樣，沒有變化。

孟德爾挑選山柳菊來印證豌豆的實驗，可能是因為山柳菊是當時很多人研究的對象，得到的結果會比較有影響力。說起來是孟德爾的運氣不好。

孟德爾與演化

山柳菊實驗之後，或許因為受到這個挫折的打擊，或許因為院長的行政事務繁忙，也或許因為健康每況愈下，孟德爾就沒有再做任何遺傳研究。公事之餘，他只養過蜜蜂，以及進行氣象的觀察。他死後，豌豆的研究資料大都被繼任的院長下令燒毀了。

雖然我們現在都稱孟德爾為遺傳學之父，其實遺傳學這個觀念還沒有在當時的科學家腦中成形。孟德爾心中的目標其實和達爾文一樣，是演化。他認為他研究的課題深具演化的意義。他說：「進行這種意義深遠的工作需要很大的勇氣。不過，如果要得到這個深具生物演化史意義的問題的終極答案，正確的做法似乎只有一個。」

在豌豆論文最後的結論中，孟德爾都在討論雜交和演化的關係，特別是關於格特納在物種轉形方面的理論和研究（格特納的名字出現了八次）。雜交的子代會出現嶄新組合的特徵，那麼一再重複的雜交是否會導致新的物種出現？孟德爾非常關心這個議題，不過他的煩惱（也是很多生物學家的煩惱）是：特徵的變化是否就代表新的物種？新品種和新物種如何區分呢？

如同當時大部份的學者，孟德爾十分清楚達爾文的演化論。雖然達爾文顯然沒有聽過他，但是他擁有達爾文《物種起源》第二版（1863年）的德文譯本，書中有很多批註。他也買了之後所有達爾文寫的書，1860~70年代的達爾文著作，都收藏在修道院的圖書館裡。

孟德爾的訓練是比較嚴謹的物理和數學，比較硬性。達爾文則是一位「自然學家」，著重於觀察和歸納，比較軟性。達爾文在自傳中也承認他討厭數學，數學程度很差，「連最基礎的代數都無法領略」。他還帶著酸葡萄心態說：「數學在生物學中，就好像木匠工坊裡的解剖刀──沒有用。」

孟德爾用數學建立起的遺傳原理，終究大力幫助了達爾文的演化論，提供了演化的遺傳基礎。依照達爾文的「泛生說」，每一個新出現的優秀變異馬上會因為交配和傳宗接代而稀釋，無法保存下去。在孟德爾提出的遺傳原理中，優異的突變則可以完整保持，原原本本流傳到後代。

孟德爾死於1884年，享年61歲。修道院裡有一位僧侶記錄下他的遺言：「雖然我一生渡過很多苦惱的時光，我得帶著感激承認，美好的事物還是佔上風。我的科學研究帶給我很多滿足快樂，我肯定沒多久全世界就會認同我的研究成果。」此外，他也不只一次告訴同僚說：「我的時代將會來臨。」

革命醞釀的年代

很多歷史交代說孟德爾的研究成果被埋沒了35年，一直到1900

年才重新被發現。其實這段時間他的論文被他人引用至少十四次（包括前述佛克的《植物雜種》），也被收藏在 1879 年英國皇家學會出版的《科學論文目錄》以及 1881 年版的《大英百科全書》，所以孟德爾也不能說是被埋沒，比較像是潛伏、未受到重視。

19 世紀後半葉的這段時期，科技蓬勃發展。諾貝爾發明了火藥，俄國門得列夫建立了元素週期表，侖琴發現 X 射線。根據 X 射線所發展出來的技術，除了在醫療及其他檢驗上有重大的幫助，也會在我們這裡敘述的歷史中扮演顯著的角色。

電腦的雛形也在這段時間醞釀出來。巴比奇（Charles Babbage）首次提出「可程式控制的」計算機的觀念，他設計了第一個機械式計算機，叫做「差分機」，雖然沒有建造起來。另外，詩人拜倫的女兒愛達・洛夫萊斯（Ada Lovelace）成為歷史上第一位程式設計師，提出各種程式設計的觀念，也替差分機設計了程式。

電腦雛形的誕生和遺傳學的誕生同樣發生在這個時期，很有意思。一個是人造的資訊系統，一個是大自然演化的資訊系統。正當一群科學家慢慢抽絲剝繭解開遺傳密碼系統，另一群卻在打造自動的人工資訊。而未來，這二者越走越近。

第二次工業革命在這時候開始，西方國家享受著經濟和物質文化的穩定發展，但是這些繁榮和安定只是假象。自動化科技的趨勢帶來社會的精神真空，舊時代的理想和價值觀被機械時代的新理想和新價值觀取代。法國革命進行到第三共和，德意志帝國興起，和奧匈及鄂圖曼等國建立同盟，歐洲聯盟系統形成。美國歷經了南北戰爭。日本的明治維新開啟了現代化的路途，終將成為強國。強權帝國的殖民侵略繼續擴張，之間的明爭暗鬥漸漸浮現。第一次世界大戰已經在醞釀中，歐洲正處於戰爭與和平的邊緣。

中國才結束太平天國之亂，但是仍然面對列強的侵略，危機四伏。台灣因為滿清與列強簽訂的北京條約，開放了淡水、雞籠（基隆）、安平（台南）、打狗（高雄）四個港口。外國商業貿易以及傳教

活動的進入漸漸頻繁。1885 年滿清設台灣省，10 年後又因為日清戰爭戰敗，訂定了馬關條約，把台澎割讓給日本。

　　政治上、文化上、科技上，世界都處於巨變的前夕。

如果達爾文遇見孟德爾……

第 2 章
果蠅與黴菌

1900~1941

基因是什麼，它們是真實的或者是純粹虛構的，遺傳學
家之間並沒有共識，因為從遺傳實驗的層次上看來，基
因到底是假設的單位或者是實質的粒子，都不會造成絲
毫不同。

——摩根
1933 年於諾貝爾獎的演講

重新「肯定」孟德爾原理

剛進入 20 世紀，1900 年，三名科學家分別在歐洲三個不同的國家發表論文，提出孟德爾三十五年前發表過的遺傳原理。

荷蘭的植物學家德伏里斯（Hugo de Vries）當時 52 歲，是當年和孟德爾通信七年的納吉里的學生。他發表的論文題目是〈有關雜種的分離定律〉，使用的材料是月見草、罌粟和剪秋羅。

德伏里斯在論文發表前可能就知道孟德爾的研究，雖然他用法文發表在法國科學學會的論文中沒有提到孟德爾，不過他在文中使用一些和孟德爾相同、而自己從未用過的術語。例如：這篇論文出現孟德爾用的「顯性」和「隱性」，他以前都用「活躍」和「潛伏」來形容這些現象。他後來在《德國植物學會報告》用德文再發表一次，論文最後就提到孟德爾，他寫道：「這位修士的重要論文很少被引用，所以我也未曾看過。我第一次發現它存在的時候，我已經完成大部份的實驗，並推論出他論文的內容與我的實驗在性質上頗為雷同。」

德國的柯倫斯（Carl Correns），當時 35 歲。他的妻子是納吉里的姪女，他本人也曾經和納吉里合作過。他正在收集納吉里與孟德爾之間來往的信件，準備出版。

柯倫斯用玉米和豌豆做研究，他的論文題目是〈有關變異雜種的子代行為的孟德爾定律〉。這篇論文發表於德伏里斯之後，他故意把「孟德爾定律」放在論文的標題中，來凸顯德伏里斯的成果也不是創新的。

第三位，奧地利的謝馬克（Erich von Tschermak）才 28 歲，還是個研究生。他的外祖父就是在帝國大學教過孟德爾的植物學家芬哲，也是孟德爾第二次教師資格考試的主任委員。謝馬克發表的論文題目是〈有關豌豆的人工交配〉，這篇論文發表得最遲，內容也最不完備。有人質疑，他是勉強硬要擠進孟德爾遺傳「再發現者」的行列。

這三人都和孟德爾有間接的關係。一位是納吉里的學生，一位是納吉里的姪女婿，一位是孟德爾老師的孫子。很有趣。不是嗎？現在

大部份的人都稱他們為孟德爾遺傳原理的「再發現者」，似乎不太恰當，因為這意味他們的發現都沒有受到前人的影響。現代的科學史學家質疑這點，認為他們發表論文的時候，似乎都已經知道孟德爾的研究，甚至是讀了孟德爾的論文後，才用他的原理解釋自己的實驗結果。這應該不算「再發現」，只算是「肯定」吧。

這三位科學家中最有影響力的是德伏里斯。他在 11 年前（1889）就修改了達爾文的「泛生論」，寫成一本很受歡迎的書《細胞內泛生論》（*Intracellular Pangenesis*）。他認為傳遞個體性狀特徵的是具有形體的顆粒，他把它們命名為「pangene」。這些顆粒存在於細胞核中，需要用的時候才會跑出來到細胞質中作用，pangene 有時候是「活躍」的，有時候是「潛伏」的（相當於孟德爾的「顯性」和「隱性」）。不論是哪一種物種，特定的特徵都有特定的 pangene 負責，雙親的特徵就是藉由 pangene 流傳到子代個體，遺傳下去。

德伏里斯還進一步提出「突變」的觀念。他說突變就是 pangene 發生變異。突變是孟德爾沒有碰觸的課題。孟德爾用不同變種進行交配實驗，但是他從來都沒有討論這些變種如何發生的，譬如什麼因素造成植株變矮，圓豆變皺？德伏里斯曾經種了五萬株的月見草，隔年發現幾百株的變異。他認為他目睹的就是突變。此外，他進一步提出突變是演化的驅動力。這兩個觀念都很有遠見和影響力。

1905 年，丹麥的約翰森（Wilhelm Johanssen）把德伏里斯的「pangene」縮短，創造出「gene」（基因）這個字，成為現在通用遺傳因子的稱呼。很多人以為「gene」這個字來自「genetics」（遺傳學），這是很容易犯的誤解。「Genetics」這個字是同一年由英國遺傳學家貝特森（William Bateson）獨立提出來的，它源自希臘文的「genetikos」，是「起始、豐饒」之意，與「gene」無關。

孟德爾一直沒有提出遺傳物質的具體觀念。他的論文談到遺傳的單位，主要都是用德文的「特徵」（merkmale 或偶爾 charaktere），用了超過一百五十次。20 世紀初有些人把他的論文翻譯成英文，都把

merkmale 譯成「因子」（factor）或「決定者」（determinant），這是過度詮釋，讓大眾以為孟德爾已經有基因的觀念。現代的教科書在討論他的遺傳學的時候，也常常如此誤導讀者。其實孟德爾一直沒有提出決定特徵的因子，遺傳因子隨著生殖細胞分配到子代的想法，在 20 世紀初才開始成形。

染色體現身

20 世紀的科學界對於這些「再發現」很友善，很快就接納它們。在這之前的 35 年間，孟德爾的研究雖然沒有受到廣泛注意，但科學進展的腳步一直在加快，相關的研究已經替他鋪了一條康莊大道。其中最主要的是染色體方面的研究。

19 世紀中葉就有幾位科學家（包括納吉里）在顯微鏡下觀察到染色體的結構，但是對它的角色都不清楚或有誤會。1878~82 年，德國

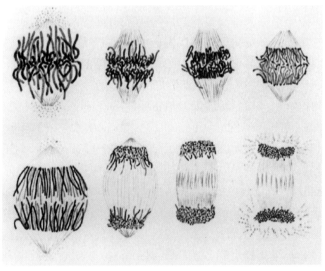

圖 2-1　蠑螈胚胎細胞的有絲分裂。1882 年，弗萊明繪製。

的弗萊明（Walther Flemming）在蠑螈胚胎細胞的細胞核中觀察到一條一條可以用苯胺染出顏色的物體，這些物體的數目在細胞分裂時似乎會增倍，然後分配到子細胞中。他稱這個現象為「有絲分裂」（圖2-1）。染色體（chromosome）這個名稱是後來比利時的貝尼登（Edouard Van Beneden）取的，意思是可以染成深色的物體。

1883 年貝尼登發現馬蛔蟲卵子成熟過程中，細胞分裂時染色體的數目並沒有增加，而是減半，從四條減為兩條（他的運氣很好，馬蛔蟲的染色體就是這麼少）。這個過程後來被稱為「減數分裂」。

減數分裂在其他有細胞核的生物（真核生物）中陸續發現。生殖細胞的染色體數目只有體細胞的一半，稱為「單倍體」；當精子和卵子結合的時候，受精卵中的染色體又恢復原來的數目，稱為「雙倍體」。成熟的個體製造生殖細胞的時候，又再經過減數分裂，產生只有單套染色體的精子或卵子。世代就如此在單倍體和雙倍體之間交替循環下去。

1890 年代，德國的魏斯曼（August Weismann）對染色體提出比較具體的理論。他發現各種生物體細胞中的染色體數目都是偶數，只有生殖細胞的染色體數目才有奇數，顯然染色體減半的現象是生殖細胞成熟的必然現象。他提出「生殖質學說」（germ plasm theory），認為生殖細胞攜帶以及傳遞遺傳資訊，而體細胞只是執行一般生理功能，不牽涉遺傳。所以生殖細胞不會受到身體（體細胞）在生活史中所學習的能力的影響。這樣的結論排斥了拉馬克主義，法國自然學家拉馬克（Jean B. Lamarck）認為後天的經驗會影響遺傳。

細胞學的基礎逐漸成形，為孟德爾的遺傳學鋪好路，但是弗萊明、貝尼登和魏斯曼等人都沒有把他們的研究結果和孟德爾的遺傳理論連結在一起。這個工作要等到下一代的科學家。

遺傳定律被接受

20 世紀初，兩項獨立的研究更進一步提升了染色體的地位，

開始形成所謂「染色體學說」。1902 年，德國的波威利（Theodor Boveri）用海膽胚胎做研究。正常的海膽細胞有 36 個染色體，18 個來自精子，18 個來自卵子。波威利發現，有時候一個海膽卵會被兩個精子授精，這樣的受精卵在分裂時，染色體分配偶爾會發生錯誤，造成畸形的發育，甚至死亡。唯有得到完整的一套雙倍（36 個）染色體的受精卵才能正常發育。他在發表的論文中做出這樣的結論：「正常的發育仰賴染色體的特定分配，這表示每一個染色體各自具有不同的功能。」

　　同一個時間，美國哥倫比亞大學的薩頓（Walter Sutton）發現蝗

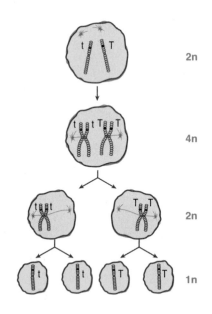

圖 2-2 染色體的減數分裂可以解釋孟德爾的遺傳因子在生殖細胞的分配。體細胞有兩套染色體（2n），孟德爾兩個遺傳因子（以 T 和 t 代表）位在一對同源染色體上。隨著減數分裂，兩個遺傳因子分開，各自進入一個生殖細胞（精子或卵子；1n）中。

蟲細胞在減數分裂的時候，父系與母系染色體會配對，然後分開，再分配到生殖細胞（精子或卵子）中。這個分配的模式正符合孟德爾遺傳因子的分配模式（圖 2-2）。他在同一年（1902）發表的論文中做如此的結論：「減數分裂時父系與母系染色體的結合，以及之後的分離……可能就是孟德爾遺傳定律的物理基礎。」這時候的薩頓才只是一年級的博士生。

波威利和薩頓都正確提出染色體就是遺傳因子的攜帶者。遺傳因子終於有了物質基礎，亦即染色體。基因不再只是抽象的符號，它所存在的染色體是可以用肉眼觀察到，甚至可以用實驗操作的東西。

「染色體學說」把染色體帶入了孟德爾的遺傳原理，接下來的問題就變成：「染色體是什麼東西？」「基因是什麼東西？」染色體平常是一坨散佈在細胞核中的絲狀物質，當細胞分裂的時候，它們才濃縮成一條一條棍子的形狀。基因如果是由染色體攜帶，那麼染色體是什麼樣的結構呢？基因是什麼樣的結構呢？各種基因如何分佈在染色體上面呢？對於這些問題，科學家一時還束手無策。

摩根與他的「蠅房」

這時候出現的曙光，來自一位原本不喜歡孟德爾遺傳理論的科學家，哥倫比亞大學的摩根。摩根本來的興趣是研究形態和發育，後來轉攻演化。他不但不喜歡孟德爾的遺傳論，也不喜歡達爾文的演化論。達爾文主張演化是漸進的，演化各階段的改變很小、很慢，如果真的是這樣，演化就不能做實驗來印證，他不喜歡。他比較喜歡德伏里斯提出的理論，德伏里斯認為演化是突變造成的。突變可以發生得很快，改變也可以很大，因此應該可以用實驗測試。

為了研究演化，1908 年摩根開始培養果蠅，嘗試在果蠅身上製造突變，來測試德伏里斯的突變演化理論。選擇果蠅當做實驗材料，省了很多時間和空間。相對於一年生的豌豆，果蠅的生命週期非常短，只有兩個星期；培養果蠅也只要很小的空間，在裝牛奶的玻璃瓶

圖 2-3 摩根在他的「蠅房」，桌上塞著棉花的玻璃牛奶瓶中，養著不同品系的果蠅。攝於 1922 年。

中培養就好。

　　摩根開始用果蠅做突變實驗，卻發現要找果蠅的突變非常困難。他用各種方法來刺激突變的產生，包括用酸鹼、冷熱，甚至離心等方式蹂躪果蠅，處理了上百萬隻果蠅，歷經兩年，都沒有成功。到了 1910 年，他意外在培養的果蠅中發現一隻白眼的突變果蠅，正常（野生型）果蠅的眼睛顏色是紅色的。這隻白眼突變果蠅是雄的，他讓牠與紅眼的姊妹交配，結果 1240 隻 F1 子代的果蠅中有 1237 隻是紅眼的，另外有 3 隻是白眼的雄蠅。在發表的論文中，摩根認為這 3 隻白眼果蠅「顯然有進一步的突變」，他將牠們忽略不理。絕大多數的教科書也都忽略不提這 3 隻白果蠅。這件事只是告訴大家，實驗結果有時候不是完全乾淨俐落，有些小地方不知道如何解釋，也只能暫

時（或者永遠）擱在一旁。

1237 隻紅眼的 F1 子代並不奇怪，因這表示紅眼的特徵是顯性的，白眼突變是隱性的。接下來他讓這些紅眼的 F1 互相交配，產生 F2 子代。結果 F2 中有 3470 隻是紅眼（2459 隻雌蠅和 1011 隻雄蠅），782 隻是白眼。紅眼和白眼的比例接近孟德爾原理所預期的 3:1 比例。對於一直不喜歡孟德爾遺傳學的他，好像給自己打了一巴掌。

令他更訝異的是紅眼的 F2 雄雌都有（2459 隻雌蠅和 1011 隻雄蠅），但是白眼的 F2 全部是雄的。摩根推論，決定紅白眼和決定性別的基因之間有關聯，使得白眼的突變因子只傳給雄性的 F2（孫兒），不傳給雌性的 F2（孫女）。這樣和性別有關聯的遺傳現象，摩根稱之為「性限制」（sex limited）遺傳。現在我們稱之為「性聯」（sex linked）。不過，性聯遺傳現象並不是摩根最先發現的。四年前（1906）英國的唐卡斯特（Leonard Doncaster）和芮諾爾（G. H. Raynor）就觀察到，鵲蛾翅膀顏色的遺傳與性別有關係。

摩根當年就把這些研究結果寫成論文發表，題目是〈果蠅的性限制遺傳〉。論文中他提出三個結論：一、有些遺傳因子是有性別限制的；二、這些特徵因子可能是位在決定性別的「性染色體」上；三、其他因子也可能位在特定的染色體上。

摩根的推論是正確的。眼睛顏色和性別的因子有聯鎖，是因為決定眼睛顏色的因子位在決定性別的 X 染色體上。雌蠅有兩個 X 染色體（XX），雄蠅只有一個 X 染色體，還有一個 Y 染色體（XY）。野生型的雄蠅或雌蠅都有正常紅眼的因子（X^RY，X^RX^R；R 代表紅眼的基因）。白眼雄蠅的這個基因發生了突變（X^rY；r 代表白眼的突變），由於牠只有一個 X 染色體，所以就呈現白眼。當這個 X^r 染色體傳給女兒的時候，女兒不會呈現白眼，因為牠還有母親給的 X^R 染色體。X^R 是顯性的，就壓過隱性的 X^r 突變（圖 2-4）。

決定性別的染色體（例如果蠅和人類的 X、Y 染色體），我們稱之為「性染色體」。性染色體是 1905 年由哥倫比亞大學的威爾森

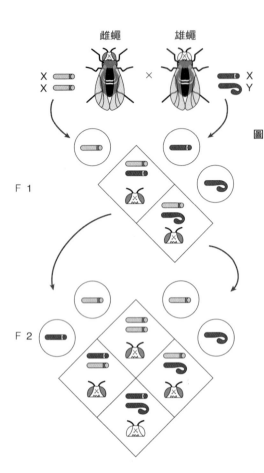

雌蠅　　雄蠅

F 1

F 2

圖 2-4 白眼突變果蠅呈現的性聯
遺傳。白眼突變發生在雄
果蠅（右）的 X 染色體上，
由於雄果蠅只有一條 X 染
色體，就會表現白眼。牠
和野生型的紅眼果蠅（左）
交配產生 F1 子代，X 染色
體分配給女兒，後者還有
另一條來自母親的正常（顯
性）X 染色體，所以還是紅
眼。兒子的 X 染色體也來
自母親，因此也是紅眼。
F1 自交產生 F2 時，外孫
兒從母親接受的 X 染色體
如果是來自外祖母就會是
紅眼；如果是來自外祖父
的就會得到突變，會和外
祖父一樣白眼。

（Edmund Wilson）和布林茅爾學院的博士後研究員史蒂文斯（Nettie
Stevens）兩人各自在不同的昆蟲細胞裡發現。威爾森是薩頓的老師，
史蒂文斯是摩根在布林茅爾任教時候的學生。那時候摩根本來也不相
信性別是由染色體決定。

　　1911 年，人類的性染色體也被發現了。人類有 23 對（46 條）染
色體，其中一半來自父親，另一半來自母親，這 23 對染色體中也有

一對「性染色體」。和果蠅一樣，女人的性染色體是 XX，男人的是 XY。Y 染色體上的基因很少，X 染色體上的基因多，一旦發生突變就會有「性聯鎖」的現象。在人類常見的例子有紅綠色盲、血友病和某種禿頭症。這些缺陷和果蠅的白眼突變一樣，通常不會在女性身上出現，因為女性必須從父親和母親得到的兩個 X 染色體都有突變才會發病，這種機率很低。不過，母親如果攜帶著這隱性突變，就有一半的機率會傳給兒子，造成所謂「隔代遺傳」，讓突變從外祖父母傳到外孫兒身上。

聯鎖、重組與交換

摩根這隻白眼突變果蠅得來不易，同時也替摩根的「蠅房」轉運。因為接下來，他們陸續發現新的突變，20 年內就找到了 80 多隻。這些突變改變的都是果蠅的外形，這也是最容易觀察得到的。很多都呈現「性聯鎖」現象，顯示它們也都位在 X 染色體上。

決定這些特徵的因子（基因）既然都在 X 染色體上，那麼它們傳遞到子代時應該都是一起的，也就應該是聯鎖的。當摩根讓突變果蠅雜交的時候，他發現事情沒那麼單純。他看到聯鎖，但是並沒有完全的聯鎖。

例如，他們拿一隻灰體色（BB）長翅膀（VV）的果蠅和一隻黑體色（bb）殘翅膀（vv）的果蠅交配。F1 都是灰體色長翅膀，這在預料之中，因為這兩個特徵是顯性的。接著他讓 F1 自交，產生 F2 後代。如果依照孟德爾的獨立分配律，他應該得到四種不同組合，以 9：3：3：1 比例出現。反之，如果體色因子和翅形因子聯鎖在一起，應該不會有新的組合出現，所有的 F2 都應該像原來的親代，二者的比例是灰體色長翅膀：黑體色殘翅膀＝ 3：1（如同圖 1-7「聯鎖分配」）。這個比例可以用這個二項式表示：$(VB+vb)^2 = VVBB+2VvBb+vvbb$。（V 和 B 不分開，v 和 b 也不分開，所以 VB 和 vb 可以各自視為一項）。

實際上，摩根得到的 F2 的比例，既不是 3：1，也不是 9：3：

3：1。他得到的是 11：1：1：3。11/16 是灰體色和長翅膀；3/16 是黑體色和殘翅膀，二者的比例接近 3：1。其他少數（各佔 1/16）的 F2 則是新的組合（灰體色殘翅膀；黑體色長翅膀）。這個結果顯示這兩套因子不獨立分配，但是也不完全聯鎖，有少數新的組合出現。這現象後來稱為「遺傳重組」（genetic recombination）。新組合發生的頻率稱為「重組頻率」（recombination frequency），定義是：新組合的子代數目除以所有子代的數目。以上述例子而言，重組頻率是 (1+1)/(11+1+1+3) =2/16=12.5%。

對於「遺傳重組」的發生，摩根的解釋是雌蠅卵子形成的時候，進行減數分裂的兩個 X 染色體發生交換。一個帶著 VB 的 X 染色體和一個帶著 vb 的 X 染色體之間發生交換，產生 Vb 和 vB 的重組染色體，再分別傳到成熟的卵子。這些偶爾的交換就讓 F2 出現新的組合。

其實摩根不是第一位發現聯鎖的人。早在 1905 年，英國的貝特森與龐尼特也在甜豌豆的研究中觀察到聯鎖現象。他們曾發表這項結果，但是沒有提出具體的理論。

摩根的具體解釋是正確的。同源染色體在減數分裂中確實常常發生交換，造成遺傳基因的重組。摩根的實驗室陸續發現 X 染色體上其他的因子之間也有聯鎖，而且大部份的聯鎖都有重組的發生。有趣的是，不同因子之間的重組頻率不一樣，差異很大。這些不相等的重組頻率代表什麼意義，直到實驗室的一位大學生才將它釐清。

第一張遺傳地圖

出身農家的史特蒂凡特（Alfred Sturtevant，圖 2-5A）在 1908 年進入哥倫比亞大學。他根據他家裡農場的馬匹毛色遺傳寫了一篇論文，拿給摩根看。在摩根的鼓勵下，他把論文發表在學術期刊上。後來史特蒂凡特就進入摩根的實驗室，做果蠅遺傳研究。

1911 年史特蒂凡特大三的時候，有一天和摩根討論兔毛顏色的

文獻，突然得到一個靈感。根據他自己的說法：「我突然想到聯鎖的強度差異，摩根已經認為它是基因空間距離的差異所造成，提供一個決定染色體線狀序列的可能性。我回家後，花了大半的夜晚（忽略我的大學作業），做出第一幅染色體地圖。」

史特蒂凡特如何做出染色體地圖呢？他做了兩個假設：第一、他假設遺傳因子在染色體上排列成一條線；第二、他假設兩個因子之間的距離和重組頻率成正比，所以可以用重組頻率代表。根據這兩個假設，染色體上有聯鎖關係的因子就可以依據距離排列起來。譬如 A 和 B 之間的重組頻率是 0.1，B 和 C 之間的重組頻率是 0.2，AC 之間

A

圖 2-5 史特蒂凡特與他的遺傳地圖。(A) 果蠅實驗室中的史特蒂凡特，攝於 1932 年。(B) 他根據基因重組頻率（百分比）制定了 X 染色體上六個基因的排列和相對距離。以 B 為零點，O 與 C 之間沒有發生重組，因此無法分開，都在 1.0 位置。

B

重組頻率是 0.3，那麼三個基因排列的順序就是 A-B-C，它們之間的距離就分別是 0.1 和 0.2。史特蒂凡特用這個方法，把 X 染色體上五個因子的相對位置排出來後，發現它們確實可以排成一條直線，距離和數據很吻合。兩年後，他又加上第六個基因，把地圖發表在《實驗動物學期刊》。這是人類歷史上第一幅「遺傳地圖」（圖 2-5B）。

史特蒂凡特的第一個假設相當合理，因為顯微鏡下呈現的染色體就是線狀的，所以基因在上面大概也是線狀排列。至於第二個假設就比較複雜，他假設染色體任何單位區域中發生交換的機率大致一樣，也就是說兩個因子之間的距離越大，發生交換的機率也越大。但是，交換不等於重組，「交換」是染色體發生的事件，「重組」是個體遺傳特徵的重新組合。在任何兩對因子之間，交換可以發生超過一次。一次交換造成兩對因子的重組，但是兩次交換就等於沒有交換，因為第二次交換抵消了前次造成的重組。我們可以延伸說，奇數次的交換才能造成重組，偶數次的交換不會。

當距離很小的時候，發生一次交換的機率就很低（譬如 1%），發生兩次的機率（0.01%）就低到可以忽視。所以，距離近的時候，重組頻率可以直接代表距離，沒有問題；但是距離不小的時候，偶數次交換的發生就不能忽視了。距離越遠，越是如此。事實上，如果兩對因子在染色體上的距離非常遙遠，交換次數非常高，那麼真正發生的次數是奇數或偶數的機率就很接近，重組機率就接近 50%。也就是說：距離越遠，重組機率越接近 50%，但是不會超過 50%。這是很容易被忽視的要點（見下文）。

史特蒂凡特就發現了這個問題，他注意到地圖中最長距離 B-M，如果 B-M 用 B-P 和 P-M 相加得到的是 57.6（圖 2-5B），但是直接測量的 B-M 重組頻率卻只有 37.6。他認為這就是因為 B-M 中間有多次交換的關係，並提供實驗結果支持這個說法。

染色體距離、交換次數以及重組頻率之間的數學關係，到了 1919 年才被印裔英國遺傳學家霍爾丹（John Haldane）解決。霍爾丹

用統計數學模式發展出「定位函數」（mapping function），讓遺傳學家利用它就可以從重組頻率導出相對的遺傳距離。重組頻率沒有單位，所以導出來的遺傳距離也沒有單位。他給距離單位取了一個名稱：把相當於 1% 重組頻率的遺傳距離定做一個「分摩根」（centimorgan），以紀念摩根。

建立遺傳地圖所根據的只是重組頻率，它和孟德爾的遺傳原理一樣，都是建立在數學上。在理論推演中，遺傳學家所觀察的個體性狀都只擔任符號的角色，性狀本身不是重點，可以忽視。突變為何會使豌豆變皺、使果蠅眼睛變白，這些生理機制都不是遺傳學家所關切的。

史特蒂凡特開創的基因定位技術，終將成為遺傳學的一個主要支柱。遺傳地圖漸漸擴張到果蠅的其他染色體，並且被其他遺傳實驗室爭相仿效，擴大到其他的生物系統。只要有充份的遺傳定位，最後每一對染色體都會對應一條線狀的遺傳地圖，所以基因顯然是以線狀排列在染色體上。「染色體學說」漸漸就被大家接受，成為遺傳學的主流。

摩根本人經過這一番洗禮，從此成為孟德爾遺傳學的信徒，全力投入果蠅遺傳學的研究，教育出很多優秀的學生。日後，他所建立的果蠅研究系統慢慢散播出去，被其他實驗室模仿，成為遺傳研究的經典平台之一，直到今日。

為什麼孟德爾沒看見？

很多人問：孟德爾在豌豆進行了七種性狀的遺傳交配，為什麼都沒有發現聯鎖的現象？

很有趣的是，後來科學家發現豌豆剛好有七對染色體。如果這七個基因剛好分別位在七對染色體上，那就可以解釋為什麼它們都是獨立分配。事實上，1950~60 年代歐美的教科書都如此解釋，直到後來科學家深入研究孟德爾當年可能採用的突變株，再用傳統及分子遺傳

技術分析，認為不是如此。孟德爾的七個基因沒有那麼剛好，都位在不同的染色體。

　　孟德爾的論文中只對兩組「雙性狀雜交」進行 F1 和 F2 的詳細分析：一、掌管種子圓皺的 R/r 和掌管種子黃綠色的 Y/y；二、掌管花朵紫白色的 A/a 和掌管植株高矮的 LE/le。根據現在的豌豆遺傳地圖，它們分別位在不同的染色體上，所以當然都顯示獨立分配。至於其他性狀，他也有做雙性狀雜交，但是沒有全部列出來，也沒有提到分析了多少子代植株，只說比較少，並且說這些雜交「都產生大約相同的結果」。

　　孟德爾的七個基因中，位在同一條染色體而且距離近到足以顯現聯鎖的只有兩對：R/r（種子圓皺）與 GP/gp（豆莢顏色），以及 LE/le（植株高矮）與 V/v（豆莢圓凹）。孟德爾有做 R/r 與 GP/gp 的雙性狀雜交，但是沒有提供 F2 的數據。根據後人的分析，R/r 與 GP/gp 間的重組頻率大約 0.36，所以 F2 的分配比例會是 9.6:2.4:2.4:1.6，和 9:3:3:1 相差不大。孟德爾必須分析大約 200 株 F2 才能在統計上顯著地區分兩者。他大概沒有分析這麼多。至於 LE/le 與 V/v 的雙性狀雜交，孟德爾也有做，但是沒有報告聯鎖，可能是他分析的子代植株數目也太少，不足以在統計上顯著看出聯鎖。另一個可能是他研究的豆莢圓凹的基因不是 V/v，而是位在另一個染色體的 P/p。p 突變和 v 突變一樣都會使豆莢失去厚壁組織而壓縮成皺狀。

探索基因的生化性質

　　基因聯鎖和遺傳地圖代表什麼意思呢？它們顯示基因是以線狀的形式排列在線狀的染色體上。這意味基因應該是實體的物質，不是抽象的現象。那麼基因是什麼？

　　以重量計算，染色體大約是一半蛋白質、一半 DNA。如果基因是染色體的一部份，那麼它是蛋白質還是 DNA 呢？對於這個問題，當時遺傳學家完全沒輒，因為他們的分析工具仍然是數學的和抽象

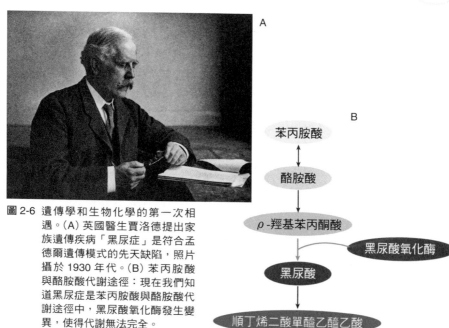

圖 2-6 遺傳學和生物化學的第一次相
遇。（A）英國醫生賈洛德提出家
族遺傳疾病「黑尿症」是符合孟
德爾遺傳模式的先天缺陷，照片
攝於 1930 年代。（B）苯丙胺酸
與酪胺酸代謝途徑：現在我們知
道黑尿症是苯丙胺酸與酪胺酸代
謝途徑中，黑尿酸氧化酶發生變
異，使得代謝無法完全。

的，基因的本質（化學）和功能（生理學）隱藏在他們跳過去的黑盒
子裡。

　　最早探索基因生理學的是英國醫生賈洛德（Archibald Garrod）。
賈洛德研究一種家族性疾病「黑尿症」（alkaptonuria）。這些患者的尿
液接觸空氣後會變黑，而且長年下去常常會得到關節炎。賈洛德追蹤
幾個家族的病史，發現他們的病變都遵循孟德爾遺傳學的隱性突變模
式，應該是一個基因突變。他在 1902 年提出黑尿症是一個酶（酵素）
發生變異，使得病人無法把尿中的苯丙胺酸（phenylalanine）和酪胺
酸（tyrosine）完全代謝掉，經過空氣氧化轉變成黑色素，就造成黑尿
（圖 2-6）。這是遺傳學和生物化學的第一次接觸。賈洛德後來也把
這樣的研究擴大到胱胺酸尿症、戊醣尿症和白化症這三種遺傳疾病，

開展了先天性代謝缺陷的研究領域。

首度對基因本質進行探索的人，是摩根的學生緳勒（Hermann Muller）。緳勒用的是物理學。1927 年，他發現可以用 X 射線誘導出果蠅的突變。X 射線會傷害生物個體，過量甚至會造成死亡，但是適當的劑量能大幅提高果蠅的突變頻率。

緳勒這項發現不單單是提供實驗室一項便利的技術，還有更深的科學意義。X 射線的波長很短，0.01~10 奈米（1 奈米 = 10^{-9} 米）。緳勒的研究顯示，某些特殊波長（也就是特殊能量）的電磁波可以觸動基因，造成改變。並不是所有的電磁波都可以造成突變，人類看得見的可見光就不會。這表示基因是某種特殊物質，可以和 X 射線交互作用。緳勒的成就獲得 1946 年的諾貝爾獎。

緳勒的研究引起其他科學家的興趣，也開始用輻射線探索基因的性質，開啟了一門新的熱門科學「輻射遺傳學」。遠在德國柏林的兩位科學家，德國的物理學家齊默（Karl Zimmer）和蘇俄的遺傳學家提摩非－雷索夫斯基（Nikolai Timoféeff-Ressovsky），在緳勒的鼓勵下開始合作這方面的研究，後來另一位德國物理學家戴爾布魯克（詳見第 3 章）也加入他們，這三位科學家合作完成的一篇論文，日後掀起很大的風浪。

好養的紅麵包黴

一直到這個階段，遺傳研究都是在動物和植物身上進行。這些生物系統不但複雜，而且繁殖速度緩慢。遺傳學家漸漸開始嘗試把研究對象轉移到比較簡單、繁殖快速的微生物。

首先在遺傳學研究舞台上一展身手的微生物，是紅麵包黴。紅麵包黴會走上遺傳學研究舞台，歸功於美國紐約植物園的黴菌學家道奇（Bernard Dodge）。道奇就讀哥倫比亞大學研究所的時候即開始研究黴菌。很多黴菌的子囊孢子很難發芽，做研究很麻煩。有一次道奇把孢子遺忘在滅菌鍋中，被別人不小心加熱，結果他發現加熱過的黴菌

孢子居然快速發芽。這意外發現對研究者很重要，因為它大幅提高了黴菌研究的效率。

道奇投入紅麵包黴的研究長達三十年。這段期間他確認了紅麵包黴的生活史、交配型（類似動植物的雄雌性）等重要基礎研究。黴菌很容易培養，在試管中用很簡單的培養基就可以長得很好，需要的空間小，保存容易，而且只要幾天就可以完成生命週期，是很方便的研究題材。

1930 年，道奇到康乃爾大學演講，聽眾中有一位研究生比德爾（George Beadle）提出很好的討論，讓他印象深刻。比德爾得到博士學位之後，到加州理工學院摩根的實驗室當博士後研究員，從事熱門的果蠅研究。

1937 年，比德爾到史丹佛大學任教，實驗室來了一位博士後研究員塔特姆（Edward Tatum），一起進行果蠅的研究。三年後，他們決定要進行「生化遺傳學」的研究，也就是探索基因和細胞中新陳代謝反應之間的關係。這樣的研究用果蠅做太複雜，應該找一個簡單的生物來做。比德爾想起 10 年前在康乃爾聽到的演講，覺得紅麵包黴應該是很適當的材料。紅麵包黴是單倍體生物，只有單套染色體，它們的遺傳沒有顯性隱性的問題，任何突變馬上可以觀察得到，分析起來簡單。不同交配型的紅麵包黴會進行交配，形成雙倍體（兩套染色體），但是這些雙倍體馬上又會減數分裂，在子囊中形成八個子囊孢子。這些孢子的遺傳都遵循孟德爾的規律，所以紅麵包黴也很適合用來研究遺傳學。比德爾與塔特姆開始清理果蠅實驗室，改裝黴菌的研究設備。

比德爾和塔特姆首先用 X 射線誘發紅麵包黴的突變，找到一些特殊的「營養需求突變株」。什麼是「營養需求突變株」呢？野生的紅麵包黴很容易培養，只要提供最簡單的「基本培養基」就可以生長。基本培養基只含有糖類、無機鹽和生物素（biotin，亦稱維生素 H；紅麵包黴無法合成）。培養基中只要提供這些物質，黴菌就可以合成

其他生長需要的養份，包括胺基酸、維生素等。

比德爾和塔特姆首先篩選出無法在基本培養基生長的突變株，然後再看它們能否在添加了胺基酸和維生素的「完整培養基」生長。如果可以的話，就表示這些突變株失去製造某一種胺基酸或維生素的能力。接下來，他們在基本培養基中分別添加各種不同的胺基酸或維生素，看看添加了哪一種化合物就能夠讓突變株生長。結果他們發現這些突變株都各只需要一種營養成份就可以生長，顯然這些突變株失去了合成該營養成份的能力，應該是在合成那個成份的步驟上有缺陷。

在 1941 年發表的論文中，他們描述三株突變株，第一株不能合成維生素 B6，第二株不能合成維生素 B1，第三株不能合成對胺基苯甲酸（para-aminobenzoic acid，葉酸合成的中間產物）。這是很重要的發現，因為那時候很多生物學家都認為基因控制的是比較不重要的性狀，例如眼睛的顏色、翅膀的大小等等；細胞的基本生理機制則是由細胞質所控制的。比德爾和塔特姆的研究顯示，細胞中的基本代謝功能就是由基因控制。

這是空前的成就，科學史上首次有人分離出生物化學上的突變株。他們和賈洛德先前在黑尿症的研究一樣，把遺傳學與生物化學結合起來。

比德爾的實驗室陸續篩選出很多這樣的營養需求突變株，進行各種遺傳和生化的研究。這些研究結果顯示，不同的營養需求缺陷，分別是不同的突變造成，也就是說這些營養的合成步驟是基因所控制的。紅麵包黴的這些突變（基因），和果蠅的基因一樣，可以定位在遺傳地圖中。

一個基因一個酶

比德爾的實驗室更進一步用生化實驗釐清有些營養成份在細胞中的合成步驟。簡單來說，他們分離出三株突變株 a、b、c，需要

添加胺基酸 R 到基本培養基上才能生長，沒有添加就不長，表示它們都是在合成 R 的途徑中有缺陷。R 的合成途徑有三個中間代謝物 A、B 和 C。突變株 a 在添加 A 的基本培養基中不能生長，添加了 B 或 C 就可以生長；突變株 b 在添加 A 或 B 的基本培養基上不能生長，但是添加 C 就可以長；突變 c 則是添加 A、B 或 C 都不能長。根據這樣的結果，他們就可以推敲出 R 的合成路徑上的順序是：A → B → C → R。突變 a 是 A → B 之間的步驟壞掉了，突變 b 是 B → C 的步驟壞了，突變 c 是 C → R 的步驟壞了。

細胞中的大多數代謝反應都依賴酶，所以這些突變應該就是使得催化這些步驟的酶失去功能。比德爾和塔特姆認為每一個突變對應一個酶，也就是說每一個基因對應一個酶。這就是讓他們舉世聞名的「一個基因一個酶」假說。不過這個假說的名字不是他們自己取的，是多年後（1948）他們的合作者霍洛維茲（Norman Horowitz）在一篇論文中提出的。

對於「一個基因一個酶」，當時有些人抱著質疑的態度。此外，這假說特別強化酶和基因之間的關係，甚至讓有些生化學家以為基因可能就是酶。這和當時很多人相信基因是蛋白質也有關。

現在我們知道比德爾和塔特姆的「一個基因一個酶」，和孟德爾的遺傳定律一樣，都只能說是在某些（大部份）情況下才成立，後來都有修正。例如，當科學家發現基因編碼的蛋白質有些不擔任酶的功能，於是把口號改為「一個基因一個多胜肽」；後來又發現，有的基因編碼的最終產物不是蛋白質而是 RNA，例如核糖體 RNA（rRNA）和轉送 RNA（tRNA），這個口號又要修正了。

這些過渡時期的觀念，即使日後要修正，還是扮演非常重要的樞紐角色，因為它們突破舊框架，指出新的途徑。孟德爾指出遺傳基因的傳遞可以在世代相傳中進行量化分析，比德爾和塔特姆的結果顯示了基因在生理代謝中扮演的角色。

氫鍵的關鍵

　　化學在「一個基因一個酶」的研究中扮演很重要的角色。這段時期的化學和生物化學進展很快，其中有一項與我們這段科學史很有關係，要特別提出來的是「氫鍵」（hydrogen bond）這個新觀念。它是1912年溫米爾（Tom Winmill）和摩爾（Thomas Moore）在研究四甲銨（tetramethylammonium）的時候首先提出來的，但是一直沒有受到重視；要等到1920年賴提默（Wendell Latimer）與羅德布西（Worth Rodebush）發表的論文，才建立氫鍵的地位。賴提默和羅德布西認為氫鍵是一個普遍現象，是一個正電的氫原子核存在於兩個負電的原子之間產生的鍵結；它存在於很多有機和無機化合物中，包括水分子。

　　氫鍵的觀念很快被大家接受並應用。1939年鮑林在他著名的《化學鍵的性質》（*The Nature of the Chemical Bond*）書中還用了50頁的

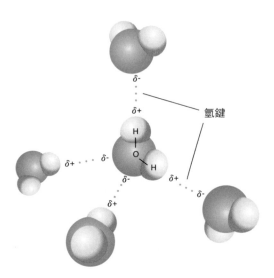

圖 2-7　水分子（H_2O）間氫鍵的交互作用。氫鍵是帶微正電（$\delta+$）的氫原子（白色）和帶微負電（$\delta-$）的氧原子（綠色）之間的微弱吸力。一個水分子的氫原子喜歡和鄰近水分子的氧原子之間產生氫鍵（虛線）。

篇幅討論氫鍵。他說：「我相信，當結構化學的方法進一步應用在生理學問題時，我們會發現氫鍵在生理學上的意義，比任何其他結構特徵還要重要。」他的預言非常有遠見。

　　氫鍵最好的例子是水分子之間的氫鍵。水分子（H_2O）是一個氧原子結合兩個氫原子，左右各一個（圖 2-7）。氧原子連接氫原子的兩個共價鍵（H-O-H）不在一條直線上（180°），而是有個 104° 的角度，讓水分子呈現不對稱，氫原子（帶微正電）偏靠的那面會微帶正電，氫原子偏離的那面氧原子（帶微負電）暴露較多，所以微帶負電。於是，水分子帶有極性的電場會互相產生微弱的正負電相吸力，一個水分子的氧會被另一個分子的氫吸引，就好像兩個水分子的氧原子共享一個氫原子。這種相當微弱的鍵結就是「氫鍵」。

　　氫鍵雖然微弱，但是非常重要，它解釋了一些水的特性，例如為什麼水的沸點很高（因為氫鍵讓水分子互相吸引，不易分開）。它也說明為什麼有些物質溶於水，有些卻不會。簡單而言，和水分子一樣電荷分佈不平均的分子（亦即「極性分子」），容易和水分子形成氫鍵或離子鍵，它們就相當受到水的「歡迎」，在水中溶解度高。這樣的化合物，像鹽和糖，我們說它「親水」。反之，非極性分子不能和水分子形成氫鍵或離子鍵的，就「不受歡迎」，因為它會打斷水分子之間的氫鍵，這樣的分子，像油脂類，我們稱為「疏水」。

　　後來化學家發現氫鍵真的在自然界到處可見，尤其是在細胞中。細胞中大大小小的分子大多溶於水中，都必須和水分子交互作用。一些生物巨分子（例如蛋白質、脂肪和核酸）的三維結構也有眾多氫鍵參與。分子和分子之間的交互作用，也常常牽涉到氫鍵的形成。事實上，細胞裡的基因調控在分子層次上的運作，參與的都是氫鍵之類的弱鍵。分子生物學先驅史坦特就有點誇張地說：「……好像要清楚遺傳物質的運作，只要了解氫鍵的形成與斷裂就夠了。」在我們這裡敘述的分子生物學歷史上，例如蛋白質和 DNA 結構的競賽，氫鍵的觀念也扮演極為重要的角色（見第 6 章）。

演化與遺傳的整合

在這段時期，歷經半世紀都沒交集起來的達爾文演化論和孟德爾的遺傳學，才逐漸整合在一起，成為健全的完整理論。在這之前，科學界對演化的機制基本上分為兩派：孟德爾派和生物統計派。孟德爾派主張演化是由突變驅動的，代表人物有英國遺傳學家貝特森和荷蘭的遺傳學家德伏里斯；生物統計派則認為演化的是由微小或連續性的變異驅動，不是孟德爾遺傳所顯示的那種跳躍性突變，代表人物有兩位英國的生物統計學家皮爾森（Karl Pearson）和韋爾登（Walter F. R. Weldon）。其實孟德爾並沒有主張演化的過程都是不連續的跳躍，只是他採用的豌豆特徵的遺傳都是非連續性的表現型變異，譬如高株豌豆和矮株豌豆雜交產生的子代不是高的就是矮的，沒有連續變化的高度。

1880 年代之後，達爾文的演化論開始在生物界失寵，主要的原因是他在遺傳觀念（特別是「攪拌遺傳」）方面的弱點。「攪拌遺傳」實在無法支持天擇的演化機制。根據「攪拌遺傳」，演化中出現的任何變異，不管對生存競爭有多少優勢，都會一代一代不停被稀釋掉。此外，達爾文的「泛生說」也帶有拉馬克式遺傳的傾向，他曾經考慮過物種的新性狀會從後天獲得。

反過來說，孟德爾的遺傳理論中，遺傳因子會世代傳遞，沒有融合或稀釋。英國數學家哈代（Godfrey Hardy）和德國醫生溫伯格（Wilhelm Weinberg）各自用數學證明，在沒有其他演化因素的影響下，一個族群中對偶基因頻率和基因型可以一代一代地維持不變。

英國生物學家和統計學家費雪（Ronald Fisher）於 1918 年發表一篇論文〈孟德爾遺傳假說中的親屬相關性〉（The Correlation Between Relatives on the Supposition of Mendelian Inheritance）。這篇論文用數學證明，連續性的表現型變異可以用很多不同基因的聯合作用造成，也就是說，孟德爾遺傳原理也適用在連續性的表現型變異。在此之前，科學家認為這兩套理論是互相矛盾的。費雪的論文還指出

天擇可以影響族群中對偶基因的頻率，促成演化的發生。這篇論文建立了以統計學為基礎的族群遺傳學。

加入費雪用統計學新技術研究族群遺傳的還有兩位重要科學家：英國的霍爾丹和美國的賴特（Sewall Wright）。這三個人共同奠定族群遺傳學基礎，建立起理論的架構。另一方面，從實驗和觀察的角度進行這方面研究的是杜布藍斯基（Theodosius Dobzhansky）。杜布藍斯基是摩根果蠅實驗室中來自蘇聯的博士後研究員。他把果蠅遺傳學從實驗室帶到野外的自然族群，用前人的遺傳理論分析實際的情境。他同時進行實驗室和花園裡的研究和實驗及野外的觀察，發現野外的果蠅族群具有前所未知的遺傳多樣性。過去很多人認為族群是由遺傳背景相同的個體所組成。他發現真實世界中的族群的多樣性遠超乎從前的遺傳學家所想像。這些族群中的遺傳多樣性不但是正常的現象，更是讓族群在天擇下成功的一個重要因素。此外，他從重複取樣的觀察中發現，果蠅族群在野外演化很快，應該足以讓族群在環境變遷下快速地演化。此外，遺傳差異加大，最終導致彼此不會或不能交配生殖，也就是說遺傳的變異導致新物種的出現。

1937 年杜布藍斯基出版一本影響深遠的書《遺傳學與物種起源》（*Genetics and Origin of Species*），以較淺顯的方式綜合費雪、霍爾丹和賴特等人的數學理論，填補了族群遺傳學家和田野自然學家之間的縫隙。他和德伏里斯一樣主張演化的發生是透過基因的突變。他認為生物的突變常常發生，而且是隨機和盲目的；它們影響生物的各種特徵，有好有壞，有的甚至會致命。不同物種具有不同的基因組合，這些基因組合決定它們的特徵變異。有些特徵會讓物種不適生存，有些會讓物種適合生存。族群中突變頻率與組合的改變導致族群的改變，夠大的改變又會導致生殖的孤立以及新物種的出現。這本書可以說是把細胞學、遺傳學和演化統一起來，成為演化遺傳學的里程碑。

後世把達爾文演化論、孟德爾遺傳學以及族群遺傳學的整合體稱為「現代綜論」（Modern Synthesis）。這稱號來自演化學家赫胥黎

（Julian Huxley）1942 年出版的一本書，書名是《演化：現代綜論》
（*Evolution: The Modern Synthesis*）。

革命的開始

　　這時候（20 世紀初）的西方世界，新帝國主義盛行，歐、美、日等國爭霸，在世界各地殖民，世界各處開始產生各種動亂。1911 年，中國發生辛亥革命。1914 年，民族的仇恨和國家的爭權奪利衝破臨界點，第一次世界大戰爆發了。這是歐洲歷史上破壞最大的戰爭之一，大約 6500 萬人參戰，1000 萬人喪生。期間（1917 年）蘇俄還發生十月革命，馬克思主義開始赤化大片地球。

　　物理學方面，愛因斯坦（Albert Einstein）發表了他的狹義和廣義相對論、光電效應和光子觀念。後者屬於新興的量子力學的一部份。量子力學為原子和次原子的階層，帶來嶄新的物理觀念。它和遺傳學扯不上直接的關係，卻意外對日後遺傳學的參與人才以及發展走向都有很深遠的影響（見第 3 章）。

　　另外，這時期也出現一些重要的化學和物理儀器以及技術，例如超高速離心機、電子顯微鏡、光譜儀、電泳、色層分析等。德國物理學家馮勞厄（Max von Laue）發現晶體 X 射線繞射的技術，更將成為分子結構研究的利器，在我們這段科學史中發揮關鍵性的貢獻。新技術和新儀器對科學研究的發展有絕對的影響，因為如果沒有可行的技術和可用的儀器來做實驗測試，不管你的念頭多棒都沒有用。所以，很多研究的走向都被新儀器和新技術帶著走；或者說，新技術和新儀器的出現，讓科學家得以測試新主意，也讓有些舊觀念得以被檢驗。

　　賈德森在他撰寫的《創世第八天》中就如此說：「科學是無可救藥的機會主義者；它只能追尋技術所開拓的路徑。」

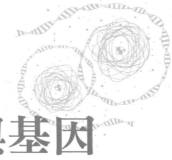

第 3 章
量子與基因
1869~1944

太棒了，我們遇見一個弔詭。我們現在進展有望了。

——波耳（*Niels Bohr*）

DNA 的發現

DNA 在生物學歷史上經歷過一段相當漫長的「灰姑娘」時期。打從一開始，它的出場就不是很風光。

孟德爾的豌豆論文出版後三年（1869），在德國的杜賓根大學，25 歲來自瑞士的米歇爾在生理學教授霍佩賽勒（Felix Hoppe-Seyler）的指導下研究白血球。他收集醫院病患傷口的繃帶，從上面的膿汁分離白血球，純化出白血球的細胞核。過程中他用溫熱的酒精洗掉細胞中的脂肪，還用他從豬胃萃取的「胃蛋白酶」（pepsin）除去沾黏在細胞核上的蛋白質。從這樣純化的細胞核中，他用酸沉澱出一種絮狀的物質，可以用鹼再把它溶解。他把這物質命名為「核素」。

米歇爾分析核素的化學成份，發現有碳、氧、氮、氫這些有機化合物中常見的元素，但是沒有蛋白質有的硫；相反地，它有很多蛋白質沒有的磷。事實上，其他細胞化學物質也都沒有這麼多的磷，所以他下結論說：「我們處理的是一個不同於目前所知道的任何種類，獨具一格的實體。」

霍佩賽勒原本研究的是人類的紅血球，如果米歇爾也是研究紅血球的話，就不會抽取到核素，因為人類的紅血球沒有細胞核。米歇爾後來在鮭魚精子中也抽取到核素。他把結果寫成論文交給霍佩賽勒看，後者不太相信，自己重複幾次實驗都成功，兩年後才和米歇爾一起發表論文。

1889 年米歇爾的學生，德國病理學家阿特曼（Richard Altman）證實了 DNA 是一種酸，因而把「核素」改稱為「核酸」（nucleic acid）。後來科學家發現還有另外一種核酸 RNA，RNA 會被鹼所分解，DNA 不會。當時還不清楚這兩者在結構上和生理學上的差異，所以沒有用正式的化學名稱命名，只用它們的來源命名。例如 RNA 最初叫做「酵母核酸」，因為是從酵母分離出來的；DNA 叫做「胸腺核酸」，因為是從小牛的胸腺分離出來。那時候甚至有人認為黴菌和植物的核酸都是 RNA，動物的核酸都是 DNA。至於動物細胞為什麼

也可以萃取出 RNA，那是因為動物吃植物的緣故。要等到 1920 年代，DNA 和 RNA 的正式名稱才出爐。

霍佩賽勒的另一個學生，德國化學家柯塞（Albrecht Kossel）在 1885~1901 年間從核素分離出五種鹼基（圖 3-1），並且給它們命名：腺嘌呤（adenine，簡稱 A）、鳥糞嘌呤（guanine，簡稱 G），胞嘧啶（cytosine，簡稱 C）、胸腺嘧啶（thymine，簡稱 T）和尿嘧啶（uracil，簡稱 U）。這些鹼基是核酸結構的次單位。C、T、U 是單環的結構，統稱為「嘧啶」（pyrimidine），A 和 G 是雙環結構，統稱為「嘌呤」（purine）。我們現在知道 DNA 和 RNA 都各含兩種嘧啶和兩種嘌呤。DNA 含有的鹼基是 C、T 和 A、G，RNA 含的是 C、U 和 A、G，不過當時還沒有釐清。除了鹼基，柯塞還發現核酸含有五碳糖（含有五個碳原子的糖分子）。

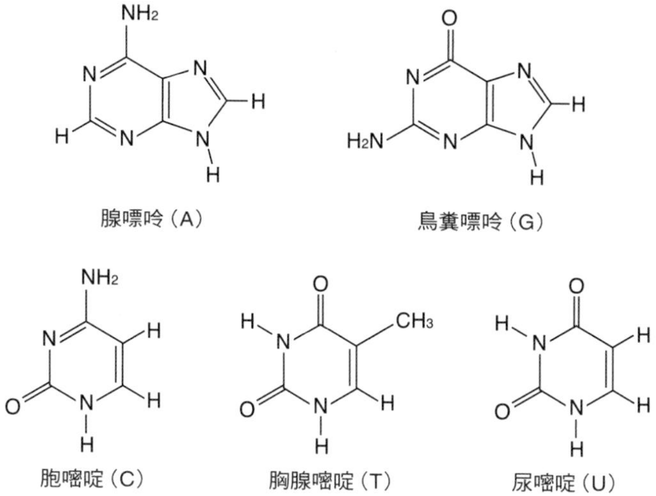

圖 3-1 核酸中的五種鹼基，分別是兩種嘌呤：A 和 G（上）；三種嘧啶：C、T、U（下）。T 存在 DNA，U 存在 RNA。

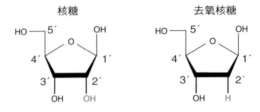

圖 3-2 構成 RNA 的核糖和 DNA 的去氧核糖。核糖和去氧核糖的
　　　 五個碳原子分別編號為 1′、2′、3′、4′ 和 5′。

　　進一步解開核酸結構的，是美國紐約洛克斐勒醫學中心的李文
（Phoebus Levene）。李文是從蘇俄移民到美國的生化學家，他在
1909 年純化出 RNA 所含的五碳糖，是一個新的糖，他把它命名為
核糖（ribose）。整整 20 年後，他的實驗室才再分離出 DNA 含的五
碳糖，去氧核糖（deoxyribose）。核糖和去氧核糖唯一的差別，是去
氧核糖在第二個碳原子（2′）上少了一個氧原子（圖 3-2）。RNA 和
DNA 也就根據它們五碳糖的不同，分別被命名為「ribonucleic acid」
和「deoxyribonucleic acid」（「de」是「去」，「oxy」是「氧」）。

核酸的基本單位

　　DNA 和 RNA 的三個次單位（鹼基、糖和磷酸）如何連結在一
起，這時候還不清楚。不過李文提出「鹼基－糖－磷酸」這樣的鍵
結：磷酸接到五碳糖的 5′ 碳原子上，鹼基則接到磷酸接到五碳糖的
1′ 碳原子上。他稱這個「鹼基－糖－磷酸」的組合單位為「核苷酸」
（nucleotide），這個連接方式日後證實是正確的。

　　DNA 中攜帶 A、T、G 和 C 四種鹼基的核苷酸，簡稱為 dAMP、
dTMP、dGMP 和 dCMP（圖 3-3）；帶有兩個連續磷酸的叫做 dADP、
dTDP、dGDP 和 dCDP；帶有三個連續磷酸的叫做 dATP、dTTP、

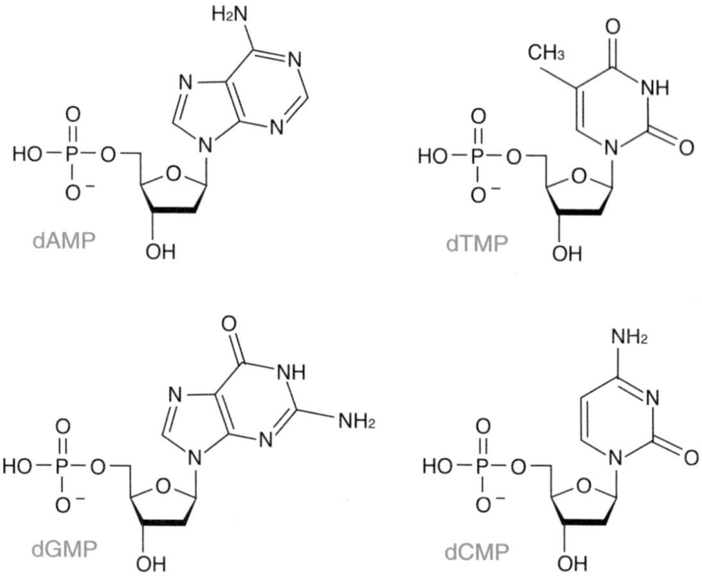

圖 3-3 DNA 的四種核苷酸 dAMP、dTMP、dGMP、dCMP。在中性水
　　　溶液中，磷酸會帶負電（如示），是親水的，鹼基則是疏水的。這
　　　對於日後探索 DNA 立體結構的研究扮演重要的角色。

dGTP 和 dCTP。這裡的「d」，也是代表「去氧」（deoxy）。RNA 含的
四種核苷酸就是 AMP ／ UMP ／ GMP ／ CMP（帶一個磷酸）；ADP
／ UDP ／ GDP ／ CDP（帶兩個磷酸）；ATP ／ UTP ／ GTP ／ CTP（帶
三個磷酸）。它們和 DNA 的核苷酸的差別，只在於五碳糖的不同。

　　1909 年，李文提出一個核酸結構的假說。他認為每一個核酸分
子含有四個核苷酸，dAMP、dTMP、dGMP 和 dCMP 各一個，連結
在一起。這個假說稱為「四核苷酸」（tetranucleotide）模型。它可以
很簡潔地解釋 DNA 的結構，很吸引人。1914 年出版的第一本討論核
酸的書中，生化學家瓊斯（Walter Jones）在序文中就宣稱：「核酸算
是生理化學中可能了解得最清楚的領域。」

圖 3-4 李文純化出核糖和去氧核糖，並提出「四核苷酸」假說。他認為 A、T、G、C 四個核苷酸形成 DNA 的基本單位。肖像攝於 20 世紀初。

　　這個時期 DNA 的純化技術仍然相當粗糙，萃取出來的 DNA 都已經被分解成小片段，所以「四核苷酸」假說提出來的時候，計算所得的分子量和測量出來的 DNA 分子量大致吻合。後來 DNA 萃取的技術改進了，得到的 DNA 片段的分子量比「四核苷酸」的分子量高很多，高達幾十倍甚至幾百倍。李文認為這些大分子是很多個「四核苷酸」單位連接起來的聚合物，這些高分子量的 DNA 可被分解成基本單位，亦即「四核苷酸」。

　　「四核苷酸」假說對當時遺傳學的發展影響極大，最主要是因為它顯示 DNA 是很單調的分子，怎麼也看不出它有何重要功能，最多

也只是染色體結構的成份之一罷了，很難引起遺傳學家的興趣。

相較之下，蛋白質就有趣多了。蛋白質的研究本來就比 DNA 的研究早許多，至少早一個世紀。起初科學家只知道細胞中含有很多不同的蛋白質，但是結構和功能都不清楚。1902 年捷克的霍夫麥斯特（Franz Hofmeister）和德國的費雪（Emil Fischer）才分別提出正確的理論，即蛋白質是由一串胺基酸排列起來的線狀聚合物。

蛋白質在細胞生理擔任的角色，則要到 1926 年才首度發現。那年，美國的薩姆納（James Sumner）從白鳳豆中純化出分解尿素的尿素酶，把它結晶，發現是一種蛋白質。這是歷史上首次發現酶為蛋白質。之後越來越多的蛋白質被發現也是酶，在細胞中催化不同代謝功能。接著更發現蛋白質在細胞中也扮演結構單位、免疫抗體和激素等角色，充份展現它的多樣性。蛋白質越來越受重視，越來越多人投入蛋白質的研究，探討它們的結構、生化功能和生物學的角色。

其中最迷人的課題，是它們在遺傳學可能扮演的角色。它們會扮演基因的角色嗎？如果可以，它們如何做到？蛋白質由 20 種不同的胺基酸組合，可以排列成各種不同的長度和不同的序列，所以比核酸有趣多多。相較之下，DNA 似乎只是笨笨的結構（重複的「四核苷酸」），傻傻地待在這個舞台的角落，被大部份的人忽略。

DNA 翻身很難，因為「四核苷酸」雖然是一個未經實證的假說，但它是全世界的核酸權威所提出來的，時間一久漸漸成為根深柢固的典範，廣泛被科學家接受，很難被撼動。高分子量 DNA 的出現曾經是一個挑戰，但是它只促使典範的修飾而已。真正革命成功還要等三十多年！

就這樣，DNA 成了「灰姑娘」。DNA 的研究進入黑暗時期。

量子力學與弔詭

這段時期，物理學爆發了兩場大革命：相對論和量子力學。

愛因斯坦在 1905 年和 1915 年分別發表了「狹義相對論」和「廣

義相對論」，顛覆了傳統的物質、輻射、重力、時間和空間的觀念，可以說是一夕之間改變了我們熟悉的牛頓物理世界認知。相對論所涉及的基礎理論和生物學沒有任何交會，倒是量子力學的出現和現代生物學的發展有相當密切的關係。

雖然量子力學和相對論一樣極度難以理解，更別說在短短的篇幅中說明清楚，但是我們必須在此好好談一下量子力學崛起，特別是那些拓荒的物理學家如何思考轉折，因為現代分子生物學的起步，就是一群抱著同樣心態的物理學家所激起。

話說 20 世紀剛開始的時候，原子學說還沒有完備。原子雖然被認為是粒子，但是細節不清楚。原子核還沒有被發現。電子則才剛剛（1897 年）發現不久，它在原子裡的位置和行為也不清楚。很多原子的能量問題同樣令人迷惑，例如，沒人知道為什麼不同原子在氣體放電管（像日光燈中發光的顏色會不一樣？還有，為什麼溫度較低的光比較紅，溫度高的就比較白，甚至發藍？

1900 年，有幾位物理學家嘗試解釋這些現象。德國的普朗克（Max Planck）在柏林物理學會提出一個驚人的理論，他說熱和其他形式的輻射所攜帶的能量是不連續的，而且都是一個固定量的整數倍，他稱這些一包一包的量為「量子」（quantum）。能量被描述成類似粒子的東西，套個術語，就是輻射能被「量子化」了。

量子學說是普朗克根據理論計算推導出來的，表面看起來似乎是純粹的數學遊戲，但卻改變了我們對物理世界的基本觀念。量子力學的火苗點燃了，開始燎原，終於一發不可收拾。

1905 年愛因斯坦也提出「光量子」（後來稱為「光子」）的概念，認為光也是由類似粒子的光量子所組成。愛因斯坦提議用光電效應來檢驗他的光量子理論，實驗結果支持他的理論。

量子學說帶來很令人迷惑的弔詭。例如，如果光是粒子，那麼為什麼傳統研究顯示的光的特性，包括繞射、干涉和折射等現象，都顯示光是一種波？光到底是波還是粒子呢？19 世紀末，物理學家就深

受這個問題的迷惑。他們觀察光，有時候覺得它好像一顆一顆的「粒子」，打擊在某些物體上，會激發其他的粒子射出；有時候光又好像「波」，像水波那樣行進，會產生繞射干擾等現象。這樣引出的新觀念，就是所謂「波粒二象性」（wave-particle dualty）：波與粒子同時是光的兩種基本屬性。愛因斯坦就如此說：「我們好像有時候必須用一個理論，有時候要用另一個理論，有些時候我們又二者都不用。我們面對的是新的困難。我們有兩個矛盾的真實，二者單獨都無法完整解釋光的現象，但是它們在一起就可以。」

1924 年，德布洛依（Louis de Broglie）把「波粒二象性」拓廣到所有的微觀粒子，並且發展出波與粒子之間的數學關係（「波動力學」），這理論也得到實驗的印證。本來很基本的弔詭，原來是代表宇宙的基本性質。

像這樣的弔詭，也出現在原子及次原子微觀世界中其他的地方。這些矛盾的出現，是因為我們硬要把日常巨觀現象的古典概念（例如粒子和波），套用到原子及次原子的微觀世界。「粒子」和「波」都是我們在巨觀世界凝結的觀念，不能期望它們可以直接拿來比喻微觀世界的觀察現象。只要我們繼續想在微觀世界中使用這些古典概念，就會繼續出現這樣的矛盾和弔詭。

量子力學家認為我們不要把這些情形看成矛盾，而要看成是這些古典概念之間的「互補性」，一同來描述很難描述的微觀現象。或者說，光這東西既是粒子也是波；或者換過來說，光不是粒子，也不是波。

追根究底，我們必須接受這弔詭，接受我們巨觀觀念和邏輯的不足。我們必須重新建立一個嶄新的物理原理（量子力學）來處理這些微觀世界的研究。物理大師波耳說：「乍看之下似乎是很深的弔詭，終於導致一較高層次的了解。」

這是量子力學的哲學教訓。

海森堡的測不準原理

1911 年，英國劍橋卡文迪什實驗室的拉塞福（Ernest Rutherford）發現原子核，建立起原子模型的雛型，亦即負價的電子繞著正價的原子核。兩年後，丹麥哥本哈根大學的波耳將量子力學帶入原子世界。他提出電子圍繞原子核的軌域也是量子化的，也就是說，電子只能佔據特定某個軌域，但可在軌域之間躍遷。這個理論讓原子模型更趨完備。1926 年，薛丁格更進一步把德布洛依的「波動力學」理論帶入原子的世界。他直接把電子看做圍繞著原子核的波，每個波的性質（「函數」）都不同，並發展出「薛丁格方程式」描述這些函數。微觀世界中粒子的量子行為描述，就漸趨完備。

1927 年，在哥本哈根執教的德國人海森堡（Werner Heisenberg）又在量子世界中投下一個反直覺的「測不準原理」（Uncertainty Principle）。這個原理說，在微觀世界中測量粒子的位置和動量（移動的速度和方向）的時候，會有一定的誤差。粒子的位置測量出來的誤差越小，它的動量測量的誤差就越大；反之亦然。也就是說：觀測者可以精確測出粒子的位置或者動量，但是無法同時精確測量出二者。一個屬性越精準，另一個屬性就越模糊。這就是海森堡的「測不準原理」。這個原理嚴格限定了微觀世界測量粒子行為的精準度，譬如說，任何時候，我們都不能確定一個電子在軌域上的位置。我們只能描述它出現在某個位置的機率。

從「海森堡測不準原理」推演出來的結論就是：微觀世界中的粒子只有我們觀察的時候才知道它在哪裡；在還沒觀察之前，它可以在軌域上任意一個地方，而它的真正位置只能用機率來描述。

「測不準原理」使量子力學更完備，可以說是量子力學不可或缺的支柱。但是這些革命性的量子物理學，完全違背了牛頓以來的古典物理學所建立的因果關係。古典物理的因果關係是確切的，沒有模糊的空間。嚴格來說，量子力學只是在微觀世界中顛覆了古典力學。也就是說，量子力學所描述的微觀世界物理學，是我們在日常生活巨觀

世界的經驗所難以直覺理解的。

這樣難以相信、難以理解的理論，任何清醒的物理學家都不可能用直覺就構想出來。量子力學的出現，是因為物理學家在微觀世界中觀察到無法以傳統理論解釋的現象，被逼到死角，只能提出這些怎麼看都非常詭異的假說。隨著這些詭異假說被後來的實驗一一支持，一套完整的新學問就漸漸構築起來，成為新的典範，一個普通人很難理解的典範。

三人論文

德國物理學家戴爾布魯克應該沒有想到，他會在這條路途扮演樞紐的角色。

戴爾布魯克在哥丁根大學修習論文時，從天文物理學轉至理論物理學領域。1930 年他取得博士，接下來的三年，他先後旅居英國、瑞士及丹麥做研究。他在丹麥的時候師承波耳，波耳預期量子力學在生物學會有廣大的應用及作為，啟發了戴爾布魯克對生物學的興趣。

1930 年代初期，在納粹德國的柏林，公開的科學演講和討論變得無趣又局限。戴爾布魯克號召一群物理學家、遺傳學家及生物學家們私下聚會討論這些領域之間的理論關係。這群科學家包括來自俄國的提摩非–雷索夫斯基與德國的齊默，這兩人在繆勒建議下合作進行用 X 射線誘導果蠅突變（見第 2 章）。提摩非–雷索夫斯基是族群生物學家和遺傳學家，他做遺傳分析；齊默是物理學家，他測量輻射線的劑量，觀察輻射線產生的物理化學變化。後來，戴爾布魯克加入了這兩人的研究，他沒有動手做實驗，只出腦袋和舌頭。1935 年，三人共同發表一篇論文，題目是〈論基因突變與基因構造〉。這篇論文被戴爾布魯克戲稱為「三人論文」（Three-Man Paper）。

這篇論文分成三個部份，三位作者各寫一部份。齊默的部份討論如何利用 X 射線照射果蠅產生突變，來了解基因的性質。提摩非–雷索夫斯基分析 X 射線在果蠅中造成的突變。戴爾布魯克寫的是理論

的部份，標題是〈基因突變的物理原子模型〉。戴爾布魯克嘗試用物理學解釋基因的兩個特性：它極端的穩定性以及罕見的突變。

基因的確很穩定，它的狀態可以在生物體中一代一代流傳下去，不發生變化。譬如，紅眼睛的果蠅遺傳好多好多代都歷久不變。即使發生偶爾的突變，突變後的基因狀態也很穩定，還是繼續流傳到後代，譬如在果蠅發生的白眼突變，它仍然穩定地流傳下去，和紅眼野生型一樣穩定。也就是基因的狀態在突變前和突變後都一樣穩定。

X射線是高能量的離子化輻射線，它打擊到分子的時候，會造成分子的離子化，會破壞分子的化學鍵。戴爾布魯克認為基因就是分子（他大多用比較保守的稱呼「原子的組合」），X射線造成突變是因為基因分子的化學鍵受到改變。

戴爾布魯克等人用當時熱門的「標靶理論」分析X射線的致變效應。標靶理論是輻射生物學的基本數學模型。它假設細胞（或生物）擁有一個或多個標靶，會受到輻射線的打擊破壞。當所有的標靶都損壞了，細胞就會產生某種效應，譬如突變或死亡。戴爾布魯克等人將基因看做接受X射線激發的離子化效應的標靶。他們從誘導突變所需的最低X射線強度，估計它涵蓋的體積大約是10個原子距離的立方（10^3）。這樣的體積可以包含大約1000個原子。1000個原子多大呢？當時還不知道基因就是DNA，不過我們用DNA的尺度估算的話，1000個原子相當於40個核苷酸，或者20個核苷酸對。也就是說，X射線產生的離子化在這個最小範圍內，就可能造成基因的突變。

X射線的突變研究還告訴我們，不是所有的電磁波都能夠有效地誘發突變，只有某些特定波長（也就是特定能量）的電磁波才容易造成突變。這表示基因分子能夠和特定波長（能量）的輻射線交互作用產生變化，造成基因分子的改變，從一種結構變成另一種結構。這樣產生的突變效果常常是跳躍式（非連續性）的，譬如果蠅的紅眼發生突變，變成白眼而不是粉紅色的。這種跳躍式的突變很像電子在不同能量的軌域間跳躍，沒有中間值。

戴爾布魯克也就用這樣的量子力學觀念，提出基因分子可以存在不同的穩定狀態。突變的發生就是受到外來能量（例如 X 射線）的激發，使基因分子從一個狀態「跳」到另一個狀態，從一個穩定的狀態跳到另一個穩定的狀態。這個模型也支持基因是單一的分子，因為一個基因如果是很多個分子構成的，它們不太可能同時都被單一的能量事件激發，做跳躍式的改變。

戴爾布魯克的論述被稱為「基因的量子力學模型」。它結合了遺傳學和物理學，將基因從天上拉到人間，顯示基因應該可以用物理方法研究，並不是遠不可及的。在此之前，遺傳學原來是一門相當「自主」的科學，除了數學之外，它和其他科學都沒有什麼牽扯，不像物理和化學之間有非常密切的關聯，分享相同的物質和能量觀念。遺傳學到目前為止都是獨來獨往，除了普世的數學之外，不依靠其他學門。

「三人論文」的基因和突變模型終究是錯誤的，但是後人稱這項嘗試是「成功的失敗」，意思是說它錯了，但它成就了很大的功勞。它讓很多物理學家開始覺得物理學在遺傳學的研究好像有用武之地。

生命是什麼？

這篇長達 53 頁的「三人論文」，用德文撰寫，發表在一份名不經傳的期刊《哥丁根科學院學報》，這學報發行了三期就停刊了。據戴爾布魯克自己說：「絕對沒有人會讀的，除非你寄抽印本給他。」但是，這篇論文卻意外找到一條出路，成為點燃現代分子生物學革命的火花。

戴爾布魯克送了一份抽印本給晶體繞射圖譜專家艾瓦特（Paul Ewald）。艾瓦特又把這份抽印本借給量子力學大師薛丁格。薛丁格在 1933 年獲得諾貝爾物理獎。那年也是希特勒的納粹黨奪得政權，他匆促離開納粹德國，四處遷移。1940 年，他應愛爾蘭總統邀請，到愛爾蘭都柏林的三一學院（Trinity College）擔任理論物理學院的院

長。1942 年他收到艾瓦特借他的「三人論文」抽印本，讓他立刻對生物學感到深度的興趣。

1943 年他在三一學院發表一系列三場演講，觀眾爆滿，愛爾蘭總統也出席聆聽。隔年（第二次世界大戰結束前一年），他把這些演講整理起來，出版一本小書《生命是什麼？》。這本書炒紅了戴爾布魯克和他的基因模型。

這本書開門見山問一個基本的問題：「在一個生物體所涵蓋的空間和時間中發生的事件，如何用物理和化學解釋呢？」對此，他提出一個初步的答案：「現代的物理和化學顯然無法解釋這些事件，但是這絕對不構成懷疑它們能以這些科學來解答的理由。」

接著，薛丁格引用戴爾布魯克的模型，從量子力學的角度討論基因為何物、基因有多大、基因如何忠實地複製、如何儲藏巨量的資訊。他重複戴爾布魯克的結論：基因是單一分子，但是單一分子是脆弱的，應該不很穩定。那麼為什麼基因會那麼穩定呢？

此外，單一分子除了結構不穩定之外，它的實際行為也會難以預測。量子力學的測不準原理告訴我們，單獨的粒子或原子的行為是無法確定的，只能用機率描述。機率和統計學用在族群的行為，可以達到相當的準確性。由於細胞中的生化反應都是龐大數目的分子的行為，因此它們的狀態都可以用機率預測得相當準確。假如細胞中催化某個反應的酶有一萬個分子，在某個時候這個反應發生的機率是50%，那麼我們可以預期大約 5000 個酶分子會進行這個反應，誤差不會太大。反過來，如果催化這個反應的酶只有一個分子，那麼這個反應會不會發生就很難預料了。也就是族群的行為容易預料，個體的行為很難預料。

所以，基因如果是單一的分子，不但穩定性很難維持，行為也將很難預料。這些弔詭暗示著遺傳學不遵循典型的物理定律。

對於這個弔詭，薛丁格提出一個有趣的模型：他想像基因是一種一維的「非週期性晶體」（aperiodic crystal）。「晶體」具有極度的規

律和穩定的構造，他用晶體來支持基因是穩定的事實；但是晶體的結構太規則了，缺乏變化，不可能儲藏大量的遺傳訊息，所以薛丁格提出基因是「非週期性晶體」，為了擺脫晶體的規律性。

至於這些非週期性晶體如何攜帶遺傳資訊，薛丁格提出「遺傳密碼本」（hereditary code-script）的觀念。他猜測「生命的密碼及遺傳因子」是密碼的無數排列組合，封藏在每一粒細胞的染色體中間。這樣的密碼就好像摩斯密碼。摩斯密碼是用三個密碼子（短線、長線及空格）的排列變化，就可以傳達文字、符號和數字。他猜測生命密碼也以類似方式存在。

薛丁格在這本書中一再討論遺傳密碼，「密碼」一字在文中出現了 23 次之多。在這連遺傳物質是什麼東西都還不知道，距 DNA 雙螺旋的發現還有九年。

九年後（1953）的 4 月，華生和克里克發表 DNA 雙螺旋。8 月薛丁格收到克里克寄來的論文抽印本。克里克在信中說：「有一次華生和我在討論我們如何進入分子生物學領域，我們發現我們兩人都受你的小書《生命是什麼？》的影響。我們認為你對附上的抽印本會有興趣——你會發現你提出的『非週期性晶體』一詞，好像將會是很適當的名詞。」

尋找新的物理定律

對於所謂基因的弔詭，薛丁格在書中做這樣的預言：「從戴爾布魯克對遺傳物質的描述，可以看出生物體雖然沒有違背目前已建立的『物理學定律』，卻可能涉及目前尚未知道的『其他物理學定律』。這些定律一旦發現，也會和前者一樣，成為這門科學的完整部份。」

這等於在宣告說，遺傳學的研究可能導致新物理定律的發現。這個挑戰對於物理學家是何等的誘惑！新的物理定律是科學家夢寐以求的聖杯。

《生命是什麼？》讓物理學家開始舔嚐到遺傳學的物理意義。遺

傳學似乎也是物理學家可以著手研究的對象。遺傳學的弔詭更使他們感到興奮。弔詭，原本就是引發量子力學的最重要火種，物理學就是因為弔詭的出現，逼迫物理學家夾縫求生，發展出這個新學門和新定律。

《生命是什麼？》出版後隔年，第二次世界大戰結束，退伍的物理學家開始尋找非軍事的研究計畫。很多人都讀了這本小冊子，不少人受到感召，開始涉足遺傳學的研究。對這些科學家而言，戴爾布魯克儼然成為基因研究的領袖。

當時洛克斐勒基金會自然科學部的主任數學家魏佛（Warren Weaver）也是受《生命是什麼？》所感召的人之一。「分子生物學」這個名稱就是魏佛所創用。它首次出現在他撰寫的 1938 年基金會年報中：「……於是漸漸地形成一支新的科學，分子生物學，開始發掘關於活細胞基本單位的許多奧秘。」

洛克斐勒基金會曾經提供戴爾布魯克經費，讓他在 1937 年到美國的加州理工學院做研究。在以後的十幾年，這個基金會繼續擔當分子生物學研究的主要支持者。

從這段時期一直到 1953 年 DNA 雙螺旋發現為止，生物學界充滿樂觀的革命情結。史坦特 1968 年寫的回顧文章〈那就是那時候的分子生物學〉稱呼這段時期為分子生物學的「浪漫期」。這段時期中，很多科學家抱著浪漫的夢想，投入遺傳學的研究行列。這些浪漫的學者覺得遺傳學似乎不能用傳統的科學原理解釋，在它的神秘紗幕中隱藏著某些弔詭，就像 19 世紀末物理學的弔詭一樣。他們希望發現並掌握這些弔詭，然後深入研究，找到新的物理原理。

但是真正可以用理論規範、甚至用實驗測試的明確弔詭還沒有出現。戴爾布魯克在 1949 年的回顧文章說：「在生物學，我們還沒到達一個地步，會遭遇到清楚的弔詭；這在活細胞的行為仍未分析到極致之前，不會發生。這種分析必須要站在細胞的立場，不要害怕提出和分子物理學相抵觸的理論。我相信物理學家會熱烈地朝這個方向

走，創造出生物學上智慧的新方法。」

這些投入的科學家很多都是物理學家，他們不走研究細胞生理方面的生化實驗工作，也不做結構分析的繁雜工作，他們大都走遺傳學的路線。這時候的遺傳學仍然偏重定量的分析，遠離生化的實驗技術，所以比較符合物理學家的胃口。這群人在歷史上被稱為「資訊學派」。發現新的物理定律是這學派的原動力，至少起初是如此。這些人大多數在美國。

並不是所有的人都認同這樣夢幻的樂觀。也有很多科學家認為，生命現象終歸都可以用物理定律解釋，所以不會有新的物理定律。他們採取的研究方式是漸進、按部就班的；他們務實，他們不相信資訊學派的急進作風。這群科學家很多都是化學家和結構學家，歷史上稱他們為「結構學派」，而且很多人是在英國。

這兩個學派的人都認為對方的策略不夠好或者不會成功：資訊學派認為結構學派的步伐走起來太遲緩，革命性不夠；結構學派則認為資訊學派的方向太天真，可能走入死胡同。歷史的發展，終將讓二者密切結合起來。

藍恩（Dimitrij Lang，見第 4 章）是我在美
國德州大學達拉斯分校的物理化學老師。這
是當年我畫他的漫畫。放大鏡代表他的專
長是電子顯微鏡。涼鞋是他的招牌打扮。

第 4 章
噬菌體
與吃角子老虎

1937~1963

新的事物誕生，一定發生了什麼事情。牛頓看見蘋果掉下來；詹姆斯·瓦特看見一壺水沸騰；俞琴弄霧了底片。這些人夠聰明，把平常發生的事轉換成嶄新的東西……

——亞歷山大·弗萊明（*Alexander Fleming*）
蘇格蘭生物學家，發現青黴素

細菌有基因嗎？

正當資訊學派的科學家陸續跨入遺傳研究的時候，遺傳研究的對象漸漸轉向最簡單的生物——細菌。這是個很明智的抉擇，因為細菌的實驗做起來非常快速。細菌幾十分鐘就可以分裂一次，一個實驗只要一兩天就完成，不像果蠅要兩三個星期、豌豆要一年。此外，豌豆和果蠅這類生物屬於真核生物，真核生物的細胞有細胞核，裡面包含雙套的染色體；細菌沒有細胞核，但是它們也有染色體，雖然它們的染色體不像真核生物的染色體可以用染色觀察得到。細菌的染色體通常都是單套的，所以遺傳操作和分析比較簡單。

不過，20 世紀初期對細菌的遺傳知識完全闕如，連細菌有沒有染色體、有沒有基因都不知道。這是很重要的問題，因為如果細菌沒有染色體和基因，那麼就別期望能夠用細菌研究遺傳原理。

動植物的染色體是在顯微鏡下發現的。細菌太小了，在顯微鏡最高的放大倍數下也只是一個小點，即使有染色體也不可能觀察到，更別談有絲分裂或減數分裂。此外，細菌顯然沒有有性生殖，不像很多動植物要依賴性交來繁殖子代。不過，細菌顯然會發生變異，而且這些改變的性狀會遺傳給後代。這些變異到底是否代表基因的突變，或者只是後天的適應現象，當時就不清楚了。

當時英國的物理化學家欣謝爾伍德（Cyril Hinshelwood）爵士（1956 年諾貝爾獎得主）用數學模型，「證明」細菌沒有遺傳系統。細菌所發生的變異，他認為只是化學平衡的改變而已，不是基因的突變。當時著名的演化學家赫胥黎也宣稱細菌沒有基因，也不需要基因。他認為細菌的變異是可以逆轉的，它們的演化和高等生物很不一樣。

持著相反意見的人也有。他們認為細菌的遺傳系統基本上應該和高等生物一樣，細菌的變異沒有辦法接受具體和嚴謹的研究分析，是因為科學家做細菌實驗的時候，很難分離單一的細菌來處理和觀察。實驗室裡的細菌都是培養在試管中或培養瓶中，每一個樣本都是數以

千萬計的細菌，不像豌豆或果蠅那樣可以清楚地做個體的處理和觀察。也就是說，細菌的研究牽涉的都是族群現象，觀察個體的遺傳現象極端困難。摩根的學生杜布藍斯基雖然是研究果蠅的，卻很有遠見地提出細菌具有類似高等生物的遺傳系統，而且是研究突變及天擇的好材料。

細菌是最簡單的單細胞生物。感染細胞的病毒比細胞更簡單，不過病毒不能算是真正的生物，因為它們單獨存在的時候沒有生命跡象。它們必須進入細胞中，才能夠進行新陳代謝和繁殖。儘管如此，病毒終究是具有生命能力的最簡單個體。它們非常小，大約是細胞的百分之一，構造也非常簡單。不少科學家深深被它們吸引，特別是感染細菌的病毒，它們有特別的名稱，叫做「噬菌體」（bacteriophage）。

生物學的原子

噬菌體是 1915 年英國細菌學家特沃特（Frederick Twort）發現的，名字則是 1917 年法國人戴瑞爾（Felix d'Herelle）取的。它們太小了，光學顯微鏡都觀察不到，後來用電子顯微鏡才看到它們的真面目。在那之前，噬菌體的存在只能從它們侵噬細菌的行為判斷出來。科學家可以利用這樣的觀察，從自然界分離到很多不同的噬菌體，每一種噬菌體有它特定的宿主，也只能感染這些宿主，不能感染其他的細菌。

將噬菌體引入現代生物學研究的最大功臣，就是戴爾布魯克。1937 年，他由洛克斐勒基金會贊助，遷至美國，進入加州理工學院，在摩根的實驗室進行果蠅的遺傳研究。有一次，他去露營度假回來，很懊惱地發現他錯過了一個同事艾里斯（Emory Ellis）有關噬菌體的演講。艾里斯研究的是癌症。當時整個加州理工學院只有他一人研究癌症。他知道病毒會引起癌症，所以想從簡單的噬菌體的角度切入可能會比較容易，比較適合單打獨鬥的他。他從朋友那裡取得大腸桿菌，又從廢水處理廠的污水分離出感染大腸桿菌的噬菌體。培養噬菌體的方法，艾里斯都是自修來的。在這之前，整個學院裡連大腸桿菌

都沒有人聽說過，更遑論噬菌體了。

戴爾布魯克錯過艾里斯的演講，就直接到地下室的實驗室拜訪艾里斯。這次會面的結果，戴爾布魯克如此回顧：「不管怎樣，我真的徹底抓狂了，竟然有這麼簡單的步驟就可以看見一個一個的病毒顆粒；我是說，你可以把它們放在長成像一片草地的細菌上面（圖4-1），第二天早上每一顆病毒就在草地上吃出一個一釐米大小的洞。你可以拿起盤子，數算溶菌斑。對我而言，這好像在做生物學的原子的實驗，簡直是做夢也想不到，所以我問他可不可以加入他的工作。他很好心，真的邀我參加——於是，我就拋下果蠅，和艾里斯組成團隊。」諷刺的是，兩人合作一年之後，艾里斯拋下噬菌體，回去用老鼠研究癌症。

戴爾布魯克深受噬菌體的吸引，他稱它們為「生物學的原子」。他和艾里斯合作的第二年（1938）共同發表一篇論文，描述他們所建

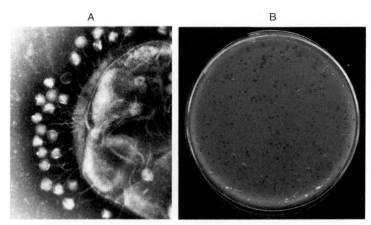

A   B

圖 4-1 噬菌體。（A）在電子顯微鏡下，可觀察到噬菌體用「尾巴」（細線）附著在細菌外表。（B）噬菌體在細菌的「草原」上形成溶菌斑，每一個「洞」是一個噬菌體感染再感染所造成，從這溶菌斑的數目就可以知道起初噬菌體的數目。

立的噬菌體實驗模式，以及感染過程的觀察。

這篇被稱為「現代噬菌體研究起源」的里程碑論文，描述一個噬菌體如何侵入細菌細胞中，過了幾十分鐘，細菌細胞如何被打破，釋出數十個子代的噬菌體。很神奇的是，噬菌體進入細菌之後，就好像失蹤了，科學家把細菌細胞打破也偵測不到它的蹤跡。要經過相當的一段時間，子代噬菌體才會陸續出現。問題是：這段「空窗期」噬菌體跑到哪裡去了呢？是分解成小單元，或是隱藏在細胞中的某種結構裡？其他生物沒有這樣子的繁殖法。原本戴爾布魯克以為構造簡單的噬菌體應該很容易研究，現在他發現必須好好重新思考。

一見如故

戴爾布魯克和艾里斯的噬菌體研究局限於生理學，細菌和噬菌體有沒有基因，還是不清楚。這個問題要到 1943 年（第二次世界大戰結束前兩年）才得到初步的答案。這個研究出自一位來自義大利、在美國任教的盧瑞亞（Salvador Luria）。盧瑞亞在義大利取得醫學士學位後，在羅馬攻讀物理及輻射生物學，曾經讀過「三人論文」（見第 3 章），接著他在法國巴黎研究細菌及噬菌體。1940 年德軍攻進法國，盧瑞亞逃亡到美國。

1941 年，他在美國長島的冷泉港實驗室（Cold Spring Harbor Laboratory）結識了戴爾布魯克（這時候已經轉到田納西州的范德比爾特大學任教），兩人一見如故（圖 4-2）。日後盧瑞亞如此回憶：「戴爾布魯克和我第一次見面時，從分子生物角度對噬菌體感興趣的人可能只有我們兩人。」

盧瑞亞相信所有生物都有基因和染色體，細菌也應該有基因和染色體。他知道欣謝爾伍德爵士用數學分析提出細菌沒有基因，他不以為意。他在自傳中說：「我後來常注意到，生物學家很容易因化學家或物理學家在他面前搬弄一點數學，就被嚇唬到。」而且他「實在搞不懂欣謝爾伍德爵士的數學」。

圖4-2 戴爾布魯克（左）和盧瑞亞著短褲加拖鞋，是當時很多分子生物
　　　學家相當流行的隨性穿著。拍攝於冷泉港實驗室，約是 1952 年。

　　他在實驗室可以觀察到細菌變異的發生。他研究的細菌是大腸桿菌，他手頭也有一種噬菌體 T1，會殺死大腸桿菌。把大腸桿菌和足夠的 T1 噬菌體一起塗抹在培養基上，絕大部份的細菌都會被 T1 殺死，只有極少數的細菌存活。這些存活的細菌隔夜會在培養基上長成稀稀疏疏的菌落，肉眼就可以看到。每一個菌落來自單一細菌所繁殖的子代。這些存活的菌落繼續培養下去，它們的子代都還是對 T1 具有抗性，不會被 T1 殺死，表示這些菌株產生一種可以遺傳的變異。問題是：這樣的變異是出於基因的突變，或者只是一種適應的反應（如欣謝爾伍德所言）？

　　突變與適應之間的差異，以時機而言，適應是細菌接觸到噬菌體之後才產生的反應；突變則是細菌接觸到噬菌體之前就已經發生了。

這個議題，就相當於拉馬克演化論和達爾文演化論的差異。法國自然學家拉馬克的演化論認為，個體後天適應環境所獲得或改變的性狀（變異）可以遺傳；達爾文認為後天的適應不能遺傳，科學家觀察到的變異是自然發生、先天就存在族群中的。但是拉馬克和達爾文所討論的變異、適應和演化都是針對動物和植物，在那個戰場上，拉馬克學派基本上已經被擊敗了。細菌會不會是拉馬克主義的最後根據地呢？細菌到底有沒有染色體，有沒有基因？如果細菌沒有染色體和基因，那麼它們應該只能進行適應和拉馬克式的演化。

　　簡單來說，盧瑞亞要問的是：細菌是在繁殖過程中隨機發生抵抗T1 的突變，或者是碰到了 T1 才發生適應的反應呢？這個問題要如何做實驗回答呢？盧瑞亞思考了好幾個月，終於在一個偶然的機緣下獲得意外的啟發。

吃角子老虎的啟示

　　靈感出現在 1943 年年初的一場星期六教員舞會中。盧瑞亞在自傳中如此描述：「我站在一部吃角子老虎旁，看一位同事把一毛一毛的銅板丟進去。他大部份時間都輸，可是偶爾也贏。我不賭，我笑他終究會輸的。突然他中了大獎，贏了大約三塊錢的銅板，瞪了我一眼，走掉了。此刻我開始思考吃角子老虎的數秘學（numerology）。在過程中，我發現吃角子老虎和細菌遺傳之間，有互相學習之處……第二天早上我一早就到實驗室……設計實驗測試我的想法……。」

　　吃角子老虎的博弈怎麼會提供細菌遺傳學的線索呢？

　　吃角子老虎（或稱角子機）是賭場常見的賭博機器，玩法是把一枚硬幣投入，扳下一支操縱桿，驅動三條捲軸，捲軸轉動停止後顯示的三個圖案決定輸贏。三個圖案都不一樣就算輸；三個圖案都相同就中獎，其中有一組特殊圖案是大獎。大部份的時候，下的賭注都被白白吃掉，偶爾才會中獎，大獎則非常罕見。

　　這些機器都由賭場設定了一定的報酬率。假定一部機器的報酬率

設定為 70%，那麼你如果一元一元地賭，長久下來，你的回收率大概就是 70%，也就是說你玩了一萬元之後，大概只剩下七千元。這樣的結果和你每次投一元進去，機器就找你七角沒有兩樣。但是如果有一部機器，你投入一元它就找你七角，這樣的機器你會玩嗎？當然不會。那麼你為什麼會賭吃角子老虎呢？因為它不是投一元就找七角，它的報酬會波動。大部份的時間你投進去的銅板就不見了（回報率 0%），不過偶爾它會讓你中獎（報酬率大於 100%），你運氣特好的話，還會中大獎（幾十倍甚至幾百倍的報酬率）。就是因為有這樣的波動，才會讓賭徒心存僥倖，期待走運，抱走大獎。

這樣的波動遊戲怎麼和細菌遺傳學扯上關係呢？盧瑞亞的想法大致是這樣：如果細菌的變異是一種適應，細菌族群是接觸到 T1 才產生變異，那麼不同樣本發生變異的頻率應該沒有太大的差異，好像每投一元到角子機，就找回七角一樣，沒有什麼波動。反過來，如果細菌的變異是事前就發生的基因突變，突變是罕見的事件，大部份時候都不發生突變，就像玩吃角子老虎一樣，投下的銅板大部份都不中獎，中獎只偶爾發生。不同的人、不同的時間或不同的機器，運氣差別會很大。同樣道理，不同的細菌族群中變異出現的頻率差異很大，發生的時間先後不同也會造成很大的差異。簡而言之，變異如果是先天的基因突變造成的，不同族群出現突變株的數目波動很大；變異如果是後天的適應產生的，變異株的數目波動會很小。

波動測試

第二天（星期天）盧瑞亞就跑到實驗室，馬上設計兩組互相對照的實驗。第一組的細菌分開在各個試管中培養，一直到每一個試管中的細菌達到一定量（大約數億），然後分別把它們塗抹在含有 T1 的培養基上，看會出現多少抗 T1 的變異株。第二組的細菌則一起培養在一個大瓶子中，培養的時間和第一組大約一樣，接著也取同樣數目的細菌，個別塗抹在好幾個含有 T1 的培養基上。也就是說，第一組在

各個培養基上的細菌是個別單獨培養的，第二組各個培養基上的細菌則是混合培養的。這兩組培養皿都放到保溫箱培養，隔一兩天再計數每個培養皿上有多少抗 T1 的變異株存活下來，比較兩組變異發生的波動差異。

如果大腸桿菌的抗 T1 的變異是一種適應反應，意即是細菌接觸 T1 之後才發生的，那麼兩組實驗的變異發生的波動應該都很小，這些細菌不管是在不同的試管中分別培養的，或者一起在一個瓶子中培養的，都應該發生類似的適應反應，產生差不多一樣數目的變異株。不同樣本中變異數的波動只是反映實驗操作的誤差，以及統計取樣無法避免的隨機誤差。

反而言之，如果變異是出於先天的突變，兩組的波動應該有顯著的差別。第一組裡，每一個試管中的細菌在生長過程中會隨機發生突變，有的試管中的突變發生得早、有的發生得遲、有的甚至沒有發生。突變的細菌會在培養過程中繼續分裂繁殖，越早發生的突變細菌就會累積越多子代；較晚發生的突變細菌累積的子代就較少。所以第一組出現抗 T1 的菌落數目波動就很大。第二組測試的樣本都來自同一個混勻的瓶子，不管突變發生多少次和發生在什麼時候，在各個培養皿上出現的抗 T1 菌落數目的波動就小，只會呈現實驗和統計學的誤差。

盧瑞亞的結果是兩組的波動差異非常大（圖 4-3）。譬如，第一組「單獨培養」有些試管完全沒有變異株，有的變異株的數目卻高達一百多；第二組「一起培養」發生的變異數目波動就很低，基本上只代表一般的統計誤差而已。這結果顯示，大腸桿菌對 T1 產生抗性是是出於先天的突變，不是後天的適應。這個結論的引申意義表示細菌有基因，也就暗示細菌有染色體。科學家用顯微鏡看不到細菌有染色體，可能只是細菌的染色體無法像真核生物的染色體那樣可以染色。

1 月 20 日，盧瑞亞寫信把這「波動測試」的實驗結果告訴戴爾布魯克，說它是個「乾淨俐落的實驗」。1 月 24 日，戴爾布魯克回信說：「波動的差異，你對了……我想這問題需要一整套寫下來的理論，我

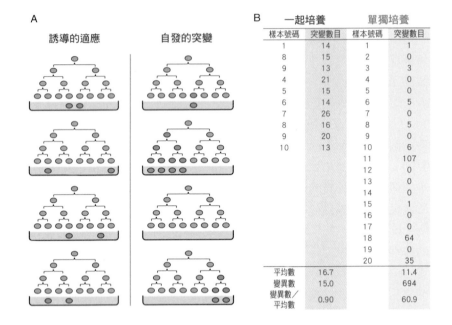

圖 4-3 盧瑞亞 1943 年的波動實驗。（A）實驗構想：如果細菌的抗性是噬菌體誘導的，不同族群產生抗性的頻率應該差不多（大約兩個）；如果抗性是對數生長過程中發生的突變，頻率會因為突變發生的時間而差別很大（從 0 到 4）。（B）實驗結果：左欄是培養在一起的樣本，每個樣本的突變株數目平均是 16.7，和統計學的變異數（variance）相近；右欄是分別培養的樣本，變異數（694）遠大於平均數（11.4）。實驗結果支持突變是自發的，是接觸噬菌體之前就存在的。

已經開始著手了。」和「三人論文」的情況一樣，他也是沒有做實驗，只是進行數學的分析以及理論的探討。2 月 3 日，戴爾布魯克的手稿寄達。他用嚴謹的統計學分析這些波動測試的數據，提供完整的理論基礎。另外，物理學家的他從波動實驗的數據中計算出大腸桿菌發生突變的速度，那是盧瑞亞原本沒有看出來的。

盧瑞亞和戴爾布魯克共同發表了這篇「波動測試」的論文。這又是一項依賴數學的遺傳研究，和孟德爾的雜交實驗一樣。盧瑞亞原

本不相信欣謝爾伍德的數學推論，結果他自己也是用數學來支持自己的結論。

盧瑞亞最難得的是，他把兩件對常人而言毫不相關的事物（吃角子老虎和細菌遺傳）聯結在一起，並得到啟發。我們可以想見，細菌變異的課題一定一直在他的腦後盤旋，日思夜夢，在適當的機緣下遇到適當的刺激，靈感一觸即發。巴斯德（Louis Pasteur）的名言「機會眷顧有備的心靈」，在此得到印證。

「波動測試」用來解決細菌變異的課題，既簡單又有創意，很快就流傳四方，成為傳統遺傳學核心的一部份，被很多實驗室延伸引用，直到近代。

噬菌體集團與噬菌體條約

戴爾布魯克和盧瑞亞兩人積極鼓吹其他的科學家也來加入噬菌體的研究。在他們號召下，投入的人漸漸增加，慢慢形成一個非正式的團體。大家稱之為「噬菌體集團」。

1944 年這個集團訂了一個「噬菌體條約」，目的是要協調大家的研究，集中研究少數幾種噬菌體，不要把力氣分散在太多種不同的噬菌體。這樣子大家容易交換材料，比較並討論研究的結果。最後入圍的噬菌體有 T1~T7 七種。後來大部份的研究都集中在 T2、T4 和 T7，最多的還是 T2 和 T4。這兩種噬菌體非常接近，屬於同一個親族，所有關於 T4 的描述基本上都可以用在 T2 身上，反之亦然。另外，這個條約還選定 B 品系的大腸桿菌，當做這些噬菌體的宿主。這個選擇未來會發生戲劇性的轉折（見下文）。

隔年夏天，戴爾布魯克等人開始在冷泉港實驗室開一門「噬菌體課程」，傳授研究大腸桿菌和噬菌體的基本技術。這個課程一直持續了 28 年，教育了無數的學生，日後其中不少學生利用所學，對分子生物學發揮很大的貢獻。

戴爾布魯克是「噬菌體集團」和「噬菌體課程」的領導人物兼靈

魂人物。他雖然是個嚴謹的科學家，私底下卻是玩世不恭的大小孩，喜歡自由和創意的氣氛。他把這樣的氣氛帶入他領導的團體。他曾經如此說：「細菌病毒的領域，是問有抱負的問題的嚴肅小孩的美好遊樂場。」

細菌的「性生活」

盧瑞亞的波動測驗實驗顯示細菌有基因和染色體，可是顯微鏡下的細菌看不出有染色體，更遑論有絲分裂或減數分裂。所以，細菌有沒有「性」是個謎。前面（見第 2 章）敘述紅麵包黴的生化遺傳學的時候，提過黴菌可以進行有性生殖。很多黴菌有不同的「交配型」（不只是雄雌二性），不同交配型的黴菌菌株之間可以交配，形成雙倍體，有兩套的染色體；雙倍體也可以進行減數分裂，形成單倍體。細菌看不出任何類似的現象，但也不表示它們一定沒有性生活。二次世界大戰之後，就有人開始探索這個問題。

賴德堡（Joshua Lederberg）是紐約哥倫比亞大學的醫科學生。他起初在萊恩（Francis Ryan）的實驗室打工洗瓶子，而萊恩曾經到比德爾與塔特姆的實驗室（見第 2 章）進修，學習使用紅麵包黴做研究的技術。

開始的時候，賴德堡在萊恩的實驗室也是研究紅麵包黴。他讀了艾佛瑞等人的轉形實驗（見第 5 章），就嘗試進行紅麵包黴的轉形，但是沒有成功。1945 年，他開始嘗試做大腸桿菌的交配，看細菌是否和紅麵包黴一樣能進行有性生殖，也沒有成功。

這時候的塔特姆剛好從史丹佛大學搬到耶魯大學，他的研究系統也從紅麵包黴改成比較簡單的大腸桿菌。不過，他使用的大腸桿菌品系 K12，是史丹佛大學微生物系收藏的品系，而不是「噬菌體條約」規範使用的大腸桿菌品系 B。他從 K12 分離了很多株營養需求突變株，就像當年他們做的紅麵包黴研究一樣。

萊恩建議賴德堡和塔特姆聯絡，或許可以得到幫助。賴德堡寫信

給塔特姆，塔特姆就讓賴德堡到耶魯做大腸桿菌的交配研究。賴德堡本來打算待三個月，最多六個月，結果實驗很順利，幾個星期就有成果。他停不下手，於是請了一年的假，繼續留在耶魯研究。這段時間他的新婚太太伊絲特（Esther）也和他一起研究。伊絲特也是個非常有才氣的科學家。

賴德堡用塔特姆的K12突變株進行交配。細菌太小，無法像動物或者植物那樣在實驗室中操縱個體，做一對一的交配，只能把兩種不同的菌株混在試管中。要如何知道細菌有交配呢？賴德堡根據的是遺傳重組，也就是基因的交換。生物個體發生基因的交換就表示發生過交配，這是兩性生殖的特點。

賴德堡將兩株帶有不同突變的K12菌株一起培養，看會不會產生基因重組的後代。賴德堡使用的就是塔特姆分離到的營養需求突變株。野生的大腸桿菌不需要特別提供胺基酸或維生素就可在基本培養基生長。賴德堡開始用兩株突變株，A株和B株。A株有三個突變，需要蘇胺酸（threonine）、白胺酸（leucine）和硫胺素（thiamine）才能生長；B株也有三個突變，需要生物素、苯丙胺酸（phenylalanine）和胱胺酸（cystine）才能生長。他將這兩株混合在一起培養之後，真的在後代的細菌中發現不需要依賴任何這些養份的野生型菌株。這些野生型菌株出現的頻率很低，大約百萬分之一，但是相對之下，A株或B株單獨培養的話，子代中完全沒看到野生型的出現。這個結果顯示A株和B株之間有基因的交換發生，要不是A株將製造生物素、苯丙胺酸和胱胺酸的基因傳遞給B株，就是B株將製造蘇胺酸、白胺酸和硫胺素的基因傳遞給A株。1946年賴德堡和塔特姆發表這些結果。

就這樣，賴德堡發現了細菌的交配行為，他稱之為「接合」（conjugation）。這個名詞，中文常翻譯成「接合生殖」，這是錯誤的，因為細菌的交配和動植物的交配不一樣。動植物的交配是繁殖子代必需的行為；細菌的交配卻只有交換基因，沒有繁殖子代。

質體與染色體的傳遞

賴德堡後來就用他的研究成果在耶魯大學取得博士學位，之後申請到威斯康辛大學擔任教職，放棄了在哥倫比亞大學的醫學學業。

這期間，賴德堡繼續做了更多的接合實驗，觀察到很多不同基因之間的重組。這些基因之間的重組頻率高低不等，重組頻率低於 50% 的，表示二者之間有聯鎖關係（見第 2 章）。賴德堡拿這些有聯鎖的重組頻率建構大腸桿菌的遺傳地圖。他在 1951 年發表了第一個大腸桿菌的遺傳地圖。這個遺傳地圖和其他生物的遺傳地圖不一樣，有分叉，而且不只一個分叉。賴德堡沒有好的解釋，只說它不一定是代表大腸桿菌的染色體在細胞中所處的情況。

這是怎麼回事呢？如果遺傳地圖反映染色體的結構，難道大腸桿菌的染色體是分叉的？後來才知道，問題出在賴德堡把大腸桿菌的接合當做動植物的有性生殖看待。動植物的有性生殖中，父系和母系的染色體貢獻一樣多，各出一套，結合成雙倍體（有兩套染色體）。但賴德堡不知道大腸桿菌的接合和動植物的有性生殖很不一樣。

第一條線索來自英國劍橋的細菌學家海斯（William Hayes）。海斯間接從義大利遺傳學家卡瓦利–斯福札（Luca Cavalli-Sforza）手中得到一些接合實驗所需要的菌種，開始做這方面的實驗。他發現如果在兩株菌種進行接合的時候，用抗生素殺死其中一株，重組株就不出現；但是如果用抗生素殺死另一株，重組株還是會出現。海斯於是推論進行交配的兩株細菌是不相等的，其中一株不必是活的，另外一株則必須存活。重組應該是發生在必須存活的那株細菌中，可以被殺死的那株細菌只是提供染色體給沒殺死的細菌，在裡面發生重組。海斯稱那提供染色體的菌株為「雄性」，接受染色體的菌株為「雌性」。

海斯還觀察到，除了參與交換的那幾個突變基因之外，重組株的染色體所攜帶其他突變基因大都是來自「雌性」，很少是來自「雄性」。他認為這是因為「雄性」的染色體沒有全部傳遞到「雌性」細胞中，只有一小部份傳遞過去。這個想法，賴德堡本來不接受，但是後來的

研究發現海斯的推論正確。「雄性」的細菌在接合過程確實只傳遞一小部份的染色體到「雌性」的細菌中,和完整的雌性染色體發生交換。這種不對等的交換,不同於真核生物的有性生殖,也當然不能用染色體對等交換的模型來製作遺傳地圖,怪不得賴德堡建構的遺傳地圖有分叉。

海斯還發現「雄性」菌株有時候會失去傳遞染色體的能力,變成「雌性」;這些「雌性」在接觸「雄性」之後,又會恢復成「雄性」。於是,他推論「雄性」細菌有一個決定「雄性」的「性因子」(sex factor),失去了它,「雄性」就會變成「雌性」;「雌性」接觸「雄性」時,又會從「雄性」接受新的性因子,變成「雄性」。同時間,賴德堡的實驗室也有類似的發現,他稱這個性因子為「F 因子」(F factor),攜帶它的「雄性」菌株稱為 F⁺,沒有 F 因子的「雌性」稱為 F⁻。

後來的研究發現很多細菌都有類似的「性因子」,它們是一種染色體外的 DNA 分子,稱為「質體」(plasmid)。質體不像染色體,通常比染色體短很多,攜帶的基因大多對細胞有助益,但不是生存所必需(攜帶細胞生存必需的基因的 DNA,根據現代的定義,就是染色體)。性因子可以促進接合,後來就改稱為「接合性質體」。其他還有很多種質體,提供不同的功能。其中很重要的是「抗性質體」,這些「抗性質體」常常帶有各種抗藥性基因,可提高細菌本身的存活率。有的「抗性質體」也是「接合性質體」,能夠讓抗藥性在不同的菌種之間傳遞,造成醫療上很大的困擾。

賴德堡運氣好,他最初使用大腸桿菌 B 做實驗,都沒有成功,後來改用 K12 就成功。原因無他,因為 K12 有 F 質體,B 沒有任何質體。「噬菌體團隊」的盧瑞亞聽了賴德堡的演講之後,也用自己實驗室的大腸桿菌 B 進行接合,結果當然沒有成功。

日後科學家進行大腸桿菌的遺傳研究都改用 K12,只有進行生理的研究時仍然用 B 做,這個傳統一直維持到今天。日後,質體將扮演基礎研究以及遺傳工程不可或缺的利器,扮演載具的角色,攜帶特

殊的基因進入細胞中，改變細胞的遺傳。

1958 年，賴德堡與他的老師塔特姆，還有老師的夥伴比德爾一起得到諾貝爾獎。他被表揚的事蹟是「有關細菌的遺傳重組以及遺傳物質結構的發現」。這年賴德堡 33 歲。

巴黎的義大利麵模型

1950 年，卡瓦利–斯福札從 F^+ 菌株中，發現一株在接合的時候會產生超高重組頻率（大約一千到一萬倍）的菌株，他稱之為 Hfr（high frequency recombination）。三年後，海斯也發現另一株 Hfr。這兩株 Hfr 菌株就依照兩位發現者的姓氏，分別命名為 HfrC 和 HfrH。接下來，別的實驗室也陸續發現更多的 Hfr 菌株。

後來的研究顯示，Hfr 菌株之所以會有特高的重組頻率，是因為細胞中本來獨立存在的 F 質體已經嵌入染色體中，進行接合的過程中，F 質體被傳送給接收者，連帶也把染色體傳送過去。不同的 Hfr 菌株中，F 質體嵌入的地方不同，方向也可能不同，傳送的染色體序列也不同。

1952 年法國巴斯德研究所的渥曼（Elie Wollman）來拜訪海斯，帶回他的 HfrH。後來渥曼和他的同事賈可布（François Jacob）用盧瑞亞發明的「波動測試」，顯示了 Hfr 是從 F^+ 菌株隨機發生的，也就是說 F^+ 菌株生長和繁殖過程中，有些細胞中的 F 質體隨機插入染色體，形成 Hfr。F^+ 菌株本身不會傳送染色體 DNA 給接受者，它只會傳送 F 質體。科學家所觀察的染色體傳送，其實是 F^+ 族群中存在的少數 Hfr 細胞造成的。

日後 HfrH 菌株更繼續在巴黎大放光彩，幫助巴斯德的科學家解決了兩個非常重要的分子生物課題。其中一項是有關基因調控方面的領域，幫助三位法國科學家獲得諾貝爾獎（見第 9 章）。另一項就是幫助渥曼和賈可布釐清 F 質體驅動染色體傳遞的機制，並且建立正確的大腸桿菌染色體地圖。

渥曼的雙親尤金（Eugène）與伊莉莎白（Elisabeth）1930 年代就在巴斯德研究所做研究，他們研究的是一種噬菌體的「潛溶」（lysogeny）現象。所謂潛溶是指噬菌體無聲無息地潛伏在細菌中，和細菌和平相處，相安無事，但是在某種情況下，這些潛伏的噬菌體（稱為「原噬菌體」，prophage）會突然發作，開始複製，打破細菌，釋放出來。這個現象很奇怪，搞不清楚緣由，而且在實驗室中很難掌握它什麼時候會發作。再現性很難掌握，因此很多人不相信它是真的，包括加州理工學院的戴爾布魯克。

　　第二次世界大戰中，渥曼的父母被佔領法國的德國納粹秘密警察逮走，後來死在集中營；渥曼本人在法國南部加入游擊隊抗德。戰後，1945 年他加入巴斯德研究所勞夫（André Lwoff，見第 9 章）的實驗室進行研究。三年後他到加州理工學院戴爾布魯克的實驗室做兩年的研究。有一次，他在那裡的圖書室翻閱索引卡查詢論文。在那個時代，圖書館的藏書都有人工製作的索引卡，提供查詢。他找到他父母所寫的有關潛溶論文的索引卡，上面赫然有一道筆跡寫著「胡說」。

　　渥曼造訪美國海斯的實驗室之後回到法國，除了帶回 HfrH 菌種，還帶回一部當時時尚的果汁機送給太太。他太太覺得法國廚藝不需要這種美國機器，所以他就把果汁機帶到實驗室用。

　　渥曼和賈可布想到一個主意，利用這部果汁機做實驗，研究當 HfrH 和 F⁻菌株交配時如何傳遞染色體。他們先讓提供者與接受者開始進行接合，然後在不同的時間把交配中的細菌放進果汁機強力攪拌，中斷它們的交配，再把細菌拿出來看有哪些提供者的基因出現在接受者裡面、這些基因的傳遞速度如何，以及傳遞是否有特定順序。

　　他們挑選的 HfrH 和 F⁻菌株各攜帶著好幾個不同的突變，實驗目的就是觀察 HfrH 的突變如何傳遞到 F⁻菌株。後者更攜帶一個抗鏈黴素的突變，交配後的混合菌體可以用鏈黴素把 HfrH 殺死，只留下有抗性的 F⁻來進行分析。

　　渥曼和賈可布發現交配打斷得越早，提供者傳遞到接受者的基因

就越少；反之，打斷得越遲，傳遞的就越多。這是可以預期的。有趣的是，他們發現 HfrH 的基因（突變）傳遞到 F⁻ 細胞有固定的順序，每一個基因在一定的時間進入。

圖 4-4A 就是其中的一項結果。在這個交配實驗中，HfrH 攜帶四個可以辨識的基因，進入 F⁻ 的時序分別為：抗疊氮化鈉的基因（a）9 分鐘進入，抗 T1 噬菌體的基因（b）10 分鐘進入，乳糖代謝基因（c）17 分鐘進入，半乳糖代謝基因（d）25 分鐘進入。圖 4-4B 是實驗結果的詮釋圖，亦即渥曼和賈可布提出的模型，一個他們暱稱為「義大利麵」的模型。根據這個模型，提供者的基因排列在同一條染色體上，在接合過程中，染色體從固定的起點開始傳送，越接近起點的基因（如 a）就越早進入接收者細胞，越遠的基因（依序為 b、c 和 d）則越晚進入接收者細胞。果汁機的攪拌打斷了交配，也中斷了染色體的傳遞。越早打斷的話，傳遞的染色體越短；越晚打斷的話，傳遞的染色體就越長。被打斷之前就進入 F⁻ 中的基因，才得以出現在最終

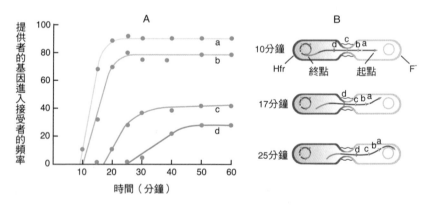

圖 4-4 渥曼和賈可布的「交配打斷」實驗。(A) 實驗結果：在不同時間打斷 Hfr 和 F⁻ 細菌之間的交配，可以看見不同的基因（a、b、c、d）先後在不同時間出現在 F⁻ 細菌中。(B) 實驗結果的詮釋：Hfr 細菌染色體上的 a、b、c、d 基因依序進入 F⁻ 細菌。10 分鐘的時候，只有 a 進入；17 分鐘的時候，a 和 b 進入；25 分鐘的時候，a、b 和 c 已進入，d 才要進入。

的重組菌株中。

　　從這些數據，渥曼和賈可布想到，這些基因的傳遞順序和進入時間，不就反映這些基因在染色體的相對位置嗎？這些數據不就可以用來建立一張遺傳地圖嗎？

　　上述的實驗例子提供了四個基因的定位，這應該只代表大腸桿菌染色體的一部份。他們陸續用其他的 Hfr 菌株進行同樣的交配打斷實驗，發現用不同的 Hfr 提供者傳遞的基因不一樣，反映它們插入染色體的地方不一樣（有些方向也相反）。根據這些實驗結果製作出來的遺傳地圖，代表染色體的不同部位。有些部位的地圖有重疊，這些重疊可以把不同部份的地圖連接起來，最後全部連接起來居然是一個環狀的地圖。

　　環狀遺傳地圖完全出乎賈可布和渥曼的意料，暗示大腸桿菌的染色體是環狀的。在那個時代這是很驚人的一件事，因為環狀染色體前所未聞。到目前為止，科學家看到的都是線狀染色體；當然，這是因為他們看到的都是真核生物的染色體，還沒有人見過細菌的染色體。

電子顯微鏡下的細菌染色體 DNA

　　真核生物染色體的基本結構是 DNA 和組織蛋白（histone）結合形成的染色質；染色質能夠進一步高度壓縮形成粗條狀的染色體，在光學顯微鏡下可以觀察得到。細菌的染色體沒有如此高層次的結構，用光學顯微鏡看不見。後來科學家知道遺傳物質（基因、染色體）是 DNA（見第 5 章），不是蛋白質之後，就有實驗室嘗試用電子顯微鏡來檢視細菌的染色體 DNA。

　　1961 年，德國的克林施密特及藍恩用他們發展出來的 DNA 顯影技術，在電子顯微鏡觀察完整的細菌染色體 DNA。這實驗的困難度很高，因為從細胞中萃取出巨大的 DNA 分子，很難在溶液中維持完整性。在水溶液中，DNA 分子超過 15 微米（1 微米 $=10^{-6}$ 米）就容易

被流動的水「剪斷」。細菌的染色體動輒數百或數千微米，例如大腸桿菌的染色體就有1600微米長。大腸桿菌菌體長度也才大約 2 微米，染色體的長度約是細菌長度的 800 倍，可見細菌染色體是很緊密地塞在細菌裡面。當我們把細菌打破，讓纖細的染色體在水溶液中展開，如果沒有特別保護，絕對會被水流剪得碎屍萬段。

克林施密特和藍恩發展一個技術，在一層蛋白質膜上溫和地打破大腸桿菌細胞，再進行顯影處理。用這樣的技術，他們可以看到一坨像毛線球的 DNA，上頭有無數的圈套（圖 4-5）。

如果染色體是環狀的，DNA 應該不會出現末端，除非處理過程中發生斷裂。克林施密特和藍恩的樣本有些很完整的，看不到任何DNA 末端，但是也不能排除末端是埋在整坨 DNA 裡面；有些可以看到末端，可是它又可能是處理過程中斷裂的。這樣很難下定論說大腸桿菌的染色體 DNA 是不是環狀的。

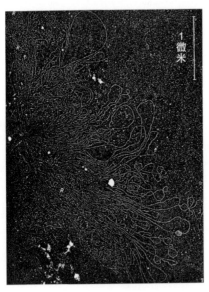

1微米

圖 4-5 克林施密特和藍恩 1961
年在電子顯微鏡下拍攝
的細菌染色體 DNA。
照片顯示大約一半的染
色體，右上角的白線代
表 1 微米。

　　1963 年，凱恩茲（John Cairns）使用一種稱為自動放射照相術（autoradiography）的技術，提供了另類的影像。所謂「自動放射照相術」是以放射性同位素標定細胞中的某種化合物，然後在黑暗中把樣品放入感光乳劑裡讓它凝固成薄膜（相當於傳統的照相底片），再置放一段時間，讓化合物所含的放射線使乳劑中的銀離子感光而形成顆粒，最後再把這「底片」沖洗出來。這樣觀察到的影像不是分子本身，而是它的放射性造成的痕跡。

　　他是用放射性的胸腺嘧啶（³H-T）標定大腸桿菌的染色體，然後小心包埋在感光乳膠中（降低 DNA 斷裂的發生），讓它曝光長達兩個多月。底片洗出來之後，他看到很多顆粒分佈成線狀，但是也有環狀的 DNA 影像。圖 4-6 是他最有名的照片，顯示複製中的大腸桿菌染色體。用這樣的技術估計出來的大腸桿菌染色體，長度大約 1.100 微米，是他先前觀察的 T2 噬菌體的 DNA 的 21 倍。

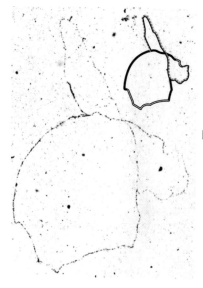

圖 4-6 凱恩茲 1963 年以自動放射照相術拍下複製中的大腸桿菌染色體。右上角的線條重繪自凱恩茲的詮釋，綠色虛線代表新複製的部份，二者的長度一樣；實線是還沒有複製的部份。

遺傳地圖的陷阱

　　但是這些實驗結果能夠證明大腸桿菌的染色體是環狀嗎？不，這些實驗結果嚴格說起來，都只是所謂「周邊證據」或「間接證據」。

　　凱恩茲的自動放射照片顯示的是 DNA 分子上放射線（³H-T）的感光分佈，並不清楚 DNA 本身是否為連續的。他本人也說：「在證明 DNA 上存在著非核酸的連結之前，把這些線看做分子，大概是合理的吧。」

　　渥曼和賈可布的遺傳地圖則是先根據數字（基因傳遞的時間）定出染色體的部份地圖，再把所有的部份地圖一起拼組起來。它不是直接觀察的結果，這樣拼湊起來的大腸桿菌遺傳地圖是環狀的。或許有人會說：環狀的遺傳地圖不就代表環狀的染色體嗎？啊，那可不一定。我們至少可以從兩個例子學到教訓。

　　第一個例子是 T4。歷史上的這段時間，研究 T2 和 T4 噬菌體（二者是親屬）的人就碰到一個謎題。T4 用重組頻率建構遺傳地圖，得到的地圖是環狀的；可是後來凱恩茲的自動放射照片和克林施密特及藍恩的電子顯微鏡照片，都顯示 T2 和 T4 的 DNA 是線狀的。線狀的 DNA 會產生環狀的遺傳地圖？

　　這個謎題後來獲得解答。原來每個 T2 或 T4 噬菌體所攜帶的 DNA 都是線狀的，沒錯。但是它們的序列很奇特，除了各個以「環狀排列」的變化之外，兩端還有些重複序列，意思是說 T2 和 T4 噬菌體的 DNA 序列，有的是 <u>1</u>2345789<u>1</u>，有的是 <u>2</u>345678912，有的是 3456789123……（畫底線的部份是重複序列）。也就是說，每一條噬菌體 DNA 都有完整的序列（1~9），但是排列得不一樣。這奇怪的結構，是因為噬菌體 DNA 進入細菌，經過反覆複製之後會連結起來，形成一長串的重複序列 123456789123456789123456789……，最後要裝進噬菌體的時候，被切割為比基本序列（9 個數字）稍微長（10 個數字）的 DNA，所以每一條 DNA 的排序都不一樣，也都有末端的重複。這種奇怪的結構會使得每一段序列都呈現聯鎖關係，1~2、2~3、

3~4、4~5、5~6、6~7、7~8、8~9、9~1之間都有聯鎖。如此組合起來的地圖當然是環狀的，沒有斷點（末端）。

T2和T4的例子指出遺傳地圖的拓撲學（環狀與線狀）不可靠。這個例子是噬菌體，下一個例子是細菌染色體。

環狀染色體成為細菌的典範

大腸桿菌的染色體之後，接下來其他實驗室也陸續發現其他細菌的環狀遺傳地圖，都沒有例外。於是環狀的細菌染色體就成為典範，寫入教科書，當做細菌與真核生物的基本差異，也常常出現在考試的題目。這個典範，要到1989年才發生轉移。

1989年，美國的法勒斯（Mehdi Ferrous）和巴伯（Alan Barbour）意外發現一種叫做疏螺旋體（*Borrelia*）的細菌其染色體是線狀的。疏螺旋體是萊姆病（Lyme Disease）的病原菌，五年前才被分離出來。它的染色體特別小，大約只有大腸桿菌的1/5，所以法勒斯和巴伯相當容易用一種新的脈衝電泳技術就看到它。

1993年我們的實驗室發現另一種線狀的細菌染色體。這群細菌是土壤中的鏈黴菌（*Streptomyces*）。它們的染色體很長，將近大腸桿菌染色體的兩倍。它的末端有一個蛋白質以共價鍵的方式接在DNA的末端。這個發現引起很大的騷動。首先，鏈黴菌是普遍存在的細菌，不像疏螺旋體那樣罕見；其次是，所有鏈黴菌的遺傳地圖都是環狀的（疏螺旋體的遺傳地圖一直沒有被定出來）。鏈黴菌染色體序列沒有像T4那樣的「環狀排列」，所以不能用T4的模型解釋。

最近這個謎題終於獲得解答。原來是它染色體兩個末端附著的蛋白質，會把末端連結起來，在細胞中形成環狀。DNA仍然是線狀的；蛋白質之間的連結是非共價鍵的連結，用清潔劑處理就可以打開。凱恩茲前頭說過：「在證明DNA上存在著非核酸的連結之前，把這些線看做分子大概是合理的吧。」他是在說大腸桿菌的染色體。大腸桿菌染色體確實沒有「非核酸的連結」，是連續的環狀DNA。他疑慮的

事情卻出現在鏈黴菌染色體，因為鏈黴菌的染色體確實有「非核酸的連結」。

　　鏈黴菌染色體的遺傳地圖是環狀的。如果運用自動放射照相術的話，相信也會和大腸桿菌的染色體一樣，看到環狀的排列，因為兩端被末端蛋白質抓在一起。所以，這些證據都會誤導我們，讓我們以為鏈黴菌染色體是環狀的。

　　這些例子提醒我們，要注意科學研究中充斥著這樣的「周邊證據」陷阱。對於「周邊證據」，福爾摩斯在〈博斯科姆比溪谷之謎〉中如此說：「周邊證據是個很詭異的傢伙。它會好像筆直地指向一樣東西，但是如果你稍微偏移一下你的觀點，你會發現它同樣毫無妥協地指向一樣完全不同的東西。」

第 5 章
灰姑娘與果汁機

1935~1956

大膽的假設，小心的求證。

——胡適

灰姑娘核酸飽受歧視

　　上一章，我們超前討論了細菌的染色體，也說到染色體就是
DNA 分子，但是我們還沒有談科學家如何知道基因是 DNA 而不是
蛋白質。灰姑娘的翻身是一段曲折漫長的故事。

　　進入 20 世紀之後，基因位於染色體上漸漸成為公認的事實。
染色體的成份主要是蛋白質和 DNA，所以基因大概不是蛋白質就是
DNA。當時大部份的科學家都看好蛋白質，因為蛋白質多采多姿，
有 20 種「首飾」（胺基酸）；DNA 非常單調，只有 4 種「首飾」（核
苷酸），更何況權威人士李文還說 DNA 只是四核苷酸的重複（見第
3 章），非常單調，怎麼儲藏大量的遺傳訊息呢？所以，一直到 1940
年代中期，幾乎都沒有人看好 DNA。

　　細胞的染色體又大又複雜，有些科學家就把腦筋動到病毒上。噬
菌體集團集中火力鑽研噬菌體，另外還有一些生物學家在研究真核
生物的病毒，其中研究最透澈的是「菸草鑲嵌病毒」（tobacco mosaic

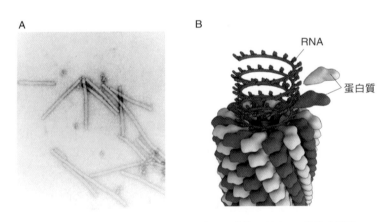

圖 5-1　菸草鑲嵌病毒（TMV）。（A）在電子顯微鏡下放大 16 萬倍的影像。
　　　　（B）立體模型。病毒外殼是 2130 個蛋白質排列成的管子，中間藏
　　　　著一條 6400 鹼基長的單股 RNA 分子。最早期的研究人員沒有偵測
　　　　到 RNA 的存在。

virus, TMV，圖 5-1A）。TMV 是歷史上最早被發現的病毒。它感染植物的葉子，產生黃綠相間的斑紋，造成農產損失。

1935 年洛克斐勒研究所的史坦利純化出 TMV 顆粒，發現純化的 TMV 可以結晶。這些結晶的病毒仍然具有活性，即使反覆結晶都還可以感染植物。史坦利的實驗室分析它的化學成份，只發現蛋白質。他在論文的結論說，TMV「可以看成一種自我催化的蛋白質」。

隔年，劍橋的皮瑞（Norman Pirie）和包登（Frederick Bawden）發現，TMV 中除了蛋白質之外還有一點碳水化合物（2.5%）和磷（0.5%）。今日我們知道 TMV 的蛋白質是外殼，裡頭包著一條 RNA（圖 5-1B），這 RNA 佔整個病毒的重量大約 6%。皮瑞和包登偵測到的磷應該是來自這個 RNA；顯然史坦利實驗室的鑑定技術不夠靈敏，沒有測量出這 RNA 的存在。

無論如何，史坦利對區區 0.5% 的磷並不在意。它即使代表核酸，也應該沒什麼意義。核酸只不過是單純無趣的「四核苷酸」而已，不是嗎？何況提出「四核苷酸」學說的李文，還是他在洛克斐勒研究所的同事。

一直到 1937 年，史坦利都還認為是蛋白質攜帶 TMV 的遺傳訊息。這期間，他的實驗室還做出馬鈴薯鑲嵌病毒（aucuba mosaic virus）的結晶，並發現這病毒的蛋白質和 TMV 的蛋白質不一樣。這更加強了他的想法，因為如果病毒的遺傳訊息是存在蛋白質的話，不同的病毒就應該有不同的蛋白質。現在他們證實了這點。

這些觀念很有影響力，讓一些有影響力的人物（包括繆勒和戴爾布魯克等人）都支持蛋白質的遺傳角色。盧瑞亞也曾經站在蛋白質這邊。他回憶說：「1949 至 1951 年之間的成果指往另一方向……如果你很早就把噬菌體感染的細菌打破……在細菌中最早發現有噬菌體徵兆的是一些蛋白質殼。所以我提出建議，說這些蛋白質可能是噬菌體的遺傳物質。」

史坦利的實驗室使用不同的酶處理 TMV，發現分解蛋白質的「蛋

白質水解酶」會使病毒喪失感染能力，這更支持了基因是蛋白質的想法。可是，他們發現亞硝酸也會殺死病毒。亞硝酸不會破壞蛋白質，這項結果不支持蛋白質是基因。今日我們知道亞硝酸會改變核酸，所以亞硝酸的實驗結果是支持核酸的。

另外一項支持核酸的證據，來自紫外線殺菌力的研究。早在1928 年，蓋茲（Frederick Gates）就知道紫外線殺菌力的光譜，與核酸的吸收光譜類似，而不像蛋白質的吸收光譜。殺菌力最強的紫外線，波長與核酸吸收最強紫外線的波長一樣，是 260 奈米；蛋白質吸收最強的波長則是 280 奈米。此外，誘導細菌和病毒突變的光譜也和核酸的吸收光譜一樣。不過這些都是間接證據，無法撼動蛋白質在大部份人心目中的地位。

1939 年第二次世界大戰爆發。戰火遍及五大洲和 61 個國家，有超過 19 億人參戰，死亡人數超過 7000 萬。這次大戰對很多人造成巨大的影響。在我們的故事中，有些人參戰或者參加地下抵抗軍；有些人死傷於戰場、集中營或後方的轟炸；還有不少人逃離納粹德國到英國或美國發展。少數的人（大多在美國）幸運地能夠繼續進行自己的研究。

轉形的本質

對蛋白質的地位有直接威脅的研究出現在大戰的末期，地點是美國洛克斐勒研究所艾佛瑞醫生的實驗室。艾佛瑞本來只是研究肺炎雙球菌，他會介入 DNA 和蛋白質的爭論課題，源自他的學生們在他請病假的時候，重複了一間英國實驗室十多年前發表的實驗。

這項實驗是英國衛生部的醫官弗瑞德・葛瑞菲斯（Fred Griffith）做的。葛瑞菲斯也是研究肺炎雙球菌，目的是要發展疫苗。1923 年他研究的肺炎雙球菌中，存在著兩類形態不同的品系（圖 5-2B），其中一種品系形成的菌落是光滑的（smooth form，簡稱 S 形），另一種的菌落是粗糙的（rough form，簡稱 R 形）。

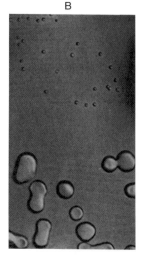

圖 5-2 艾佛瑞研究肺炎雙球菌的「轉形本質」。(A)艾佛瑞,這時候的他和實驗室同仁正在研究轉形本質,攝於 1937 年。(B)轉形前(上)和轉形後(下)的肺炎雙球菌菌落,前者菌落表面粗糙,後者光滑。論文照片發表於 1943 年。

　　S 形的肺炎雙球菌會致病,它的外層有多醣類的保護囊,可以抵抗來自宿主免疫系統的攻擊,所以注射入小鼠腹腔會讓小鼠感染肺炎死去。R 形的肺炎雙球菌沒有這保護囊,注射入小鼠腹腔小鼠不會死。

　　這兩種品系之間偶爾會發生轉換,從 S 形轉變成 R 形,或者從 R 形轉變成 S 形。葛瑞菲斯對這種轉變很有興趣,做了很多實驗,其中最有趣的是所謂「轉形」實驗。他拿一株 S 形和一株 R 形做實驗:他加熱殺死的 S 形注射入小鼠,小鼠不會死;但是當他把活的 R 形和加熱殺死的 S 形混合,一起注射入小鼠,小鼠竟然會死掉。這很奇怪,單獨注入活的 R 形和熱死的 S 形都不會殺死小鼠,混在一起就會致命。

葛瑞菲斯從這些小鼠屍體中分離到活的細菌，它們都是 S 形，具有致病力。一個簡單的解釋是熱死的 S 形復活了。不過從免疫標誌來看，分離出來的 S 形的免疫型是屬於 R 形的。所以，他從屍體取出來的細菌不是 S 形復活，應該是 R 形轉變成 S 形。

葛瑞菲斯稱這種轉變為「轉形」（transformation）。他推斷，R 形的轉形是死去的 S 形中有某種特殊的物質，進入 R 形造成它的改變，他稱這個物質為「轉形本質」。轉形本質最可能就是遺傳物質。如果是這樣的話，轉形不就是基因從一個細胞的染色體進入另外一個細胞的染色體，造成後者的改變嗎？這是很重要的發現。可是葛瑞菲斯是個很害羞和謙虛的英國紳士，不喜歡給演講。他遲疑了一陣子才將結果發表在一個不受重視的《衛生期刊》。文章裡面一點都沒有提到可能的重大遺傳意義。

艾佛瑞和葛瑞菲斯都是肺炎雙球菌研究領域的專家，但是兩人從未見過面。艾佛瑞本來就知道葛瑞菲斯的轉形實驗，但是一直不相信。1934 年他因病休養半年，他的手下在實驗室中成功重複了葛瑞菲斯的轉形實驗，而且還改良了轉形技術，不必使用小鼠，直接在試管中就達到轉形。這讓轉形實驗步驟簡化了，效率也提高了。艾佛瑞的實驗室就決定開始用這新步驟研究「轉形本質」，希望純化它，了解它是何種物質，因為「轉形本質」應該就是基因。

1944 年（二次世界大戰結束前一年）2 月，艾佛瑞和實驗室的麥勞德（Colin MacLeod）、麥卡蒂（Maclyn McCarty）一起發表了一篇歷史性的論文，綜合他們這方面的研究結果。此時艾佛瑞已經 65 歲，處於半退休狀態；而葛瑞菲斯已經去世四年，他在實驗室中死於德國空軍的轟炸。

保守謹慎

艾佛瑞等人的論文副標題就明白點出論文的結論：「用分離自第三型肺炎菌的去氧核糖核酸部份引發轉形。」注意，他們說引發轉形

的是「去氧核糖核酸部份（fraction）」，而不說是「去氧核糖核酸」。這是微妙但是重要的細節。「部份」是化學家純化某種物質常用的術語。「去氧核糖核酸部份」是指純化過程中獲得含有很純或最純的DNA 的「部份」，但是不排除其中還有其他的物質。

實驗科學家知道，要純化一樣物質到百分之百的純度是不可能的。純度的標準永遠受限於偵測儀器的靈敏度。科學實驗儀器測量的靈敏度都有極限，沒有一個儀器可以測量到「零」，也就是無法說任何物質不存在，最多只能說它無法被偵測得到（低於偵測的靈敏度）。譬如說，你測量蛋白質的儀器或技術最低只能偵測到每毫升一奈克（10^{-9} 克），那麼你最多只能說你純化的 DNA 部份中，蛋白質低於每毫升一奈克。

艾佛瑞實驗室進行了各種技術，包括電泳、超高速離心、紫外線光譜儀、酶處理等，分析肺炎雙球菌的「轉形本質」，最後下結論說：「在技術的限制內，具有〔轉形〕活性的部份不含有偵測得到的蛋白質……大部份或許全部都是……去氧核糖核酸。」這裡說的「大部份或許全部」再度呼應論文副標題中的保守語氣，也就是說他們沒有絕對的把握說轉形本質就是 DNA。

1943 年，艾佛瑞在給他弟弟洛伊（Roy）的信上如此說：「我一直嘗試在細胞萃取液中尋找誘導這特殊變化的物質的化學性質……這是個挑戰，充滿頭疼和心碎……不過我們總算有了結果……但是，當今要別人相信沒有攜帶蛋白質的 DNA 會具有這生物活性和特質，必須要有很多完備的證據。我們就是要取得這些證據。吹噓雖然很好玩，但是在別人吹毛求疵之前，自己先檢討才是明智之舉。當然我們所描述這物質的生物活性，有可能不是核酸的本質，而是出自極少量的某種其他物質。」

提出「四核苷酸」結構的核酸權威李文還是艾佛瑞在洛克斐勒研究所的同事兼朋友。麥卡蒂說，麥勞德曾經和艾佛瑞去找李文，談起DNA 可能攜帶遺傳訊息，被李文潑了冷水，他說結構簡單的 DNA

不可能是遺傳物質。

洛克斐勒的另一位同事，生化學家米爾斯基（Alfred Mirsky）也批評說：「可能只是 DNA，不需要他物，就有轉形的活性，但是這一點仍未完全證實……很難排除可能有極少量的蛋白質無法檢測出來，附著在 DNA 上，才是活性所必需的……肺炎菌的轉形是自我複製的現象……所以只要幾顆有活性的本質就夠了。」我們別忘了，TMV 含的 RNA 佔病毒重量的 6%。史坦利剛開始的時候，也一直沒偵測到它的存在。

1947 年，艾佛瑞從洛克斐勒正式退休。

兩極反應

戴爾布魯克也持保留態度。他回憶說：「當然有了這發現，爭戰才剛開始，因為科學界立即分成兩邊：有人相信 DNA 是儲藏資訊的分子，有些人則相信 DNA 樣品被少量的蛋白質所污染，而蛋白質才是重要的分子。」這些保留或反對的態度反映出當時大家對接受 DNA 是遺傳物質的遲疑。最大的障礙是，DNA 怎麼看都不像是能夠攜帶遺傳資訊的物質，特別是從「四核苷酸」模型的角度看來。

艾佛瑞等人的研究成果，儘管是嚴謹客觀的優異論文，卻缺乏讓人興奮的含義，無法激勵科學家信服 DNA 就是基因。日後華生（盧瑞亞的學生）與克里克發表 DNA 雙螺旋模型的時候，情況剛好相反。這兩人研究 DNA 結構不是為了證明 DNA 是遺傳物質，但是他們解出來的結構卻顯示了基因的性質和功能，讓更多人相信 DNA 就是基因。

盧瑞亞就這樣說：「像戴爾布魯克和我本人這樣的人，不但不用生物化學的方式思考，我們還有一點（可能部份是下意識）對生物化學有負面的反應……我想我們對基因是蛋白質或核酸並不覺得重要。對我們來說，重要的是基因必須具有它該有的特質。這說明了為什麼華生與克里克〔的雙螺旋模型〕對我們思考遺傳學的人，有如此重

大的意義。因為他們的結構就包含著（一眼就可以看出來）基因的性質。」曾經嘲笑 DNA 是「愚蠢的分子」的戴爾布魯克也說：「即使它真的具有專一性，但是在華生–克里克的結構之前，沒有人、絕對沒有人，能夠想到專一性可以用這麼超級簡單的方式，由一個序列、一個密碼攜帶著。」

儘管如此，艾佛瑞明瞭這個課題的重要性。他給弟弟的信中繼續說：「如果我們是對的，當然這還沒證實，那就是說核酸不但在結構上重要，同時具有決定細胞生化活性及特徵的功能，而且藉由一個已知的物質，可以對細胞造成可預期的遺傳變化。這是長久以來遺傳學家的夢想。」

是的，他已經想到「遺傳工程」。是的，如果轉形是 DNA 造成的，這個轉形技術就提供一個改變細菌遺傳的方法。不是嗎？他們不是已經純化出一個生物的 DNA，送入另一個生物體中，改變後者的遺傳嗎？這就是遺傳工程啊。日後發展出來的「重組 DNA」就是利用這樣的轉形技術，把基因（DNA）送入細胞中。

從 1930 年代初，艾佛瑞幾乎每年都被提名諾貝爾獎，但是提名的原因都不是轉形本質的研究，而是他與海德柏格（Michael Heidelberger）在肺炎雙球菌表面抗原方面的研究。他們發現肺炎雙球菌表面抗原的專一性是出自多醣體，這是嶄新的發現，在此之前大家以為抗原都是蛋白質。1946 年之後，他才因為轉形本質的研究被提名諾貝爾獎，但是也沒有成功。艾佛瑞於 1955 年過世。

來自巴黎的迴響

受到艾佛瑞等人論文的啟發，很多實驗室也開始嘗試用不同的微生物進行類似的轉形研究，最早的成功報告來自法國巴斯德研究所副所長波伊文（André Boivin）的實驗室。1945 年 11 月他報告，說他也可以用 DNA 成功轉形大腸桿菌。可是他們的結果受到質疑，因為別的研究室都無法再現他們這個實驗，包括賴德堡與塔特姆。一直到

1972年，科學家發現大腸桿菌經過特別處理（例如氯化鈣）可以轉形。理由是大腸桿菌不像肺炎雙球菌那樣天生就有轉形能力，它的外殼必須經過人為改變，才能夠接受外來的DNA。現代遺傳工程用大腸桿菌做為基因的工廠，以轉形方式把基因送入菌體之前，都要經過前處理。

艾佛瑞實驗室的霍奇基斯（Rollin Hotchkiss）在艾佛瑞退休後繼續研究，希望確定轉形物質確實是DNA。1951年，他完成另一個性狀（青黴素抗性）的轉形；1954年學生馬莫（Julius Marmur）在他的指導下，又完成另外兩個性狀（甘露醇代謝及鏈黴素抗性）的轉形，而且發現這兩個性狀的轉形有聯鎖現象，也就是說兩個性狀常常同時轉形。這個結果更支持它們是基因。在這期間，1953年美國的微生物學家亞歷山大（Hattie Alexander）與萊迪（Grace Leidy）也成功用DNA轉形流感嗜血桿菌（*Haemophilus influenzae*）。

波伊文的轉形實驗雖然受到質疑，他和同僚羅傑・凡綴里（Roger Vendrely）及柯萊特・凡綴里（Colette Vendrely）繼續找到三項支持DNA為遺傳物質的實驗證據：第一、哺乳類動物中每個細胞的DNA含量大致相同，但是蛋白質和RNA的含量變化很大；第二、細胞中的DNA相當穩定；第三、體細胞中的DNA含量是精子（單倍體）中的兩倍。

這三點都是遺傳物質應該具有的特性，其中第三點最具說服力：體細胞的染色體（基因）是雙套（雙倍體），是精子（單倍體）的兩倍。如果DNA是遺傳物質的話，它在體細胞的份量應該也是精子的兩倍。這個「波伊文–凡綴里規律」，後來很多實驗室用不同的動植物也加以證實，除了一些少數的例外（例如多倍體細胞）。

著名的果汁機實驗

灰姑娘還蹲在黑暗角落。艾佛瑞等人的論文發表八年後（1952），又出現另一個「精靈教母」。這一次，歡迎它的人就更多了，因為這

項研究出自噬菌體集團的「自己人」。

　　冷泉港實驗室的赫胥和他的助理蔡斯研究的材料是大腸桿菌和噬菌體 T2。他們與巴斯德的渥曼和賈可布一樣，使用果汁機做實驗。渥曼和賈可布用果汁機打散交配中的細菌，赫胥和蔡斯則是用果汁機把附著在細菌上的噬菌體打掉。這個技術是電子顯微鏡專家安德森（Thomas Anderson）發明的。安德森早在 10 年前就和盧瑞亞用電子顯微鏡觀察噬菌體（圖 5-3）。噬菌體和很多其他的病毒一樣，有蛋白質做的外殼，裡面包著核酸。他發現噬菌體可以用滲透壓衝擊的方式炸破外殼，釋出核酸。他還發明用果汁機處理被噬菌體感染的細菌，把附著在細菌表面的噬菌體打掉。

　　安德森使用果汁機做實驗的時候，果汁機已經在美國問世 20 年，成為很受歡迎的廚房用具。此外，果汁機也用在醫院製備特殊病患的飲食，更出現在科學家的實驗室。日後，沙克（Jonas Salk）還用它發

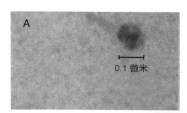

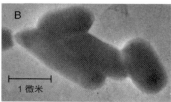

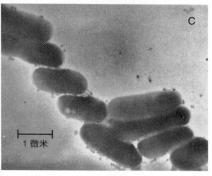

圖 5-3　1942 年盧瑞亞與安德森以電子顯微鏡拍下的噬菌體。（A）放大 84000 倍。（B）未受感染的大腸桿菌，放大 17000 倍。（C）被感染的大腸桿菌，很多噬菌體附著在菌體表面，放大 17500 倍。

展小兒麻痺疫苗。

　　赫胥和蔡斯發現，用果汁機把細菌表面的 T2 移除之後，大部份的細菌仍然具有產生噬菌體的能力，也就是說培養一段時間之後，它們仍然會爆破細胞，釋出子代 T2。這表示噬菌體被移除之前，已經把必要的遺傳物質送入細菌體內，使得新的病毒得以合成，留在細菌外頭的噬菌體軀殼已經不重要了。

　　現在的問題就是：T2 噬菌體送進去的東西是什麼？是 DNA，或者是蛋白質？這是個重要的問題，因為送進去的東西應該就是遺傳物質，也就是基因。到底是 DNA，還是蛋白質？

　　赫胥和蔡斯採取放射線標示的方法來回答這個問題。DNA 含有磷酸，蛋白質沒有，所以他們在培養 T2 的時候添加磷的放射性同位素 ^{32}P，得到的 T2 的 DNA 就會帶有 ^{32}P，放出 ^{32}P 的放射線。反過來，蛋白質含有硫，DNA 沒有，所以培養 T2 的時候添加 ^{35}S，T2 噬菌體的蛋白質就會含有 ^{35}S。

　　接下來，他們把這兩種具有不同放射性的 T2 噬菌體，分別拿來感染大腸桿菌，讓它們在緩衝液中附著在細菌上，然後用果汁機打掉T2。接下來他們用離心機把細菌連同附著的噬菌體一起沉澱下來；單獨的 T2 重量太輕，不會離心下來，仍舊懸浮在上層液中。沉澱物和上層液兩部份就可以分別來測量放射性（^{32}P 或 ^{35}S），看哪種放射性被離心下來，哪種放射性在上層液。

　　結果他們發現在果汁機中打的時間越久，從細菌脫離下來的 ^{32}P 和 ^{35}S 就越多。最後有一小部份（35%）的 ^{32}P（DNA）脫離，出現在上層液，大部份（65%）留在感染的細胞中。^{35}S（蛋白質）則大部份（80%）脫離，不過還是有小部份（20%）和被感染的細胞一起離心下來（圖 5-4B）。

　　赫胥和蔡斯進一步追蹤這些放射性物質的去向，發現被感染的細菌中的 ^{32}P 大約有 30% 會出現在子代的噬菌體中；^{35}S 出現在子代不到 1%。所以他們認為這些含硫的蛋白質應該絕大部份都只是附著在

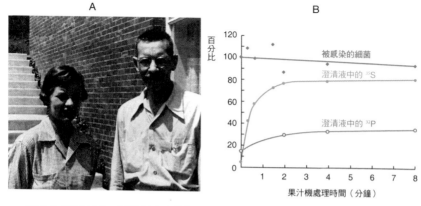

圖 5-4 赫胥（右）、蔡斯（左）和他們的果汁機實驗。（A）兩人合影於 1953 年。
（B）果汁機實驗結果：橫軸是用果汁機處理的時間，縱軸是被感染的
細菌數，以及澄清液中 ³⁵S 和 ³²P 的百分比。

表面的殼，沒有進入細胞中。

　　這些結果支持 DNA 是遺傳物質，蛋白質不是。但是，他們在
1952 年發表的論文中，很謹慎地提出三個有待澄清的問題。第一、
有沒有不含硫的噬菌體物質進入細胞中？第二、有的話，它是否也傳
遞到子代噬菌體？這兩個問題的答案如果為「是」，這物質可能是遺
傳物質或者它的一部份。第三、磷是否以噬菌體物質的形式直接傳遞
給子代？如果磷是間接轉換到子代噬菌體，它可能就不是遺傳物質。

　　赫胥和蔡斯的結論是：「感染的時候，大部份噬菌體的硫留在細
胞表面，大部份噬菌體的磷進入細胞……我們的實驗很清楚地顯示
T2 噬菌體可以用物理方法分成遺傳與非遺傳部份……不過，這遺傳
部份的化學辨認必須要等上面一些問題得到解答。」

　　不過，今日我們的教科書描述這項實驗的時候，常常說細胞裡
偵測不到 ³⁵S，上層液中偵測不到 ³²P，顯示遺傳物質就是 DNA。這
不但誤導論文的實驗結果，還過度詮釋它的結論，失去科學嚴謹治
學的精神。

大部份的教科書都沒有提到，赫胥和蔡斯進一步追蹤放射性物質傳遞到子代噬菌體的實驗。有這部份的結果，蛋白質的排除才比較容易被接受。即使如此，赫胥對 DNA 是遺傳物質的想法仍然是保留的。這也幾乎都被大多教科書所忽視。

一人得道，雞犬升天

現在的教科書陳述這段歷史的時候，總是把艾佛瑞等人和赫胥與蔡斯的兩篇論文拿出來，證明 DNA 是基因。殊不知，這兩人都是嚴謹的科學家，知道自己的實驗結果沒有完全排除掉其他物質才是遺傳物質或遺傳物質一部份的可能性。

隔年 11 月，華生和克里克的雙螺旋論文已經問世半年，赫胥在冷泉港的演講中說：「有三種證據支持 DNA 的遺傳角色。一、波伊文–凡綴里規律：DNA 含量和物種與倍體〔染色體的套數〕的相關性，與組織種類無關；二、艾佛瑞等人轉形實驗的結果；三、DNA 在 T2 噬菌體感染中扮演某種未知的顯性角色。這三項，單獨或一起，都無法提供充份的科學基礎支持 DNA 的遺傳功能。」最後他說：「我個人的猜測是，DNA 不會被證實是遺傳專一性的獨特決定者。」

有人說，生物學家沒把艾佛瑞等人的論文當真，或者甚至沒聽過。赫胥與蔡斯的論文就沒有提到它，不知道為什麼。赫胥與蔡斯的論文發表之後，大家才開始認真看待 DNA。

有人認為或許因為赫胥和蔡斯用了另一種實驗材料和另一種技術，得到相似的結論，讓大家對它比較有信心。不過，真正的原因應該是赫胥是當下強勢的團體（噬菌體集團）的創始者之一，有很多同僚互相扶持。這篇論文的結果在出版之前就已經在各處流傳，特別是戴爾布魯克個人的大力加持。艾佛瑞等人則不在這個勢力圈子裡。

儘管我們可以挑剔他們論文的缺陷，但赫胥與蔡斯的果汁機實驗儼然成為分子生物學發展史上的重要樞紐。他們是首先以生化方法分析噬菌體遺傳的人。生物化學開始進入分子生物學，未來將扮演樞紐

的角色。1969年赫胥、盧瑞亞和戴爾布魯克三人一起獲得諾貝爾獎。

如果艾佛瑞等人以及赫胥與蔡斯的論文都不算證明DNA是遺傳物質，那麼歷史上有哪一篇論文或哪一個實驗證明了呢？我想不出來。我想不出有誰毫無疑問地證明DNA是遺傳物質。這個結論是經過無數實驗研究的考驗得來的。特別當DNA雙螺旋模型出爐，它顯示的遺傳意義讓更多人相信基因就是DNA（見第6章）。

DNA最後被發現真的是遺傳物質，以前支持它的研究和論文，不管有何不足之處，都升值了，都變成大功臣。讓人不禁揣想，假若後來發現蛋白質才是真正的遺傳物質，那麼很多支持蛋白質的論文也就都升值嗎？史坦利支持TMV的遺傳物質是蛋白質的研究，不是也會風光地出現在教科書上嗎？

當然基因不一定都是DNA。有些病毒的基因是RNA，例如TMV。1956年史坦利團隊的佛蘭克爾–康拉特（Heinz Fraenkel-Conrat）把純化的TMV蛋白質與TMV RNA混在一起，發現它們會自我組合起來，形成具有活性的病毒。有趣的是，他們把病毒不同品系的蛋白質和RNA混在一起，也會得到有活性的雜種病毒品系，譬如A品系蛋白質包著B品系RNA，或者B品系蛋白質包著A品系RNA。把這些雜種品系的病毒拿去感染植物，得到的子代病毒都是和RNA的品系一樣。譬如RNA是A品系，得到的子代病毒就是A品系。也就是說病毒的遺傳決定於RNA，不是蛋白質。同年施拉姆（Gerhard Schramm）更成功用純化出來的TMV RNA感染植物，得到子代病毒。這更證實了RNA的遺傳角色。

這時候，DNA雙螺旋模型已經出爐三年了。

第 6 章
鐵絲與紙板

1937~1953

禮貌是所有良好科學合作的毒藥。合作的靈魂是絕對的
坦誠，必要時的失禮……科學家珍惜批評幾乎甚於友誼；
不對，批評在科學中是友誼的標竿。

——克里克

風雲劍橋起

1950 年代，英國劍橋大學的卡文迪什實驗室還在舊址，位在一排低調不起眼的傳統建築物裡，遊客經過很難想像它擁有的輝煌歷史。到 1951 年為止，它已經出了 21 位諾貝爾獎得主，包括湯普森（Joseph Thompson，發現電子和正子）、阿斯頓（Francis Aston，發明質譜學技術）、拉塞福（Ernest Rutherford，發現原子核）、柯克勞夫特（John Cockcroft，發現原子分裂）、華爾頓（Ernest Walton，發現原子分裂）、查兌克（James Chadwick，發現中子）、威廉・亨利・布拉格（William Henry Bragg）和威廉・勞倫斯・布拉格（William Lawrence Bragg）父子（發展 X 射線繞射晶體圖學）等。

威廉・勞倫斯・布拉格爵士是當時卡文迪什的所長。他和父親來自澳洲，兩人合作發展出 X 射線繞射晶體圖學，做為分子結構分析的工具。X 射線繞射現象是德國物理學家馮勞厄所發現，它的原理沿自一個世紀前就知道的光學干涉現象，也就是當光線穿過寬度接近波長的細縫，會在後面的屏幕上形成明暗相間的條紋，這是抵達屏幕的不同光波之間互相加強（明）或減弱（暗）而造成的。馮勞厄認為 X 射線的波長（0.01~10 奈米）接近原子之間的距離，應該可以在晶體中規律排列的原子之間產生繞射干擾現象。他果然成功了。布拉格父子追隨馮勞厄的腳步，發展出 X 射線光譜儀和計算晶體結構的數學方法。父子兩人於 1915 年獲得諾貝爾獎。馮勞厄在前一年得獎。

X 射線繞射晶體圖學就成為研究晶體的利器。它本來只是用來研究鹽類、金屬、礦物和可以結晶的簡單化合物，後來發現蛋白質也可以結晶，於是 X 射線繞射也開始用來研究蛋白質結構。蛋白質的結構比起先前的研究對象複雜多了，對研究者是很大的挑戰。

卡文迪什實驗室本身就有數位優秀的物理學家，進行蛋白質結構的研究。但是他們在第一回合就輸給一位強勁的對手：美國加州理工學院的鮑林。1951 年，鮑林和他的同事科瑞（Robert Corey）用 X 射線繞射技術以及分子模型的建構，解出蛋白質的二級結構，α 螺旋

圖 6-1 鮑林（左）和同事科瑞把他們解出的蛋白質螺旋
結構做成模型。攝於 1951 年。

和 β 平板（圖 6-1）。第一輪的挫敗，讓卡文迪什的競賽者很沮喪。

　　至於 DNA，從生物體萃取出來的 DNA 都是不能結晶的纖維，但是布拉格之前的學生阿斯特伯里（William Astbury）於 1937 年發現，在適當的處理下，DNA 纖維的 X 射線繞射圖也會顯示某種週期性的規律結構。DNA 的鹼基疊在一起，像一根柱子（或一疊銅幣）的樣子。至於和鹼基連結的去氧核糖，阿斯特伯里認為它和鹼基平行。

　　1949 年，來自挪威的佛伯格（Sven Furberg）在倫敦用 X 射線繞射定出單一核苷（nucleoside）的立體結構。核苷是一個鹼基連著一個去氧核糖（DNA）或核糖（RNA），不包含磷酸。佛伯格發現鹼基和去氧核糖之間的角度幾乎垂直，阿斯特伯里錯了。這個關鍵對後來華

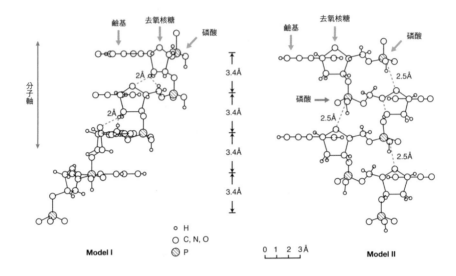

圖 6-2 佛伯格提出的兩個 DNA 模型（Model I 與 Model II），都是單股
螺旋。去氧核糖和螺旋的軸差不多是平行，鹼基則以垂直角度與
去氧核糖連接。鹼基之間的距離是 3.4 埃（Å）。這些都是正確的。
（改繪自佛伯格 1952 年的論文）

生和克里克的雙螺旋模型很有幫助，克里克也承認。

　　佛伯格曾經根據這個結構提出兩個 DNA 模型（圖 6-2），二者都
是單股的螺旋結構。這兩個結構發表於 1952 年，華生和克里克的雙
螺旋模型出爐前一年。華生和克里克的論文有引用這篇論文。

　　1947 年，英國的古蘭德（John Gulland）和喬登（Dennis Jordan）
用滴定方法研究 DNA 的黏稠性和光學性質，結論說 DNA 是線狀聚
合物，沒有分叉，而且鹼基之間的特定位置具有氫鍵。強酸和強鹼會
降低 DNA 的黏稠性和改變光學性質，是因為氫鍵被打斷，顯然 DNA
結構有賴於氫鍵。這些觀念對後來的雙螺旋模型也很有幫助。

結構在國王學院

1950 年代初期，真正認真用 X 射線繞射研究 DNA 的是倫敦國王學院的威爾金斯和研究生葛斯林（Raymond Gosling）。1950 年葛斯林就開始用 X 射線研究精子頭的 DNA 結構，此外他們從瑞士的席格納（Rudolf Signer）那裡得到高品質的小牛胸腺 DNA 進行研究。

溶解在水中的 DNA，加入一些酒精就可以把聚合在一起的 DNA 撈起來，拉成細絲。威爾金斯的手很巧，可以拉出很細（5~10 微米）的絲。這樣的細絲可以聚成一束，雖然不是真正的晶體，在 X 射線繞射下也可以看到一些規律的黑點，顯然 DNA 分子在拉長的細絲中形成某種「類結晶」（paracrystal）的規律結構。

1951 年 1 月，威爾金斯到那不勒斯開會，以他的 DNA 研究為題，給了一場演講。聽眾中有一位美國來的年輕生物學家華生，演講後很興奮地去找威爾金斯，問可不可以到他的實驗室做 DNA 研究，威爾金斯婉拒了。

這段時間，國王學院新來了一位科學家羅薩琳・佛蘭克林。才 30 歲的佛蘭克林已經是世界聞名的 X 射線晶體圖學權威，院長藍道

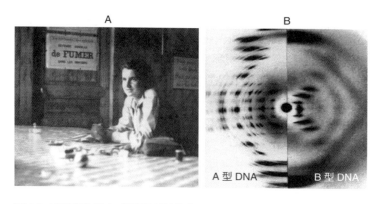

圖 6-3 佛蘭克林用 X 射線繞射技術發現了 DNA 的兩種結構。（A）巴黎時期的佛蘭克林，攝於 1949 年。（B）A 型 DNA 與 B 型 DNA 的 X 射線照片。A 型 DNA 照片提供的資訊比較多，因此佛蘭克林先分析它。

爾（John Randall）聘請她來和葛斯林一起研究 DNA 結構，為期三年。藍道爾聘用她的信中還說：「X 射線實驗工作方面，目前就只由你和葛斯林做。」等於把威爾金斯擺在一旁。

威爾金斯沒看到此信，佛蘭克林抵達的時候，他又不在。佛蘭克林被安排在威爾金斯的實驗室中工作，藍道爾要求他把 DNA 的工作交給佛蘭克林，連他的博士學生葛斯林也交給佛蘭克林指導，讓他感覺被排擠。資深的威爾金斯認為佛蘭克林是他的助手，但是佛蘭克林自認在學院中是獨立的研究員，覺得威爾金斯不該來管她、煩她。這個緊繃又傷感的誤會，一直都沒有釐清。

佛蘭克林到國王學院才幾個月，就做出好成績。她和葛斯林用威爾金森給他們的高品質DNA分出兩種形態的 DNA 結構：「A 型」和「B 型」（圖 6-3B）。在低濕度的環境下，DNA 絲變得比較粗，產生的 X 射線繞射影像中有很多清楚的黑點。濕度提高，DNA 絲會變長，X 射線繞射影像中的黑點就變很少，出現一個 X 形的分佈。葛斯林和威爾金斯先前得到的影像有一些模糊不清的黑點，推測應該是因為他們的 DNA 樣品同時存在著 A 型和 B 型的DNA。

提高空氣中的濕度就可以讓 DNA 從 A 型變成 B 型，顯然 DNA 很容易吸收水份，所以佛蘭克林認為 DNA 分子中親水性的磷酸應該露在外頭，讓水分子很容易附著上去，疏水性的鹼基在裡頭，避免和水分子接觸。這是建構 DNA 立體結構很一項重要的線索。

11 月，她在國王學院演講，報告這些進度。年初在那不勒斯聽威爾金斯演講的華生也出現在聽眾中。

相遇的機緣

華生是盧瑞亞的第一位研究生。他本來的興趣是鳥類學，但是18 歲的時候讀了薛丁格的《生命是什麼？》，就決定改攻遺傳學。19歲從芝加哥大學畢業後，他進入印第安納大學，在盧瑞亞的實驗室進行噬菌體的研究。再三年取得博士學位後，他到哥本哈根，先後在卡

圖 6-4 克里克（左）和華生（右）於劍橋河畔散步。攝於 1953 年。

爾卡（Herman Kalckar）和馬洛伊（Ole Maaløe）的實驗室做研究，但是這兩個實驗室的研究課題都不是他真正有興趣的。他真正想要研究的是 DNA 結構，因為他從艾佛瑞等人以及赫胥和蔡斯的研究，相信 DNA 是遺傳物質，因此解出它的結構極為重要。

　　1951 年初他隨卡爾卡到義大利的那不勒斯開會，在那裡聽到威爾金斯的演講。威爾金斯展示的 X 射線繞射圖顯示 DNA 的結構是規則的，所以用這個技術得到解答應該很有希望。他向威爾金斯表示希望到他的實驗室工作，但是威爾金斯拒絕。他不死心，費了很大的功夫、透過盧瑞亞的關說，終於爭取到卡文迪什實驗室肯德魯（John Kendrew）的實驗室學習蛋白質的 X 射線晶體圖學。1951 年 10 月，他抵達卡文迪什，被分配和克里克共用一個辦公室。克里克是比魯茲（Max Perutz）的學生，也是威爾金斯的老朋友。

　　華生和克里克一見如故。克里克回憶他們相遇的情景說：「當我遇見吉姆〔華生〕時，真有意思，因為我們看法相同……不過他對噬菌體一清二楚，我則只在書上念過……我對 X 射線晶體繞射瞭如指掌，他則只有二手的知識……從外邊世界過來的人裡面，他是第一位和我一樣清楚什麼才是重要的〔指 DNA〕。」當時卡文迪什的科學家

大多在研究蛋白質。克里克說他知道艾佛瑞的論文，但是他也認為這篇論文對 DNA 的角色並沒有蓋棺論定。他知道他老友威爾金斯在研究 DNA，他本人對 DNA 只是想想而已，沒有做實驗。

華生的基本訓練是細菌和噬菌體。當時基因是大家追逐的聖杯，他知道艾佛瑞的研究並不能斷定 DNA 就是遺傳物質，但是他覺得 DNA 是很合邏輯的選擇，值得一賭。賭對的話，獎賞很大。雖然他來卡文迪什的計畫書上定的目標是做蛋白質的研究，但是他已經決意要研究 DNA 的分子結構。他想，卡文迪什是世界上研究 DNA 結構的好地方。

來到卡文迪什之前，華生對 DNA 的知識少得可憐。他說：「DNA 只是一個字。對我而言，它從來都不算是分子。我知道它是核苷酸構成的，此外，除了為了準備考試，我從來都不去學習它的結構式。」

當時同在劍橋大學（化學系）的陶德（Alexander Todd）是核酸化學方面的權威。兩年前他才成功合成三磷酸腺苷（ATP）。他的研究顯示李文提出核苷酸的「磷酸－去氧核糖－鹼基」的連結方式是正確的（見第 3 章），也發展出合成雙核苷酸的技術，可以用在合成核酸片段，對將來遺傳密碼解碼的研究幫助很大。他在 1957 年獲諾貝爾化學獎。

陶德推論 DNA 和 RNA 就是長串的核苷酸（稱為「多核苷酸」），沒有分叉。這樣單純的核苷酸串連順序，稱為「一級結構」。蛋白質的「一級結構」就是指胺基酸以肽鍵連結的順序。胺基酸形成的多肽也沒有分岔，但是有更上一層的結構（稱為「二級結構」），就是多肽中的胺基酸相互作用形成的特殊立體結構。前述鮑林和科瑞用 X 射線繞射解出來的「α 螺旋」和「β 平板」，就是多肽中某段胺基酸透過氫鍵的連結形成的。蛋白質的一級結構用定序技術就可以解出來，二級結構則需要 X 射線繞射技術才得以觀察得到。

DNA 有沒有二級結構，或更高級的結構呢？有的話，是什麼樣子？對於相信 DNA 是遺傳物質的人，這是非常重要的課題。

一知半解的危險

華生與克里克相遇的時候，華生才 23 歲，克里克 35 歲。華生是以博士後研究員的身分進入卡文迪什，這時候的克里克還是一位研究生。克里克的求學過程很長，他本來是在倫敦大學學院攻讀物理博士學位，第二次世界大戰爆發，他被徵召入伍。戰後他轉到劍橋大學繼續念博士班，又到別處做細胞學研究兩年之後，再進入卡文迪什做物理化學的研究。相對之下，華生年紀輕，所以沒有入伍參戰。

克里克和華生兩人相遇沒有多久，開始盤算如何進行 DNA 結構的研究。華生的訪問獎學金是讓他做蛋白質結構的研究，克里克的博士論文題目也是蛋白質的結構，兩個人都不應該做 DNA 的實驗，所以他們只能利用閒暇思索討論。他們想模仿鮑林研究 α 螺旋的時候一樣，利用建構分子模型獲得答案。所謂分子模型就是根據實驗得到的數據以及理論的推算，用球（代表原子）和木棒或鐵絲（代表化學鍵）來構築放大的分子模型，再讓這分子模型接受進一步的實驗和理論推演的考驗，反覆修正，達到正確或者最佳的結構。

日後華生在自傳中描述克里克如何教育他：「我很快就被教導說鮑林的成就是常識的產物，不是複雜數學推理的結果。公式有時候會爬進他的論述，但是大部份情形下，語言就足夠。萊納斯〔鮑林〕成功的關鍵在於他對簡單結構化學定律的依賴。α 螺旋的發現並不是光靠瞪著 X 射線照片看；主要的秘訣其實是問哪些原子喜歡靠著坐在一起。主要的工具不是筆和紙，而是一組看起來好像幼稚園兒童玩具的分子模型。」

鮑林解出 α 螺旋和 β 平板的時候，是用分子模型搭配 X 射線繞射的實驗結果而成功的。可是，華生和克里克除了以前阿斯特伯里和佛伯格的少許數據之外，一無所有。他們自己也不可能做實驗。所以，1951 年 11 月，當克里克獲知國王學院的佛蘭克林和威爾金斯要報告他們近期的研究成果，他就叫華生去聽，因為當天他有事不能抽身。華生搭了火車，去倫敦參加研討會。

新來的華生對 X 射線繞射晶體圖學的知識少得可憐，他懂的都是來卡文迪什之後才學習的。佛蘭克林和威爾金斯的報告，他都聽不太懂，而且他又沒作筆記（這是他的習慣）。第二天，克里克和他見面，追問佛蘭克林演講的內容，華生無法給他準確的答案。儘管如此，兩人還是很積極根據華生記得的數據，開始建構 DNA 模型。一個星期後，一個模型出爐了。這個模型中的 DNA 是以三股多核苷酸長鏈捲成一個螺旋，三股核苷酸的糖和磷酸都在中間，鹼基朝外。

　　他們很興奮地邀請研究所的同仁來觀看。肯德魯提醒克里克說，禮貌上應該知會他的老友威爾金斯，因為他們已經明顯侵入了威爾金斯的領域。克里克就打電話給威爾金斯。翌日，威爾金斯、佛蘭克林和葛斯林三人一起來到卡文迪什。

　　根據華生的描述，佛蘭克林的反應很直接：「她看它一眼，就說它一無是處。」葛斯林的印象也是一樣：「……羅薩琳覺得實在太好笑了。而且她從不留俘虜的，所以她對這模型毫不留情地批評，仔細說明它為什麼不對，第一點、第二點、第三點。然後我們就走人。」

　　佛蘭克林告訴他們，磷酸不可能在裡面，鹼基應該在裡面。道理很簡單，鹼基是疏水性的（打斷很多周遭水分子之間的氫鍵），會和水互相排斥，所以不可能在外頭。磷酸是親水的，才應該在外頭。何況，磷酸應該帶著負電，如果三股的磷酸都擠在裡頭，一定會強烈互相排斥。聽了這席難堪的批評，身為卡文迪什頭頭的布拉格覺得很丟臉，侵犯別人的研究領域，還出了這樣的醜，他就禁止華生與克里克繼續進行 DNA 結構的研究。

　　華生和克里克為什麼提出這樣的模型呢？他們做三股的結構，是因為他們聽威爾金斯說 DNA 應該是三股。他們把鹼基放在外頭，是因為現有的 DNA 的 X 射線繞射圖顯示 DNA 結構相當規則，而鹼基的形狀和大小差別相當大，如果放在中間，結構就很難有規律性，所以把它們放在外頭。

　　華生記錯了 DNA 的含水量。佛蘭克林在演講中提到，A 型和 B

型的 DNA 圍繞著不同數量的水分子，佛蘭克林提到的水含量至少比華生和克里克的模型所容許的多 10 倍。此外，這個模型中，位在中間帶負電的磷酸會互相排斥，雖然華生和克里克放了帶正電的鎂離子當媒介，降低互斥的力，但是水份多的時候，鎂離子會先被水競爭掉，DNA 螺旋也就會垮掉。所以這個模型不符合 X 射線繞射的實驗數據，是錯誤的。

其實這段時期，佛蘭克林也已經在考慮 DNA 結構的模型。她心中有一個模型，DNA 是雙股的螺旋，鹼基在裡頭，糖和磷酸構成的鏈子在外面，相鄰的兩股以帶電的磷酸和金屬離子拉在一起。

討厭的人的話也要聽聽

雖然被禁止建構 DNA 模型，華生和克里克還是不停在思考這個問題。6 月的時候，克里克開始思考 DNA 分子中同樣的鹼基會不會互相吸引，於是就請教研究所裡的化學家約翰・葛瑞菲斯（John Griffith），約翰是發現轉形的弗瑞德・葛瑞菲斯（見第 5 章）的侄子。他用化學和量子力學計算，發現同樣的鹼基之間不會互相吸引，倒是 A 和 T 會互相吸引，G 和 C 會互相吸引，不過他計算的是鹼基上下相疊的吸引力。克里克聽了葛瑞菲斯的結論之後，馬上告訴他，這樣的交互作用提供一種互補的複製方式（見下文）。他相信葛瑞菲斯大概也想到了。

A 與 T 和 G 與 C 相吸的觀念，到了 7 月又再度浮現。一位生化學家查加夫（Erwin Chargaff）從美國來劍橋訪問，他告訴華生與克里克，他發現 DNA 裡面的鹼基含量，A 和 T 的數目差不多，G 和 C 的數目也差不多，都是 1：1 的比例。克里克聽了之後大為振奮，因為上個月葛瑞菲斯才告訴他，A 與 T 會相吸、G 與 C 會相吸，那不正好和查加夫的鹼基比例不謀而合嗎？兩件東西出現 1：1 的比例，不就暗示它們是連結在一起嗎？

華生對這次見面的印象倒是比較負面。他說：「法蘭西斯〔克里

克〕對它興奮不已。我並不喜歡，因為查加夫可以說是我所見過的人之中最討人嫌的。我盡量不去理會這討厭傢伙說的話。」反過來，查加夫對他們兩人的印象也不佳，對兩人的評語是：「他們給我的印象是極端的無知……我從未遇見過如此無知、又如此野心勃勃的人。」

其實，早在 1947 年查加夫就曾經在橫渡大西洋到英國的郵輪上，把他的鹼基比例告訴同船的鮑林。鮑林也覺得他惹人厭，沒把它當一回事。這次訪歐結束後，查加夫在回美的郵輪上又和鮑林同船，鮑林還是沒有理他。

查加夫是哥倫比亞大學的教授。他很崇拜艾佛瑞，深受他的影響，全力研究核酸。他和學生菲雪（Ernst Vischer）發展出鹼基的微定量技術，用來測量不同生物中四種鹼基的含量。他們本來的目的主要是看 DNA 的成份與演化親緣性之間的關係，想知道親緣接近的生物中 DNA 鹼基成份是否相近，親緣遙遠的生物中 DNA 鹼基成份是否差異大。他們比較酵母菌、肺結核桿菌、牛胸腺和牛脾臟的 DNA 鹼基含量，發現這些物種的鹼基成份確實差異很大。為什麼有這樣的差異，他們也不知道（圖 6-5B）。

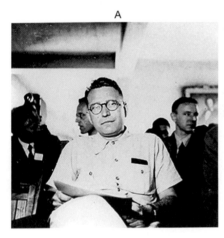

DNA 來源	A	T	G	C
小牛胸腺	1.7	1.6	1.2	1.0
牛脾臟	1.6	1.5	1.3	1.0
酵母菌	1.8	1.5	1.0	1.0
肺結核桿菌	1.1	1.0	2.6	2.4

圖 6-5 查加夫提出了 DNA 中鹼基的比例。（A）1947 年聆聽演講中的查加夫。（B）他於 1949 年發表四種生物（小牛胸腺、牛脾臟、酵母菌、肺結核桿菌）DNA 鹼基含量的測量結果，含量最低的鹼基定為 1.0。不同生物的鹼基比例都不同，但同一個生物中，A 和 T 的含量接近，G 和 C 的含量也接近。

剛開始的時候，他們也沒有注意到這些鹼基有什麼特別的比例，直到 1948 年某個夏天晚上，查加夫坐在辦公桌看這些數據，把菲雪叫過去，告訴他這些物種的 DNA 裡，A 和 T 的數目看起來都好像差不多，G 和 C 的數目也好像差不多。有名的「查加夫比例」就此誕生。

　　查加夫和菲雪的研究也無意中推翻了李文的「四核苷酸」假說（見第 3 章），因為根據「四核苷酸」假說，DNA 的次單位是四種核苷酸組合起來的「四核苷酸」，所以四種鹼基的數目應該一樣，但是查加夫發現各種生物的 DNA 中四種鹼基的比例差異很大。

　　查加夫發表了這些發現。在論文中，他們還把 DNA 和薛丁格在《生命是什麼？》中討論的遺傳密碼相提並論，並猜測細胞中可能存在著無數結構不同的核酸，「100 個鳥糞嘌呤（G）如果掉了一個，可能對結合核蛋白的幾何結構產生深遠的影響。」所以，他也不是不知道他的研究結果可能的涵義，只是他一直沒能把這鹼基的神奇比例，和 DNA 結構連結在一起。

快中有錯的對手

　　這段時間中，加州理工學院的鮑林也開始嘗試解 DNA 的結構。1952 年初，鮑林就寫過信給威爾金斯，希望威爾金斯能把 DNA 的 X 射線照片寄給他看，被威爾金斯拒絕。到了 11 月，加州大學柏克萊分校的威廉斯（Robley Williams）來到加州理工學院演講，展示 DNA 的電子顯微照片：DNA 看起來像長長的棍子，直徑大約 15 埃（1 埃 = 10^{-10} 公尺）。從威廉斯的數據，鮑林猜 DNA 是螺旋體。第二天他馬上拿著筆紙動工，但是和華生與克里克一樣，沒有好的 X 射線數據提供化學鍵的角度及長度，他也只有阿斯特伯里的舊照片。

　　鮑林根據他先前的研究，相信鹼基在外頭，磷酸在裡頭。而且和華生與克里克一樣，他以為 DNA 是三股的。他根據這些想法建構了一個模型，寫成一篇論文。1952 年底，他寫信告訴在劍橋的兒子彼得（Peter），彼得在前一年秋季就和他父親從前的學生唐納修（Jerry

Donohue，和華生、克里克共用一間辦公室）一起進入卡文迪什。彼得在肯德魯的實驗室當研究生，個性活潑快樂，很快就和華生、克里克與唐納修玩在一起。彼得把鮑林的信給華生和克里克看，信中沒有模型的細節，華生和克里克又緊張又沮喪，生怕鮑林已經解出正確的結構。

1953 年 1 月，鮑林把準備出版的文稿寄給彼得，彼得收到手稿後，把它交給華生和克里克看。華生回憶當時的情況說：「我馬上覺得不對勁，可是說不出哪裡不對，一直到我看了這圖片幾分鐘。」華生發現鮑林的模型中，鹼基朝外，三股的磷酸–去氧核糖骨架纏繞在中間，依賴磷酸之間的氫鍵結合起來（圖 6-6）。這些磷酸都不帶電，這是不對的，因為「酸」的基本定義，就是它在水溶液中會釋出帶正電的氫離子（H^+），本身變成帶負電。DNA 中的磷酸在水溶液應該會失去氫離子，於是帶負價。帶負電的磷酸一起擠在中間，會強烈地

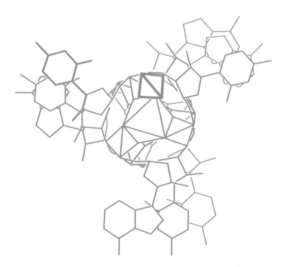

圖 6-6 鮑林提出的三螺旋 DNA 模型，磷酸和去氧核糖鏈纏繞在中間，鹼基則往外伸出。（重繪自鮑林 1952 年的論文）

互相排斥。

這個教訓，華生和克里克完成第一個模型的時候已經受過了。不過這次，他們還是查閱教科書確定一下。他們查的是鮑林所撰寫的教科書《普通化學》。鮑林果然錯了，栽在一項很基本的觀念上。華生後來在自傳這麼說：「如果一個學生犯了同樣的錯誤，會被認為不配在加州理工學院受教。」

發現鮑林的失誤之後，華生與克里克當晚跑到「老鷹酒館」喝酒慶祝。但是他們也認為鮑林很快就會發現他的錯誤。2月論文一發表，一定馬上會有人指出他的錯誤。他會立即捲土重來，所以他們剩下的時間不多了。

鮑林這篇論文太草率了。鮑林知道 DNA 很重要，也知道 DNA 的結構應該比蛋白質簡單許多。他知道威爾金斯和佛蘭克林在競爭，華生和克里克還嘗試過一次，但他認為不管誰先解出大致結構就可以發表，站在領先的地位，即使小地方不太正確也沒關係。搶先發表是他的目的，發表一篇後人都非引用不可的論文，完全的準確性不太重要。

和他從前花在蛋白質二級結構的力氣與時間相比，他這篇論文是極度草率。他們研究 α 螺旋經歷了十幾年，包括幾千小時的晶體繞射分析。1951 年，他們公開發表 α 螺旋論文之前，就已經把結構解到 0.01 埃的解析度，而且用很多蛋白質的結晶圖進行驗證並修正。他的三股 DNA 模型研究，卻只花了幾個星期的思考而已。

鮑林率然提出這個模型之後，自己也覺得不太對勁。他在學院裡給了一個關於這 DNA 模型的演講，聽眾反應很冷淡。戴爾布魯克說他不相信，還告訴鮑林，華生有一個新的漂亮模型。鮑林就寫信給華生說：「科瑞教授和我並不覺得我們的結構已經被證實是正確的，雖然我們相信它是對的。」

克里克寫了一封信給鮑林，諷刺地說：「這結構的精巧令我們印象深刻……我唯一的疑惑是，我看不出它靠什麼東西支撐住。」佛蘭克林也寫信給鮑林，指出他的錯誤。英國方面對鮑林模型的這些批

評，彼得也去信告訴父親。這些批評讓鮑林重新思考，並且開始自己做 X 射線繞射分析。他的好友陶德寄來合成的核苷酸讓他們測試，但是，一切都太晚了。

解讀 51 號照片

1953 年 1 月 30 日，華生到國王學院拜訪。他把鮑林的論文稿子拿給佛蘭克林看，兩人卻談得不歡而散。華生再去找威爾金斯，威爾金斯拿出一張美麗的 B 型 DNA 的 X 射線照片給華生看。這照片是前一年 5 月佛蘭克林與葛斯林拍的，佛蘭克林把它編號為 51（後來的人稱之為「51 號照片」，圖 6-7）。

佛蘭克林用 X 光束以直角照射 DNA 纖維束。纖維束中含有數百萬個平行排列的 DNA 分子。X 光照射到纖維束的時候，會往纖維的垂直方向繞射，繞射的光波彼此之間產生干擾現象，投影在感光底片上就出現干擾影像。佛蘭克林與葛斯林拍過的所有 B 型 DNA 的 X 射線

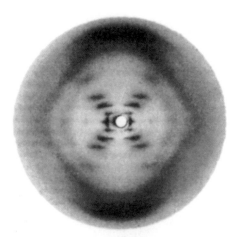

圖 6-7 著名的「51 號照片」：1952 年 5 月，佛蘭克林與葛斯林拍攝 B 型 DNA 的 X 射線繞射照片。

照片中，這張 51 號照片最清晰，包含的資訊最豐富。這張照片半年前就拍好了，但是佛蘭克林忙著分析 A 型 DNA 的結構，還沒有時間處理它。

51 號照片上的黑點以 X 狀分佈，顯示 DNA 分子是螺旋結構。黑點的規律分佈暗示螺旋有等距離的重複單位。從這一張照片，專家用解析幾何學可以算出 DNA 分子的一些重要尺寸，例如分子的直徑（大約 20 埃）、重複單位的間距（大約 3.4 埃）和週期（大約 34 埃）等。華生事後在自傳中如此說：「我嘴巴合不攏，我的脈搏加速……照片中突出的十字黑色影像只可能是來自螺旋的結構。」

重返競技場

華生看到這照片，佛蘭克林並不曉得。事實上國王學院裡除了威爾金斯以外，沒有人知道這件事。在回劍橋的火車上，華生趕緊把記憶中的 51 號照片描繪在報紙的邊緣，帶回去給克里克看。1 月 31 日，兩人一起去見布拉格，請他允許他們重新開始建構 DNA 模型，布拉格答應了。

扭轉布拉格心意另外還有一個原因，就是鮑林最近這一回合的失敗。先前鮑林的 α 螺旋打敗了卡文迪什，這次布拉格不想再輸。於是，停工了 13 個月的華生和克里克終於又重返競技場。2 月 4 日他們就開工，請卡文迪什的機械工廠幫他們製作金屬的模型零件。

2 月 8 日，星期天，克里克夫婦邀請威爾金斯來劍橋午餐，華生和彼得也參加。克里克、華生和彼得都勸威爾金斯開始建構模型，才能趕上鮑林。威爾金斯答應等佛蘭克林離去後就開始。那時候佛蘭克林即將要離開國王學院了。

接著，華生和克里克要威爾金斯答應讓他們也開始建構模型。他們沒告訴他，他們已經復工四天了。威爾金斯聽了之後，突然發現他的處境非常尷尬，就提早返回倫敦。當初他把佛蘭克林的 51 號照片給華生看的時候，以為華生與克里克已經不再建構模型（因為布拉格

的禁令），已經不和他競爭，所以他才不在意透露資訊給他們。沒想到他們還沒有放棄，還在跟他競爭。他是否透露太多了？

這個詭異的午餐之後，又發生了一項關鍵事件。克里克看到佛蘭克林提交給「醫學研究委員會」（Medical Research Council, MRC）的研究報告。MRC 是英國提供生物學和醫學研究計畫的國家級單位，全英國很多這些方面的研究計畫都是向他們申請。計畫執行者要定期繳交進度報告。這些是內部的報告，只是當做記錄並提供審查者閱讀，不對外發表。

1952 年 11 月底，國王學院的頭子藍道爾向學院裡的同仁收集年度的研究報告，造冊繳給 MRC。12 月 15 日，卡文迪什的比魯茲以 MRC 參訪委員會委員的身分來訪，取得一份國王學院的報告拷貝，帶回卡文迪什。比魯茲是克里克的論文指導教授。2 月中，克里克知道這件事，請比魯茲讓他看佛蘭克林的報告，比魯茲就交給他看。

克里克曾經在不同的場合承認，佛蘭克林這篇給 MRC 的研究報告中的數據及結論，對他們的模型建構有絕對的幫助。這篇報告有佛蘭克林測量出來的 B 型 DNA 含水量、磷酸的間距、重複單位的距離和角度等數據。從這些數據，克里克立刻看出 DNA 結構的「雙向對稱」。所謂「雙向對稱」也稱為「點對稱」，意思是說一樣東西翻轉了 180 度之後，結構還是一樣。撲克牌的人頭牌圖案就是雙向對稱。這表示 DNA 分子翻轉 180 度來看，基本的構造還是一樣。

克里克博士論文所研究的血紅素的結晶，也有這種雙向對稱，所以他一眼就看出來。克里克說，這表示 DNA 的兩股是平行的，但方向相反，亦即我們現在所謂「反平行」。華生起初也不懂，他那時候建構的模型中，DNA 的雙股是同一個走向（見下文）。

MRC 報告雖然不是機密文件，但是正如科學史家艾爾金（Lynne Elkin）所言：「私下把未發表的成果給競爭對手看，是引人質疑的行為，怪不得藍道爾會大大光火。」日後比魯茲於 1969 年的《科學》期刊中對他自己的行為辯解說：「我在行政事務上經驗不足、不拘小節，

因為那報告並非機密，我沒有理由扣住它。」他提出 MRC 的宗旨「建立這個領域中替委員會工作的不同團體的人之間的聯繫」，給自己辯護。

鹼基的舞蹈

這時候的華生和克里克，又再度修正他們的想法。

他們一開始本來排除 DNA 的二級結構有氫鍵參與，現在改變想法了，認為鹼基和鹼基之間的連結應該牽涉到氫鍵，就像鮑林的蛋白質 α 螺旋一樣。華生讀到前述的古蘭德和喬登 DNA 滴定的研究論文，認為 DNA 有氫鍵支撐著立體結構，而且在 DNA 濃度很稀的時候，這些氫鍵仍然存在。濃度稀的時候分子之間的距離大，不互相接觸，如果這情形下氫鍵仍然存在，表示這些氫鍵是存在 DNA 分子內部，不是 DNA 的分子與分子之間。DNA 分子內會形成氫鍵的地方，大概就是鹼基與鹼基之間。

仔細觀察鹼基的化學結構，可以看見每一個鹼基都至少有三個地方可以和別的鹼基形成氫鍵，所以任兩個鹼基之間能夠產生氫鍵的組合不勝枚舉。任何一個鹼基都可以和另一種鹼基（包括相同的鹼基）形成某種形式的氫鍵結合。

華生又讀到一篇兩年前布蘭黑德（June Broomhead）在卡文迪什發表的論文，是關於鹼基之間的氫鍵。她的研究顯示，A 和 A 之間以及 G 和 G 之間都可以形成氫鍵。華生用模型嘗試，發現 T 與 T 之間以及 C 與 C 之間好像也可以用氫鍵連結（圖 6-8B）。他開始著迷於同類配對的模型，因為這樣可以解釋複製的問題。如果 DNA 是雙股的，兩股之間相同的鹼基互相以氫鍵連結配對，也就是一股的 A 配另一股的 A，T 配 T、C 配 C、G 配 G。這樣的 DNA 在複製的時候先是兩股分開，然後每一股都當做範本製作出一個複製品，還是 A 和 A 配對、T 和 T 配對。這樣子做出來的新 DNA 分子就和舊的一模一樣。這個念頭令華生非常興奮，他在自傳中說，當天（2 月 19 日）

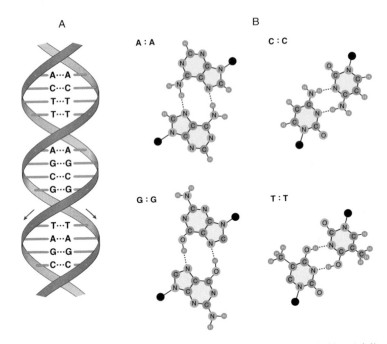

A

B

A：A
C：C
G：G
T：T

圖 6-8 華生提出的相同鹼基配對的 DNA 模型。(A) 模型的兩股在外，以右旋
　　　方式同向（箭頭）互繞，鹼基在內，相同的鹼基互相配對；(B) A 與 A、
　　　C 與 C、G 與 G、T 與 T 之間的配對，氫鍵以虛線表示，黑點是與
　　　鹼基連結的去氧核糖的碳原子的位置。（改繪自華生自傳《雙螺旋》）

　　晚上他上床睡覺的時候，配對鹼基的影像一直在他的腦袋裡跳舞。

　　於是，華生建構了第二個分子模型（圖 6-8A）。這是一個雙股的
DNA，鹼基在裡頭，相同的鹼基互相用氫鍵配對著。這樣的模型有
個問題，就是 DNA 分子的形狀很不規則。嘧啶（C 和 T）比較小，
嘌呤（A 和 G）比較大，所以前者配對的地方會比較瘦，後者配對的
地方就比較胖，整個結構會彆扭不均勻。此外，這個模型中的兩股是
同方向，不符合克里克的反平行推測。還有，這個模型也無法解釋查
加夫的鹼基比例。克里克不喜歡，但是華生很興奮。2 月 20 日華生

寫一封信給戴爾布魯克，信中說：「我有一個很漂亮的模型，真漂亮，我很奇怪居然都沒有人想到過。」

華生的高興沒有持續多久，第二天，當他解釋他的新模型給同辦公室裡的唐納修聽的時候，唐納修告訴華生說，他用錯了G和T的化學結構。G 和 T 的結構有兩種不同可以互換的「互變異構體」（tautomeric form），差別在於其中一個氫原子有時會黏在氧原子上，有時候跑到氮原子上。華生用的結構是當時教科書給的烯醇（enol）形式（圖6-9）。唐納修告訴他，教科書錯了，根據新的量子力學計算，正確的是另一種叫做酮（keto）的結構。華生改用唐納修說的酮形結構之後，發現他的 DNA 的模型更不規則，鹼基對的大小差異更大。他不喜歡，克里克更不喜歡。

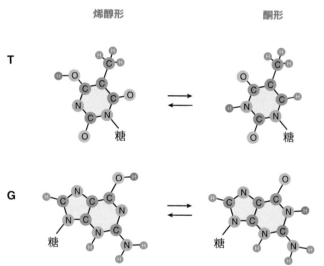

圖 6-9 T 和 G 的兩種互變異構體：圖中深綠色標示的氫原子可以接在氧原子（O）上（烯醇形），或者移動到氮原子（N）上（酮形）。T 和 G 通常以酮形存在。華生和克里克建構 DNA 模型的時候，起初都誤用烯醇形。（改繪自華生自傳《雙螺旋》）

2 月 27 日，經過一個星期的辯論，華生終於接受唐納修的正確結構，放棄他的美夢。他再次從歧途被拉回來。當天下午，他開始用厚紙板重新切割正確的鹼基結構，但是他沒有開始建構模型，因為那天晚上他要和朋友們上劇院。

華生、克里克和唐納修這樣的互相批評檢討，是科學合作的最佳表現。日後，克里克談到兩人的合作時如此說：「合作的時候，如果我們一位走入歧途，另一個人可以把他拉回正途。如果在某個階段，我認為是三股，但你確定是兩股。如果你以為磷酸應該在中間，那麼我可以故意唱反調說：把它們放到外邊吧。我想，對於解決這樣的結構，這是很重要的……我們的合作還有一件好事，就是我們絕對不怕坦誠相對，甚至坦誠到失禮的地步。」

這也是佛蘭克林的致命傷。她沒有人和她互相批評、互相檢驗和腦力激盪。這時候的她在國王學院，已經完成 A 型 DNA 的分析，也寫完論文。2 月 23 日，她再次拿出 51 號照片，開始仔細分析 B 型 DNA。第二天，她得到一個結論：B 型和 A 型一樣都是雙股的。再過幾天，華生和克里克的雙螺旋模型就將出爐，她毫無預警。

一個春天的早晨

2 月 28 日早晨，華生比克里克早進到實驗室，開始玩弄紙板模型，嘗試各種鹼基的配對。鹼基的配對要依賴氫鍵，而氫鍵是在一個「氫接收者」和一個「氫提供者」之間形成的。每一個鹼基都有 3~5 個「氫接收者」或「氫提供者」，所以兩個鹼基之間以氫鍵形成配對的方式形形色色，有三十多種，包括華生考慮過的同類配對。這些配對不只是理論上可能，而是在實驗室可以觀察到的。

這天早晨，華生拿著四種鹼基玩弄的時候面臨一個問題：這麼多可能的配對中，哪些是出現在 DNA 分子中的呢？

接下來發生的經過，華生如此說：「在那個階段，他們還沒有完成我們要的金屬鹼基模型，所以我就自己剪一些鹼基紙模型，不很精

圖 6-10 A-T 及 G-C 的配對。黑點是與鹼基連結的去氧核糖的碳原子的位置，以綠線標示它們之間的距離以及與鹼基形成的角度。比較兩圖可以看出，兩種配對的整體形狀和大小都非常接近。G 和 C 之間最下面的氫鍵，是鮑林提出的。

確，但是足夠讓我把氫原子放在可以形成氫鍵的不同地方。法蘭西斯說我一定要考慮查加夫的規則，A 等於 T、G 等於 C。第二天早晨，我不知道為什麼我沒有馬上做，一個美麗的春天……我開始玩著模型，我發現你可以把 A 與 T 組合起來，和把 G 與 C 組合起來，一模一樣。這就是所謂鹼基對。我興奮極了。」

華生所謂「一模一樣」是說他找到一種 A-T 配對和一種 G-C 配對，這兩組配對的大小和形狀幾乎完全相同（圖 6-10）。用這兩種鹼基配對建構起來的 DNA 模型分子，身材就均勻規則，可以符合 X 射線繞射的實驗結果。同樣重要的是，這樣的配對解釋了查加夫的鹼基比例。此外，這樣的配對也可以解釋 DNA 複製的機制，比他原來相同鹼基配對的模式更棒（圖 6-11）。

唐納修進來實驗室後，華生叫他看看化學有沒有問題。唐納修說沒有，華生更加興奮。如果唐納修沒有告訴他用「互變異構體」中正確的酮形，他就不會找到這樣的 A-T 和 G-C 配對。譬如如果 A 是用

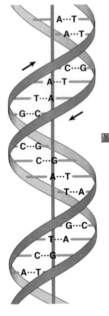

圖 6-11 華生與克里克的雙螺旋模型。中間的垂直線是雙螺旋的軸,雙股以相反方向(箭頭)圍著軸纏繞,鹼基在兩股之間配對。(改繪自華生自傳《雙螺旋》)

烯醇形的話,它就不會和 T 配對,反而會和 C 配對。

最後克里克也進來了,他仔細觀察這個模型。日後他回憶說:「我想從那時候開始,我們就知道我們找到了。」

克里克告訴華生,這樣的鹼基對可以左右翻轉過來,仍然維持基本形狀,以及它們和去氧核糖之間的鍵結。這表示從整體來看,這些鹼基對是「雙向對稱」的,正好符合克里克所主張的雙股反平行結構。

就這樣,紙板模型拼起來的這兩個鹼基對,成為他們揭開雙螺旋秘密的關鍵。

那天中午,兩人走進劍橋的「老鷹酒館」,向在場的朋友宣稱:「我們發現了生命的秘密。」這天是 1953 年 2 月 28 日,星期六。克里克 36 歲,華生再兩個月就滿 25 歲。

第 7 章
毛毛蟲與蝴蝶

1953~1983

整個東西好像在柑仔店買得到的小孩子玩具，那麼美妙
的結構，你可以放到《生活》雜誌，解釋給五歲的小孩聽，
他都聽得懂怎麼回事……這是最令人驚訝的地方。

——戴爾布魯克

你們是一對老無賴

接下來的一個星期，華生和克里克很緊張地用工廠製作的金屬模型和鐵條構築 DNA 模型。

用這些較準確且較牢固的零件來建構，他們的模型能夠過關嗎？會不會有問題呢？過程中，克里克一面調整一面測量，結果發現這個新模型沒有問題，大致上符合 X 射線繞射圖的數據。

3 月 7 日，威爾金斯寄了一封信給克里克，上頭說：「我想你會有興趣知道，我們的黑暗女士〔指佛蘭克林〕下星期就要離開我們，而三維空間的數據大都已經在我們手中。我現在基本上沒什麼其他義務，已經開始向大自然的秘密大本營進行總攻擊了。」

3 月 8 日，華生和克里克完成雙螺旋的金屬模型。一切都符合預期，鹼基一對一對排列在中間，兩股去氧核糖與磷酸構成的骨架以右

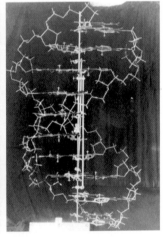

圖 7-1 華生、克里克與 DNA 雙螺旋模型。(A) 兩人正檢視 DNA 雙螺旋模型，1953 年攝於劍橋卡文迪什實驗室。(B) 雙螺旋模型近觀，中間的支架相當於雙螺旋的軸，五角形的結構代表去氧核糖，去氧核糖與去氧核糖之間的是磷酸，鹼基對水平疊在中央。

旋的方式纏繞在外頭，方向相反（圖 7-1）。

3 月 9 日，克里克收到威爾金斯寄來的信，他看了之後，不知要哭還是要笑，因為雙螺旋模型已經擺在眼前，克里克和華生不知道如何啟齒告訴威爾金斯。威爾金斯後來從肯德魯的電話，才得知華生和克里克的模型。

3 月 12 日，威爾金斯來劍橋看他們的模型。根據華生的說法，威爾金斯沒有絲毫不滿之意。日後威爾金斯在自傳中，如此描述他對雙螺旋模型的第一印象：「它好像無生命的原子和化學鍵結合起來形成生命本身，給我很大的震撼。」

3 月 13 日，威爾金斯打電話給克里克沒找到，後來就寫信給他說：「我想你們是一對老無賴，不過你們可能有搞頭……我有點氣惱……如果給我一點時間，我可能也會想到。不過發牢騷沒用，這是個非常令人興奮的主意，管他是誰想到的，都沒有關係。」華生和克里克有意讓威爾金斯加入他們論文成為共同作者，但是威爾金斯拒絕了。他只要求他寫的相關論文能和他們的論文一同發表。

這時候佛蘭克林的想法似乎也接近了。從她的筆記本可以看出，佛蘭克林也認為 B 型 DNA 是雙股螺旋。她也知道查加夫的比例，而她用的 DNA 鹼基結構是正確的互變異構體，她同時已經確定 A 型DNA 的兩股是反平行的。

佛蘭克林和葛斯林 3 月的時候已經寫好 A 型 DNA 的論文，投稿出去。一直到 3 月 17 日威爾金斯收到華生與克里克的手稿之前，佛蘭克林和葛斯林都不曉得華生與克里克的模型。他們自己也已經寫了一篇 B 型 DNA 的 X 射線繞射分析的論文，不過還沒有送出去。

4 月初，佛蘭克林受邀到卡文迪什訪問，才看到雙螺旋模型。這次她相信華生和克里克對了。回去之後，佛蘭克林和葛斯林只稍微修改他們的 B 型 DNA 論文，加了這一句話：「所以我們大致的想法與克里克和華生提的模型吻合。」那還用說？克里克和華生的模型本來就是根據他們的數據建構的。

第一篇論文

3月30日，唐納修寫信給在加州的前老闆鮑林，說華生和克里克建構了一個「很單純的核酸結構」，而且已經寫好論文要寄給《自然》期刊。其實鮑林早就知道了。3月12日華生就寫信給戴爾布魯克，揭露他們的新模型，信中最後還說：別告訴鮑林。可是戴爾布魯克認為這樣瞞來瞞去不是正派的科學家行為，就把華生的信給鮑林看。3月21日華生與克里克自己也把論文稿寄給了鮑林。

華生與克里克希望搶在鮑林之前盡快發表。但是他們很尷尬，因為支持它的實驗證據絕大部份都是佛蘭克林所做的，而且都還沒有發表。沒有這些數據的支持，他們的模型就顯得單薄。於是，卡文迪什的布拉格和國王學院的藍道爾這兩位大頭人物，一起和《自然》的編輯商量，讓華生和克里克、威爾金斯等人，還有佛蘭克林和葛斯林的三篇論文一起發表。論文4月2日送出，25日就刊出來。華生和克里克的放第一篇，威爾金斯等人的第二篇，最後一篇是佛蘭克林與葛斯林的。論文順序讓人覺得佛蘭克林與葛斯林只是肯定華生與克里克的模型，而不是提供建構該模型的基本數據。

這三篇論文都沒有經過同僚的審查就刊登出來，違反科學論文發表的常規，當然也凸顯出布拉格和藍道爾的影響力，以及《自然》總編輯的配合。《自然》是英國的期刊。

華生和克里克在論文上的排名順序是擲銅板決定的。論文非常簡約，只有一頁，簡潔描述他們的模型，圖解也非常簡單，鹼基的配對都沒有畫出來，氫鍵連結細節也沒有顯示，只是用文字描述。

最有趣的是文章的結語：「我們不是沒有注意到，我們提出的特定配對立刻建議遺傳物質可能的複製機制。」他們的意思是說，這個模型的鹼基配對模式可以解釋DNA如何複製。這是非常重要的訊息，但是不知為什麼，他們卻不明說，而只是用低調的英國作風說「我們不是沒有注意到」，讓讀者自己推敲。怪不得歷史學家說這是「生物學最有名的輕描淡寫」。

　　除了這句輕描淡寫之外，這篇論文基本上沒談 DNA 的生物學意義，只談結構，不是圈內的讀者很難掌握這篇短文的重要性。DNA 的生物學意義，要等到第二篇論文。

沒抱怨，沒抗議

　　華生和克里克的論文還有一項輕描淡寫。

　　他們提到接下去威爾金斯和佛蘭克林的兩篇論文：「我們建構我們的結構時，並不知道那裡顯示的結果細節；我們的結構主要是、但不完全是仰賴已經發表的實驗數據和立體化學的推論。」在致謝中，他們說：「我們受到 M. H. F. 威爾金斯與 R. E. 佛蘭克林博士及他們同事未發表的實驗結果及想法的一般激發。」對佛蘭克林的貢獻如此輕描淡寫，讓他們飽受批評和詬病。佛蘭克林的數據是他們雙螺旋模型的主要支持，不只是「一般激發」。雙螺旋模型很多重要的細節都依賴佛蘭克林和葛斯林的「特定」實驗結果。後來有人發現在他們的初稿中，佛蘭克林的名字甚至都沒出現在致謝中。這些輕忽，是日後很多人對華生和克里克兩人不諒解的地方。

　　佛蘭克林的個性和作風幾乎和華生與克里克南轅北轍。華生與克里克大膽猜測，到處與人討論，隨時拋出點子，不怕出醜（克里克就很讓布拉格受不了）。在亟需要腦力激盪的情況下，這樣的作風常常是致勝之道。反過來，佛蘭克林是保守謹慎的人，孤獨內斂，不隨意猜測，避免被批評。克里克在自傳中如此說：「無論如何，羅薩琳的實驗工作是一流的。很難想像它如何可以更好……她所做的所有事都夠健全——幾乎太健全。」

　　雙螺旋模型的論文發表在《自然》的時候，她已經離開國王學院，轉任倫敦的柏貝克學院。離開的時候，院長藍道爾要求她以後「停止研究核酸的問題，專攻其他的東西」。她也就沒有再回頭，只往前走自己的路。她在柏貝克學院領導一個小團隊研究 TMV 的結構。1954 年克魯格來到她的實驗室，成為她的最佳合作夥伴，兩人的合作成就

斐然。日後克魯格接手這個病毒結構研究團隊，並於1982年獲得諾貝爾獎，在頒獎的演說中很感性地推崇佛蘭克林的貢獻。

佛蘭克林和華生與克里克之間的關係後來逐漸改善。當初布拉格禁止他們繼續建構DNA模型的時候，華生開始做TMV的X射線繞射研究。TMV含有RNA，至少他也算是在研究核酸結構。1953年9月他回到美國，到加州理工和戴爾布魯克一起工作，也繼續研究TMV。佛蘭克林和他雖然有競爭，但是兩人時常討論並交換意見。華生也曾在她申請研究經費遭遇困境的時候伸出援手。

佛蘭克林和克里克的關係更友善。她常到劍橋見克里克，非常崇敬他，聽他的建議。1956年春天，她還和克里克夫婦一同到西班牙旅遊。那一年秋天，她旅美回來，發現得到卵巢癌，進行了兩次手術，這期間曾在克里克家住了一陣子。她不多談她的病，克里克只知道她患一種「女人家的病」。

她繼續工作直到1958年4月去世。在人生的末期，她必須用爬的才能上樓到自己的辦公室，她不讓人抱。「羅薩琳太忙，沒有時間死（Rosalind was too busy to die）。」馬杜克斯（Brenda Maddox）在為佛蘭克林撰寫的傳記中如此說。

佛蘭克林知道她的研究在雙螺旋模型所扮演的角色嗎？事後，葛斯林和克里克都認為她知道。她只要比較模型的尺寸和她自己的數據就會明白。不過，她從來都沒有抱怨，也沒有抗議。日後為佛蘭克林打抱不平的著作倒是不少，最有名是兩本傳記：1975年賽爾（Anne Sayre）寫的《佛蘭克林與DNA》（*Rosalind Franklin and DNA*）和2002年馬杜克斯寫的《DNA光環背後的奇女子》（*Rosalind Franklin: The Dark Lady of DNA*）。另外還有美國公共電視的科普節目「新星」（NOVA）於2003年製播的影片「51號照片的秘密」（Secret of Photo 51）。

有些作者和評論家，特別是女性主義者，喜歡把佛蘭克林當做女性歧視的犧牲者。克里克和克魯格都不同意，認為佛蘭克林不會

認為自己是女性主義的先鋒；她寧願被認同為嚴肅的科學家。如果看到把她扯上女性主義的文章或書籍，克魯格認為「她會討厭它」。

賈德森在《創世第八天》中也如此說：「……別有用心的人硬要將她塑造成『女性的科學事業發展不順，關鍵在於性別』的典型。這樣子利用她是錯誤的，是搞錯了時代，也是不負責任的。」

第二篇論文

雙螺旋論文發表沒過多久，或許是害怕他們在結語中所暗示（「我們不是沒有注意到」）但是沒有明說的重大意義（「遺傳物質可能的複製機制」）被別人搶先說出來，一個月後，華生和克里克緊接著發表第二篇論文。這一次，他們很清楚地提出雙螺旋的遺傳學意義。克里克認為這篇論文比第一篇更重要，雖然被引用次數較多的是第一篇。

第二篇論文指出 DNA 雙螺旋的兩個重要意義。第一個意義是，因為 A-T 對和 G-C 對的大小和形狀幾乎相同，所以任何鹼基對的排列序列都容許存在雙螺旋結構中。這有很重要的延伸意義，因為如果任何序列都可以存在 DNA 分子裡，那麼 DNA 的鹼基就可以有無窮無盡的排列組合，可以儲藏無窮的資訊，沒有任何限制。如果是這樣，DNA 就不再是簡單無聊的分子了。它的鹼基序列將儲藏著遺傳資訊。於是「序列」、「資訊」、「密碼」這些資訊學的名詞開始出現，漸漸成為現代生物學的一部份。

DNA 雙螺旋的第二個意義，是複製的機制。如果 DNA 是遺傳物質，細胞分裂的時候它必須相當精確地複製，然後分配到子細胞中。A-T 和 G-C 的配對提供一個互補式的複製方式（圖 7-2），就是讓 DNA 兩股分開，然後每一股都當做「模板」，依據 A-T 和 G-C 互補的規則，合成新的一股。這樣子就完成兩個新的雙螺旋分子，和原來的分子一模一樣。子代的新 DNA 有一股來自親代，有一股是新合成的，所以這樣的複製就被稱為「半保留複製」（semi-conservative replication）。

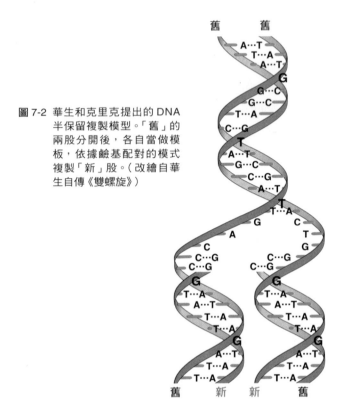

舊　舊

舊　新　新　舊

圖7-2 華生和克里克提出的DNA
半保留複製模型。「舊」的
兩股分開後，各自當做模
板，依據鹼基配對的模式
複製「新」股。（改繪自華
生自傳《雙螺旋》）

　　他們在結論中說，還有很多重要的細節仍待釐清，譬如DNA複
製的前驅物是什麼？複製的時候雙螺旋中互相纏繞的兩股如何解開？
蛋白質有沒有扮演什麼角色？染色體是否就是一長串的DNA，或者
是用蛋白質連結一段一段的DNA片段？最後這一點保留最有趣，顯
然蛋白質參與基因結構的觀念已經根深柢固，一時很難完全剷除。

　　複製的時候如何解開兩股是一個棘手的問題，常常遭反對者批
評。問題是這樣的：根據雙螺旋模型，DNA兩股互相纏繞，每10個
鹼基對就以右旋方向互繞一圈。複製進行的時候，兩股必須像拉鍊那

樣分開，但是因為纏繞的關係，每 10 個鹼基對就要往左旋方向反繞一圈來解開；每 100 個鹼基對就要反繞 10 次。對於很長的 DNA 分子，複製時要反繞的次數就多得不得了。染色體的長度動不動就是幾百萬鹼基對，反繞的次數就高達幾十萬次。很難想像幾百萬鹼基對長的 DNA 分子，在細胞中不停進行幾十萬次的互繞。細胞怎麼能做這樣的事？如果雙螺旋的模型是正確的，細胞如何解決這個難題呢？對於這個問題，華生和克里克毫無頭緒。這個議題在日後 DNA 複製的研究中，又會再浮現（見第 10 章）。

第三個氫鍵

至於華生與克里克的美國競爭者鮑林，他於 1953 年 3 月收到華生的手稿之後，寫信給兒子彼得說：「我想，現在有兩個核酸模型提出來也很好，我等著揭曉看哪一個才是正確的。國王學院的數據無疑會排除其中之一。」這年 4 月他正好要到比利時的布魯塞爾開會，可以順道去英國。當時美國反共情緒高昂，鮑林被指控為共產黨員，美國政府不發給他護照。他必須公開宣誓不是共產黨，也沒資助共產黨，才獲得一個只限到英國和法國的短期護照。

4 月初，鮑林抵達劍橋，遇見華生和克里克，看見他們的模型和佛蘭克林的 X 射線繞射照片，接著鮑林就與布拉格共進午餐。自從 1920 年代，布拉格與鮑林就一直在巨分子的結構研究方面激烈競爭，雖然是君子之爭，但也相當尖銳。兩年前，鮑林打敗他們，先解出 α 螺旋，令布拉格的團隊非常喪氣。這一天的午飯時間，布拉格無法掩飾他的洋洋得意。這次他們總算打敗鮑林了。

劍橋之後，鮑林繼續他的行程到布魯塞爾開會。他寫給太太的明信片上提到英國之旅說：「我看到國王學院的核酸結構，也和華生及克里克談過。我想我們的結構大概是錯的，他們的才是對的。」有趣的是他第二天又寄了一張明信片說：「我再進一步思考克里克和華生的核酸結構，我想它大概是對的。」

幾天後，布拉格在布魯塞爾的化學研討會公開宣佈 DNA 雙螺旋結構。鮑林也很有風度地支持它說：「雖然兩個月前科瑞教授與我才發表我們提出的核酸結構，我想我們必須承認它大概是錯的。我覺得華生－克里克結構基本上是對的，雖然必須做一點改進……我想華生和克里克定出的結構，可能會是分子遺傳領域近幾年來最偉大的發展。」

鮑林真的對 DNA 雙螺旋「做一點改進」。在華生和克里克原先提出的鹼基配對中，G 和 C 之間以及 A 和 T 之間都是由兩個氫鍵結合起來。現在我們教科書上則顯示 G 和 C 之間有三個氫鍵，那第三個氫鍵就是鮑林做的修正。本來華生、克里克還有唐納修，都以為那個氫鍵不可能存在，因為角度不對。鮑林仔細計算之後，發現他們的錯誤，把第三個氫鍵放進去。從他這趟歐洲之旅的筆記本中，就可以看見他對這第三個氫鍵的思考。

鮑林當初發現的蛋白質 α 螺旋結構，也是藉由胺基酸之間密集的氫鍵形成的。據他自己的說法，他的靈感來自他感冒在床休養的時候，在紙上好玩畫的多胜肽鏈得到的。他發現當他把多胜肽鏈捲成螺旋的時候，有些胺基酸之間可以形成氫鍵。這樣的結構後來就稱為 α 螺旋。α 螺旋結構經過他和同事科瑞教授一再用 X 射線繞射實驗檢視調整，終於成功。

有趣的是，現在華生也一樣用紙板模型得到鹼基間氫鍵的靈感。只是華生和克里克不需要做 X 射線繞射實驗。國王學院那邊做的數據已經支持他們的基本結構，A-T 和 G-C 的配對只是臨門一腳，關鍵的臨門一腳。

互補式複製

A-T 和 G-C 的互補配對是 DNA 複製機制的關鍵。後人注意到，其實鮑林也曾經正確地提出基因複製的可能模式，只是很可惜，他沒有把這個模式套用在他的 DNA 模型中。

在日常生活中，我們複製東西常常都是用模板。例如石膏像的傳統製作方法，就是先做一個模子，然後把石膏液倒入模子中凝固；反過來，石膏像本身也可以拿來當做模子。石膏像和模子二者是互補的，可以互相當對方的模板。

DNA 的複製就是採用這種互補的方式。有趣的是，鮑林曾經思考過這種互補式的基因複製方式。1948 年 5 月，鮑林在英國諾丁漢演講，題目是「分子結構與生命過程」，其中有一段提到這樣的複製機制：「基因或病毒分子自我複製的詳細機制還不清楚。一般而言，如果基因或病毒是用模板複製的話，會產生不同但是互補的結構。當然一個分子也可能湊巧與鑄造它的模板同時相同又互補。不過以我看來，這種情形一般來說不太可能發生，除非出現下面情況。如果當做模板的結構（基因或病毒）有兩個部份，二者的結構互補，那麼各個部份就可以互為模板，製造出另一部份的複製品。」這不是就在敘述DNA 的複製嗎？

鮑林匆促地發表他的 DNA 模型，想擊敗英國的兩個團隊。可是他沒有做好功課，心存僥倖冒險出擊。他對自己的能力太過於自信。他想贏，但是賭輸了。這場 DNA 競賽成為科學史的傳奇故事。鮑林一再被人問說，他到底做錯了什麼。這話題相當傷感情，相當尷尬，但鮑林的反應都非常有風度。有一次他太太愛娃（Ava）終於忍不住，打斷他們的對話，問鮑林說：「如果這問題那麼重要，你為什麼不多用功一點？」

1953 年 9 月，鮑林邀請華生與克里克到加州帕沙第納參加一個國際蛋白質研討會，討論他們才發現不久的 DNA 雙螺旋。隔年，鮑林因為他在蛋白質結構的貢獻，獲得諾貝爾化學獎。1963 年他又出乎意料地獲得諾貝爾和平獎，為的是他長年為反核武測試與擴散，以及反對武力解決國際衝突所做的努力。他和太太都是左傾的和平主義者，他的激進言行使他成為當時右傾的美國政府的眼中釘，讓他出國申請護照屢受阻擾。不管如何，一個人單獨獲得兩次不同項目的諾貝

爾獎，歷史上似乎別無他人。

他人的貢獻

　　雙螺旋兩篇論文發表後沒有多久，華生就離開劍橋回到美國，克里克則在卡文迪什完成他的博士論文。佛蘭克林早已經轉到柏貝克學院研究病毒，留下威爾金斯在國王學院繼續奮鬥八年，修正雙螺旋模型的結構，支持它的正確性。因為他這方面的貢獻，日後讓克里克認為他夠資格分享諾貝爾獎。

　　1962 年，華生、克里克和威爾金斯三人共同獲得諾貝爾獎。那時候佛蘭克林已經過世四年了。諾貝爾獎不頒給已過世的人，也不頒給超過三人。如果那時候佛蘭克林仍在世的話，該怎麼辦？克里克認為不可能不頒獎給她，因為「關鍵的實驗是她做的」，威爾金斯就不能獲獎。

　　1993 年，DNA 雙螺旋發現 40 週年，克里克在一篇文章〈DNA：一項合作的發現〉中說：「我應該提醒你們，羅薩琳‧佛蘭克林的貢獻沒有受到足夠的肯定……〔她〕清楚顯示兩形（A 和 B）的 DNA ……辛苦定出 A 型的密度……和對稱性，提供強烈的證據支持相反走向的雙股結構。我們也要向莫里斯‧威爾金斯致敬，他不但開始 DNA 的實驗，而且在羅薩琳離開後……證明 DNA 纖維的 X 射線晶體繞射圖，確實與雙螺旋模型吻合。」此外，他還推崇陶德、查加夫、艾佛瑞、古蘭德等人的貢獻。

　　他還說他和華生採取的策略是受到鮑林的啟示。鮑林的 α 螺旋模型為他們樹立了貼切的榜樣。他和華生「只是在一堆迷亂的事實和推論上面點燃思想的火花」。

　　至於他們自己有什麼功勞呢？克里克在自傳中說：「考慮當時我們的研究生涯才剛剛起步，我想我和吉姆〔華生〕主要的功勞，是選擇了正確的問題，堅持下去。沒錯，我們是跌跌撞撞地撿到金子，但是事實擺在眼前，我們本來就是在尋找金子。」這一點他們確實超

越佛蘭克林，佛蘭克林並沒有表現如此的壯志和遠見。她的專長是 X 射線晶體圖學，藍道爾雇用她時，本來要她研究蛋白質，後來又改變主意叫她研究 DNA。她都接受。

尋找毛毛蟲卻發現蝴蝶

華生與克里克在追求 DNA 結構的過程中，心中最畏懼的噩夢是他們發現的結構會非常無聊。沒想到他們在彩虹盡頭發現的是一個美麗高雅的模型，隱藏著美妙的結構和重要的意義。本來只是探索它的結構，結果竟然看到這個結構隱藏著達爾文、孟德爾和摩根都在追尋的秘密。

這好像你本來在尋找毛毛蟲，卻發現了蝴蝶。這出乎意料的收穫，真是兩位年輕人所沒有預期的。克里克說：「與其相信華生和克里克造就了 DNA 結構，我寧願強調這個結構造就了華生和克里克。」

雙螺旋模型為未來的研究指出三個重要的新方向。第一、核酸結構問題：雙螺旋是 DNA 正確的結構嗎？細胞中的 DNA 結構也是如此嗎？還有別的 DNA 結構形式嗎？RNA 呢？第二、遺傳密碼問題：DNA 上的鹼基序列如何轉換成蛋白質上的胺基酸序列？第三、DNA 複製問題：DNA 如何忠實複製？有哪些酶參與？雙螺旋如何解開？

這些基本課題，就成為未來數十年科學家努力的目標。

我們現在都說 DNA 雙螺旋是劃時代的革命性發現，但是在當時是否造成驚天動地的效應？沒有。雖然雙螺旋所顯示的遺傳意義，讓遺傳學家比較容易接受它，有些生化學家仍然死抓著蛋白質不放，不太相信 DNA 就是遺傳物質。華生自己也如此說：「生化學家正在研究蛋白質。他們不高興他們正在研究的分子突然變得不重要了！桑格（Frederick Sanger）不喜歡它……劍橋的生化學家稱它為『WC 結構』（WC 是大不列顛英文稱呼廁所 water closet 的簡稱）……他們不喜歡它。」

華生和克里克在卡文迪什構築的原始模型，現在可以在倫敦的科

學博物館看到，不過那只能說是「最接近原始模型」的模型。華生最早用紙板剪裁的模型已經不見了。後來用金屬建構的展示模型，過了一段時間之後也被拆解送人。要再過好幾年之後，才有人無意中發現幾片金屬的鹼基，這些鹼基被拿來複製，然後重建出原始模型的複製品。這些事端可以顯示，起初大家對雙螺旋模型如何「重視」。

雙螺旋結構也沒有引起媒體的特別注意，英國只有一家全國性報紙報導這項消息。消息見報的時候，論文在《自然》發表已經兩週了。報導中連華生與克里克的名字都沒提到，所以，有人說雙螺旋模型一出爐立刻受到全世界科學家的熱烈接受，這是錯的。

DNA 雙螺旋的終極證據

儘管如此，華生和克里克提出的雙螺旋模型，經歷二十多年的考驗，基本上已經被大眾所接受，沒有什麼挑戰的聲音。美中不足的是，它一直缺少完整的實驗證據支持。X 射線繞射的技術雖然不停改進，解析度越來越好，計算分析的技術也更精進，但是觀察的樣本都是 DNA 纖維，得到的結果都只是一個平均值，無法真正看到原子結構的細節，連雙螺旋是左旋或右旋都不能肯定。後來甚至有人提出 DNA 可能是一種左右反覆旋轉的雙股結構，先五個右旋的核苷酸對，再接著五個左旋的核苷酸對，這樣一右一左重複下去。這是很古怪的模型，不過基本上也符合現有的 X 射線繞射的數據。X 射線繞射照片上出現的螺旋影像是左右對稱，所以無法區分左旋和右旋。

在 1953 年發表在《自然》期刊的第一篇簡短論文中，華生和克里克直接了當地提出 DNA 雙螺旋是右旋的，並沒有提供任何理由。翌年在另一篇發表於《皇家學會學報》上的長篇論文中，他們也只含糊地解釋說「只有在違背可容許的凡得瓦力接觸下才能建構左旋的螺旋」（Left-handed helices can be constructed only by violating the permissible van der Waals contacts），沒有進一步的說明。我推想，以當時的情況而言，他們是用金屬零件架構模型的時候，發現左旋的

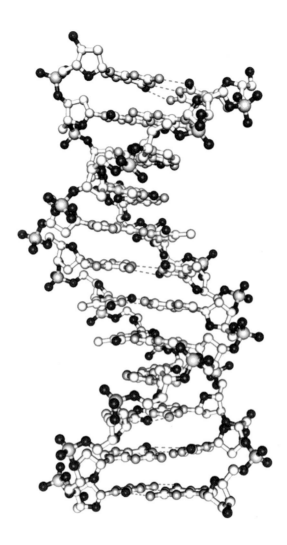

圖 7-3 狄克森實驗室定出的 B 型 DNA 晶體結構。同樣 CGCGAATTCGCG 序列的兩股，反向配對。氫鍵以綠色虛線表示。外圍骨架中的五環是去氧核糖，連接它們的是磷酸（灰色的磷原子和四個黑色的氧原子）。鹼基在中間以氫鍵（虛線）配對。各個鹼基對的角度隨著序列有明顯的變化。（此圖根據分子模型資料庫的數據，以 iCn3D 軟體顯示）

雙螺旋中有些原子之間過份擁擠。我自己曾經使用空間填充（space-filled）的實體分子模型組裝 DNA 雙螺旋，一開始堆疊起來的雙螺旋居然形成左旋，需要調整之後才轉變成右旋。我不是專家，只覺得左旋的雙螺旋模型也可以建構，但是無法判斷它是否比較擁擠。

1979 年克里克還和王倬（James Wang，見第 10 章）以及鮑爾（William Bauer）三人一起在《分子生物學期刊》發表一篇論文，題目是〈DNA 真的是雙螺旋嗎？〉，文中嚴謹檢討二十多年來累積的分子生物學實驗證據。從這些間接的證據，他們推論 DNA 是雙股可以確定；雙股大約每 10 個核苷酸對互繞一次的雙螺旋，也沒有問題；左右旋重複的雙螺旋應該是可以排除；兩股反平行應該也可從 DNA 聚合酶的研究得到證實。至於雙螺旋是左旋還是右旋，卻沒有可靠的證據。不過，那時候科學家已經知道 tRNA 分子結構中雙螺旋的部份都是右旋的，所以他們相信 DNA 雙螺旋也是右旋的，但是他們也承認這個課題還很難說。

這些陰影在隔年見到曙光。1980 年加州理工學院狄克森（Richard Dickerson）的實驗室利用新的 DNA 合成技術，合成了一段 12 個核苷酸的 DNA，序列是 CGCGAATTCGCG。這段序列很特殊，它「自我互補」，意思是說它可以翻轉過來和自己完整地配對。狄克森等人就用它們組成雙股 DNA，接著又成功讓這 DNA 產生結晶，再用 X 射線繞射技術解出晶體結構（圖 7-3）。

這 12 個核苷酸對的 DNA 形成的是真正的晶體，不是從前 DNA 纖維形成的「類晶體」。它所提供的結果不再是代表平均值的模糊圖像，而是高解析度的清晰圖像。這個結晶中出現的 DNA 原子結構的確是 B 型的，雙股的確是以右旋及反平行的方式互繞，正如華生和克里克的雙螺旋模型。

有趣的是，這雙螺旋的結構並不像預期的那麼均勻。堆疊在中間的鹼基對之間的互動，迫使雙螺旋有局部的變化，包括去氧核糖的結構、鹼基的偏移和傾斜度、螺旋的週期等。也就是說，不同的鹼基序

列造成不同的結構變化，這些變化為分子的結構提供資訊。蛋白質辨識特定 DNA 序列，就需要這些結構資訊。

歷史上 DNA 首次以如此清晰的影像現身。日後類似的研究，包括用核磁共振（nuclear magnetic resonance, NMR）分析液態的 DNA 結構，都印證了雙螺旋的基本正確性。除此之外，這些技術也發現 B 型 DNA 結構的局部變化，包括 A 型結構以及一種在特殊序列和環境下會出現的左旋結構（稱為 Z 型 DNA）。

後來，1983 年洛克斐勒大學來自台灣的徐明達（Ming-ta Hsu）教授和他學生岩本悟（Satori Iwamoto）進一步在非晶體形式下觀察到雙螺旋是右旋的證據。他們構築兩個相扣的單股環狀 DNA，二者之間有 39 個核苷酸對形成雙股配對。他們要看這 39 個核苷酸對的雙螺旋是右旋還是左旋。電子顯微鏡無法直接觀察到雙螺旋的互繞情形，但是他們用甲醯胺和高溫打開這段雙股 DNA，原本的雙股互繞就被轉換成兩個單股環的互繞。他們在電子顯微鏡下檢視，發現兩個單股環確實是以右旋的形式互繞，也就是說，原來的 39 個核苷酸對的雙螺旋也是以右旋的方式互繞。

克里克終於鬆口氣，安心了。

第 8 章
羅塞塔石碑
與紙牌屋

1953~1960

事實是世界的數據。理論是解釋和詮釋事實的想法結構。
當科學家為了解釋事實而辯論對立理論的時候，事實並
不會跑掉。愛因斯坦的重力理論取代了牛頓的理論，但
是那時候蘋果並沒有懸浮在半空中等看結果再決定。

——古爾德（*Steven Gould*）
美國知名演化學家、科普作家

鑽石密碼

　　1950 年代的西方，一方面承襲了世界大戰後的繁華和歡樂，搖滾樂的崛起，呼拉圈、飛盤和芭比娃娃盛行；另一方面，美蘇持續冷戰，韓戰爆發，古巴卡斯楚掀起赤色革命，越南的胡志明打敗法國，印度支那的三國（柬埔寨、寮國和越南）先後獨立。

　　生物學的革命也繼續往前走。

　　1953 年 7 月初，華生與克里克突然收到著名的理論和天文物理學家伽莫夫（George Gamow）的來信。伽莫夫曾經在哥本哈根師承波耳，認識戴爾布魯克，也曾在卡文迪什做過研究。1933 年，他脫離蘇俄跑到法國，隔年轉到美國。他的主要貢獻是發展大霹靂的宇宙模型，特別是宇宙初始階段化學元素的起源。伽莫夫也是一位喜歡搞笑的科普作家。1953 年 6 月他到冷泉港參加戴爾布魯克主持的研討會，聽到華生和克里克報告 DNA 雙螺旋的演講。

　　伽莫夫在信中提出一個「鑽石密碼」（Diamond Code）的假說。他說，用這個密碼，DNA 上的鹼基序列可以直接編碼蛋白質的胺基酸序列。他提議 DNA 雙螺旋上每一個鹼基對與上下各一個鹼基，四個鹼基一起圍成鑽石形狀的框（「鑽石框」），可以塞進一個胺基酸（圖8-1）。下一對鹼基對形成鑽石框再塞一個胺基酸。這樣子，一個框塞一個胺基酸，串聯起來就可以連結成一條多肽。DNA 的鹼基對間距和蛋白質的胺基酸間距差不多，所以空間上的考量應該沒有問題。至於鑽石框裡頭塞哪一種胺基酸，就取決於上下左右的四個鹼基。這四個鹼基屬於連續的三個鹼基對，所以胺基酸的選擇決定於三個鹼基對。

　　決定胺基酸的鹼基序列稱為「密碼子」。DNA 的鹼基一共有四種，如果密碼子是三個鹼基，那麼密碼子一共有 64（4³）種。伽莫夫說蛋白質的胺基酸只有 20 種。64 個密碼子對 20 種胺基酸，數目兜不起來。怎麼辦？

　　針對這個問題，伽莫夫有個解決方法。他說：「各種胺基酸分子

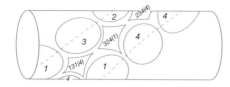

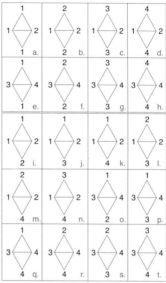

圖 8-1 伽莫夫提出的鑽石密碼。上方的圓
柱代表 DNA 雙螺旋，右方表格列
出 20 種組合可以編碼 20 種胺基
酸。（重繪自伽莫夫於 1954 年 2
月發表在《自然》的論文）

的骨架都一樣，胺基酸的種類取決於側鏈（side chain）的不同，而很
多側鏈的結構都是對稱的……」所以他假設鑽石框的四個鹼基左右對
調或者上下對調，都還是編碼同樣的胺基酸。根據這個假設算起來，
64 個密碼子剛好就可以分成 20 組，每組編碼一種胺基酸。這樣就解
決數目的問題了。

　　華生和克里克坐在老鷹酒館中研讀伽莫夫的來信，才發現他們連
組成蛋白質的胺基酸有多少種都不確定。伽莫夫所列的 20 種有問題，
有些是很罕見的，也有些被遺漏的。華生和克里克就重新整理，得到
的數目剛好也是 20。這就是今日我們所熟悉的 20 種胺基酸。

　　伽莫夫把他的鑽石密碼模型發表在 10 月份的《自然》期刊。

　　鑽石密碼其實是一種「重疊密碼」，因為每一組密碼子中間的那
個鹼基對，同時也擔任上一組密碼子的「下一個」鹼基，也當下一組
密碼子的「上一個」鹼基。以 12345 這五個鹼基的序列為例，最中間

的 3 就同時參與 123、234、345 三組密碼子。這樣的重疊密碼在空間的應用上效率很高，但這也是它的致命傷。

如果每一個鹼基對都參與三組密碼子的編碼，蛋白質的胺基酸序列就會受到很多限制，因為每一組密碼子都受到前一組和後一組密碼子的牽制，不能是任意的胺基酸。譬如密碼子 123 的前一組密碼子必須是 X12，下一組必須是 23X（X 是變數），都不能是任意的密碼子。

我們用數學算一算，就可以凸顯這個問題。我們單單考慮胜肽鏈上相鄰的兩個胺基酸就好；如果沒有順序限制，理論上它可以有 400（20^2）種不同的序列。但是根據鑽石密碼，相鄰的兩個胺基酸只由四個鹼基決定（123 編碼第一個，234 編碼第二個），所以只會有 256 種（4^4）不同的序列。也就是說，如果鑽石密碼是對的，很多胺基酸序列是不容許的。這不只是鑽石密碼的限制，而是所有重疊密碼的限制。細胞的蛋白質序列有受到這樣的限制嗎？

挑戰鑽石密碼這個限制的，是來自南非的布藍納（Sydney Brenner）。布藍納本來是醫學士，後來在英國欣謝爾伍德的實驗室取得博士學位。1953 年，他到劍橋看見華生和克里克以及他們的雙螺旋模型，就決心獻身分子生物學研究。克里克經過一番努力，把他從南非請到卡文迪什。他們兩人共用一間辦公室，長達 20 年之久。

1953~54 年間，布藍納收集了很多當時已知的胺基酸序列。當時可以知道胺基酸序列的蛋白質很少，有的也只有部份序列。布藍納從這些序列中，把相鄰兩個胺基酸的排列統計出來（共有 400 種可能）。這個 20×20 的表，伽莫夫稱之為「南非的表」。布藍納發現相鄰雙胺基酸序列出現的種類遠超過 256，鑽石密碼和任何其他的重疊密碼，就此被推翻了。

百花齊放

1953 年夏天，克里克和華生就在麻州的伍茲赫爾海洋研究所和伽莫夫會面。三人一拍即合，成為好朋友。

鑽石密碼雖然短命，但是伽莫夫的嘗試開創了一條嶄新的解碼路線，就是從純理論的角度來解決密碼的基本問題，如何讓 DNA 上的四種鹼基編碼 20 種胺基酸。這條路線完全不理會生化的細節，把解碼純粹當做抽象的問題，用理論的角度來思考、來解決問題。這和當年孟德爾遺傳研究的情況很像，完全忽視中間生理學的黑盒子，只在意資訊理論和數學。

　　鑽石密碼給很多人帶來振奮的啟示和鼓勵，這種不必做實驗的純理論路線，正合物理學家和數學家的胃口。伽莫夫開始接觸很多對遺傳密碼有興趣的人，1954 年 3 月他和華生等人一起成立一個「RNA 領帶俱樂部」（RNA Tie Club），裡頭有 20 個會員，代表 20 種胺基酸。每一個人的領帶都畫著一條 RNA，領帶夾上刻著每個人代表的胺基酸（圖 8-2）。

　　鑽石密碼失敗之後，伽莫夫不死心。後來因為越來越多證據顯示參與蛋白質合成的是 RNA，不是 DNA，所以他和里奇（Alexander Rich）及葉卡思（Martynas Ycas）提出一個改良的「三角密碼」（Triangular Code），編碼的是單股的 RNA，每三個鹼基對應一種胺基酸，也是重疊密碼，但是相鄰胺基酸的限制與「鑽石密碼」不同。

　　理論物理學家費曼（Richard Feynman）和理論化學家歐吉爾（Leslie Orgel）也提出一個三角密碼的變形，稱為「主次密碼」（Major-Minor Code）。三聯體中間的鹼基是「主」，兩旁的鹼基是「次」，二者以不同方式決定胺基酸的順序。「氫彈之父」泰勒（Edward Teller）也提出一個「順序密碼」（Sequential Code），胺基酸決定於兩個鹼基以及前一個胺基酸。兩個鹼基的排列只有 16（4^2）種，所以每一個胺基酸後面能夠接的胺基酸就只有 16 種。

　　這些林林總總空想的理論，有些很快就被現有的蛋白質序列推翻；有些要死不活地留在那裡，等到有朝一日才被拋進垃圾桶裡。

　　接觸這些解碼工作的人，不免聯想到軍事通訊密碼的解碼。第二次世界大戰時期，英國和美國已經出現第一代的電腦幫助解開德

圖 8-2「RNA 領帶俱樂部」的四位成員：克里克（左後）、歐吉爾（右後）、里奇（左前）、華生（右前）。四人的領帶都有 RNA 分子的圖案，領帶夾上各有各自代表的胺基酸名字。1955 年攝於劍橋。

軍內部的通訊密碼。伽莫夫認為，電腦解碼系統正好可以拿來幫助遺傳密碼的解碼。1952 年，洛沙拉摩斯國家實驗室才剛安裝使用第一代的數學分析數值積分計算機（Mathematical Analyzer, Numerical Integrator, and Computer, MANIAC），參與氫彈研究的計算。

　　1954 年夏天，伽莫夫在洛沙拉摩斯國家實驗室，與理論物理學家兼電算與邏輯設計專家梅楚羅利斯（Nicholas Metrololis）合作，用 MANIAC 進行「蒙地卡羅模擬」，測試重疊密碼。電腦根據重疊密碼，建構「人為的蛋白質」，然後和已知的天然蛋白質比較。9 月結果出來，結論是負面的。電腦分析的結果顯示，胺基酸在人為的和天然的蛋白質的分佈情形沒有差別，都是純粹隨機的；不過然根據重疊密碼，胺基酸在蛋白質中的分佈應該受到很多限制，不會是隨機的。

　　1956 年布藍納寄一篇短文〈論所有重疊三聯體密碼之不可能性〉給 RNA 領帶俱樂部，用已知的蛋白質胺基酸序列，推翻任何重疊密

碼的可能性。這篇論文隔年發表在《美國國家科學院學報》。在那個時代，發表在《美國國家科學院學報》的論文都是來自學院院士，或者來自他們的推薦。布藍納這篇推翻伽莫夫密碼模型的論文，是伽莫夫以院士身分推薦的。

無逗點密碼

遺傳密碼有兩個神聖的數字：4 和 20。4 是 DNA 的鹼基種類數目，20 是蛋白質的胺基酸種類數目。生物如何用 4 種鹼基編碼 20 種胺基酸？如果一個鹼基編碼一個胺基酸，那就只有 4 組「密碼子」，只能編碼 4 種胺基酸。如果兩個鹼基（「二聯體」）編碼一個胺基酸，那總共就有 16（4^2）組密碼子，能編碼 16 種胺基酸，還是不夠。如果三個鹼基（「三聯體」）編碼一個胺基酸，總共有 64（4^3）組密碼子，又超過胺基酸總數很多。

雖然大部份的科學家都相信「三聯體」，但是 64 組密碼子的數目比胺基酸的多出 44 個，怎麼辦？有兩個可能性，第一、可能有很多密碼子沒有用來編碼胺基酸（稱為「無意義」的密碼子）；第二、密碼子有重複的，也就是說同一個胺基酸可能由幾個不同的密碼子編碼。這兩個可能性並不互相排斥。

另外一個重要的問題是，如果三聯體是正確的，在一串漫長的鹼基序列中，細胞如何知道從哪一個鹼基開始，到哪一個鹼基結束呢？每一個鹼基序列都有三個可能的唸法（稱為「讀框」），譬如 123123123123123……這個序列，可以唸成 123，123，123……，或 231，231， 231……，或 312，312，312……。這三種讀框，細胞如何正確地選擇呢？以克里克的說法是：「細胞如何知道把逗點放在哪裡？」

1957 年，克里克想到一個模式可以解決這問題，他稱之為「無逗點密碼」（comma-less code）。他假設用來編碼蛋白質的鹼基序列中的三種讀框，只有一種是「有意義」的，讀框裡每一個三聯體密碼子

都編碼某一個胺基酸；另外的兩種讀框中的密碼子通通是「無意義」（nonsense）的，都不編碼任何胺基酸。譬如圖 8-3A 中的 RNA 序列 AGACGAUUA……，只有 AGA、CGA、UUA……這種讀框中的密碼子有意義；另外兩種讀框中的密碼子 GAC、GAU、UAU……以及 ACG、AUU、AUC……都無意義。這樣的密碼模式解決了讀框選擇的問題，因為只有一種讀框有編碼胺基酸，沒得選擇，也不必選擇。

他很興奮地把這點子告訴歐吉爾。歐吉爾思考了一下，就告訴克里克，根據這個系統，有意義的密碼子剛好是 20 種！神奇的 20 ！克里克更加興奮。

歐吉爾如何計算呢（圖 8-3B）？首先，他去除四個重複序列的三聯體（AAA、CCC、GGG 和 UUU），它們一定是無意義的。為什麼呢？讓我們考慮 AAAAAA……這個連續序列，它三個讀框的三聯體都一樣，都是 AAA，不可能同時有意義又無意義。同樣道理，CCC、GGG 和 UUU 也一定是無意義。排除掉這四個重複密碼字，剩下 60 個三聯體。

再來考慮剩下 60 個三聯體密碼中的任何一個，譬如 AAC。我們讓 AAC 一直重複成為 AACAACAAC……。這序列三種不同的讀框有三種不同的密碼子 AAC、ACA 和 CAA，三者只能有一個有意義，其他兩種必定是無意義的。也就是說如果 AAC 有意義，那 ACA 和 CAA 應該就是無意義，以此類推。依據這樣循環排列的推理，剩下的 60 個三聯體可以分成 20 組循環序列。每組循環序列中只有一個三聯體是有意義的密碼子，所以，最後的結論就是：「無逗點密碼」系統裡只會有 20 個有意義的密碼子，另外 44 個是無意義的。

「無逗點密碼」不但解決了讀框的問題，也一舉解決了 64 個密碼子如何編碼 20 個胺基酸的問題。此外，它的密碼子沒有重疊，所以沒有胺基酸序列的限制，任何胺基酸序列都是可容許的。也因為如此，「無逗點密碼」沒辦法用已知的蛋白質序列來檢驗它的正確性。

理論上「無逗點密碼」可以用 DNA 序列來檢驗，因為它對 DNA

A
AGACGAUUAUCAACAGCC
AGACGAUUAUCAACAGCC
AGACGAUUAUCAACAGCC

B
AAA CCC GGG UUU

AAC	ACA	CAA	AUG	UGA	GAU
AAG	AGA	GAA	AUU	UUA	UAU
AAU	AUA	UAA	CCG	CGC	GCC
ACC	CCA	CAC	CCU	CUC	UCC
ACG	CGA	GAC	CGG	GGC	GCG
ACU	CUA	UAC	CGU	GUC	UCG
AGC	GCA	CAG	CUG	UGC	GCU
AGG	GGA	GAG	CUU	UUC	UCU
AGU	GUA	UAG	GGU	GUG	UGG
AUC	UCA	CAU	GUU	UUG	UGU

圖 8-3 克里克的「無逗點密碼」模型。(A) 顯示三種讀框,假設最上方的讀框是正確的,那個讀框中的密碼子就都有編碼胺基酸,用不同顏色代表;另外兩種讀框中的密碼子沒有意義,不編碼任何胺基酸,用黑色代表。(B) 歐吉爾的推理,顯示這個模型剛好可以編碼 20 種胺基酸(詳見內文)。

的序列有限制。譬如在正確(有意義)的讀框序列中,不可以出現無意義的密碼子。以上述 AAC 的例子而言,如果 AAC 是有意義的,ACA 和 CAA 就不可以出現在任何有意義的讀框中。如果這三個密碼子中有兩個同時存在一個基因序列的話,「無逗點密碼」就是錯誤的。不過,這個檢驗方法只是空談,因為當時還沒有核酸的定序技術。

克里克和歐吉爾剛開始只是把「無逗點密碼」寫成一篇非正式的論文,在同僚之間裡流傳。後來,有人希望能引用它,他們就在

1957 年將它正式發表。

對於這個模型，克里克有點保留：「它看起來漂亮，甚至高雅。你餵進去神奇的數字 4（四個鹼基）和 3（三聯體），就跑出神奇的數字 20（胺基酸的數目）。可是，我還是猶疑。我知道，除了 20 這個神奇數字的出現之外，我們沒有其他的證據支持這套密碼。」

雖然如此，無逗點密碼很快就成為物理學家和生物學家的寵兒，當做討論的焦點長達五年。這期間有很多新論文提出理論的延伸和修正、討論生物學的意義，或者做更細節的計算。這些發展非常熱烈精采，一直到 1961 年來自現實生活的一陣微風，吹垮所有的這些紙牌屋。

「無逗點密碼」終究是錯的。「大自然並沒有克里克想像的那麼優雅。」賈德森在《創世第八天》書中說。克里克自己也說：「……無逗點密碼……一個優美的解答，依據非常簡單的假設，但是完全錯誤。」不過他說：「有一、兩個這種例子當做警惕的故事，總是好的。」

羅塞塔石碑策略

在這段時期，除了上述如荼如火的理論路線之外，嘗試在實驗室中進行遺傳密碼的研究非常少，因為大部份的人都不知道如何下手。當時唯一有一絲著力點的實驗方向，是一種稱為「羅塞塔石碑」（Rosetta Stone）的策略。

羅塞塔石碑（圖 8-4）是 1799 年拿破崙大軍遠征埃及的時候，在羅塞塔附近所發現的一塊古埃及石碑，上頭刻著公元前 176 年埃及國王托勒密五世的詔書，分別使用三種古老的文字：古埃及象形文、古埃及草書，以及古希臘文。這三篇文字顯然敘述同樣的事情，所以語言學家就設法利用對這些語言以及歷史的破碎知識，希望以比較的方法，解出這些象形文字和字母的意思和用法。這三種文字中，古希臘文還有沒有完全失傳，提供很好的參考價值。學者利用這些資料並且參考別的古籍，首先解讀出古埃及草書，最後解讀出古埃及象形文

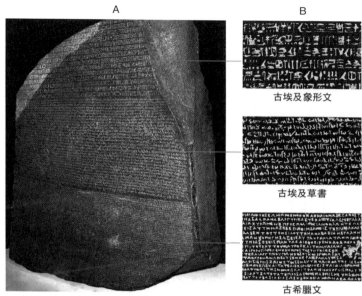

圖 8-4 羅塞塔石碑。（A）拿破崙軍隊在埃及發掘出土，現保存在大英博物館。（B）石碑上的三種文字：古埃及象形文（上）、古埃及草書（中）與古希臘文（下）。古埃及的象形文早已失傳，而古希臘文在當時仍可以解讀。

字。整個工作花了二十多年。

　　解讀羅塞塔石碑文字的最重大意義在於它提供一部「字典」，讓後來的人可以解讀出現在其他古蹟的古埃及文，對於埃及的歷史、文明和文學研究貢獻非凡。

　　DNA 雙螺旋模型之後的生物學，也面臨像羅塞塔石碑的情境。細胞的羅塞塔石碑上頭有兩種語言，DNA 和蛋白質的語言。基因決定蛋白質。基因語言是 DNA 的鹼基序列，蛋白質語言是胺基酸序列。鹼基序列和胺基酸序列之間如何對照？我們可以像解讀羅塞塔石碑那樣，比較基因和蛋白質序列，就可以知道它們之間如何轉譯嗎？我們

是否可以這樣子得知所謂「遺傳密碼」，來翻譯所有的 DNA 語言？

這是個很合理的策略，前提是我們必須有足夠的 DNA 和蛋白質序列。在那個時代，蛋白質的純化技術相當成熟，不少種類的蛋白質被純化出來。蛋白質定序的技術也出現了，蛋白質的胺基酸序列開始陸續被定出來。胰島素是第一個完成定序的蛋白質，1951 年桑格定出了它 110 個胺基酸的序列。但是胰島素的基因序列在哪裡？當時的生化技術還不能分離出單獨的基因，更別說進一步定序。光有蛋白質的序列，無助於解碼。

1960 年，TMV 的外殼蛋白質序列被佛蘭克爾－康拉特定出來。這個蛋白質才 158 個胺基酸，卻花了他們五年的時間完成定序，伽莫夫稱讚它是「鑲著 158 顆寶石的魅力項鍊」。為這個蛋白質編碼的基因應該是在 TMV 的 RNA 上。TMV 的 RNA（或其他病毒攜帶的核酸）已經可以純化，但是核酸定序技術還沒有發展出來，RNA 定序技術要再八年才出現。到了那時候，遺傳密碼都已經解出來了。

TMV 的突變分析

雖然無法定序 TMV 的 RNA，當時仍舊有兩個實驗室嘗試用突變的方式來探索 TMV 的遺傳密碼：在德國馬克士普朗克研究所的魏德曼（Heinz-Günter Wittmann）和美國加州大學的佛蘭克爾－康拉特。這兩個實驗室都用亞硝酸處理 TMV 造成突變，然後分離它的外殼蛋白質，看看胺基酸發生了什麼樣的改變，嘗試從這些胺基酸的改變，歸納出這些胺基酸編碼的密碼子的一些性質。

用亞硝酸做突變有個好處，它導致的突變是可預期的。它會改變 RNA 上的兩種鹼基，讓 A 變成 G，或者 C 變成 U（圖 8-5A）。所以，當亞硝酸把某一個胺基酸變成另一種胺基酸，我們就可以推論編碼原來胺基酸的密碼子有一個 A 或 C，新胺基酸的密碼子有一個 G 或 U。

以圖 8-5B 的例子來說，亞硝酸將脯胺酸（Pro）改變成絲胺酸（Ser）或者白胺酸（Leu），然後又可以將二者改變成苯丙胺酸（Phe）。

圖 8-5 用亞硝酸突變探測密碼子。(A) 亞硝酸造成的鹼基改變，A 變成 G，或者 C 變成 T 或 U。(B) 亞硝酸將脯胺酸（Pro）變成絲胺酸（Ser）或者白胺酸（Leu），然後又可以將二者改變成苯丙胺酸（Phe）。從這些結果可以推論這四個胺基酸可能的鹼基編碼。綠色標示的是脯胺酸含有的兩個 C 或 A。

從這些結果，我們可以下定論：脯胺酸至少有兩個 A 或 C，絲胺酸和苯丙胺酸至少有一個 G 或 U（從脯胺酸變過來）和一個 A 或 C；苯丙胺酸至少有兩個 G 或 U（一個原本就存在於絲胺酸和白胺酸，另一個是亞硝酸造成的）。這樣子確實可以得到一些資訊，但是這些資訊很少，也不完整，得到的只是某些密碼子鹼基的一部份，順序完全不知。用這樣的策略來解碼是相當悲觀的。史坦利和佛蘭克爾–康拉特把這樣的努力比喻成「開始攀登聖母峰的一小步」。

史坦利和佛蘭克爾–康拉特也宣稱說，除非有什麼「意料不到的事情」發生，解碼還需要等很久很久。這年，佛蘭克爾–康拉特還寫了一本病毒研究的書，提到上述利用突變方式解碼的工作，只是長遠路途的一小步。隔年（1961）這書才剛上市，史坦利和佛蘭克爾–康拉特所謂「意料不到的事情」真的發生了（見第 11 章）。

第 9 章
琥珀與乳糖
1953~1959

對大腸桿菌是真的，對大象也是真的。

——莫納德（*Jacques Monod*）

基因的範疇

如果基因是在染色體 DNA 上，每一個基因是一段核苷酸序列，那麼，一個基因有多大？它在 DNA 的界線何在？染色體可以發生交換，交換發生在哪裡？交換可以發生在基因的核苷酸序列中嗎？

針對這個課題，1952 年英國格拉斯哥大學的遺傳學家龐帝考夫（Guido Pontecorvo，繆勒的前學生）提出他的看法。他說：基因可以從三個角度來界定：第一、基因是突變的單位；第二、基因是可遺傳的因子；第三、基因是遺傳重組的單位。關於第三點，在傳統觀念裡，基因像念珠般成串地排列在染色體上，遺傳學家觀察到的重組和交換都是發生在基因和基因之間，沒有看到基因中的交換，所以才認為基因是交換的單位。他說，這可能只是因為基因內發生交換的機率很低，沒有觀察到而已。

突變之間的距離越小，發生交換的機率就越低。因此如果兩個突變位在同一個基因中，它們之間的交換就不容易觀察到，因為距離太近了。龐帝考夫認為要觀察如此罕見的交換，必須使用一個能夠產生大量子代的交配系統。譬如，如果重組的頻率只有 1/1000，那麼交配後產生的子代必須要有幾千個。當時沒有任何一個遺傳系統（包括果蠅）能夠滿足這個條件。

龐帝考夫的論述引起美國普渡大學的班瑟（Seymour Benzer）的強烈興趣。班瑟在大學時期念的是物理學，第二次世界大戰期間轉到普渡大學攻讀博士學位。這段時期，他讀了薛丁格的《生命是什麼？》，讓他轉向生物學研究。1948 年他參加冷泉港實驗室的噬菌體課程，接著先後到加州理工戴爾布魯克的實驗室和巴黎巴斯德研究所勞夫（見下文）的實驗室做博士後研究，再回到普渡任教。

班瑟雖然對龐帝考夫提出的問題深感興趣，但是苦無龐大的遺傳分析系統可以用，直到有一天出現了一個來自 T4 噬菌體的玄機。T4 是當時大家研究最多的噬菌體，最初它的遺傳學研究只依賴兩類突變，即宿主範圍的突變和溶菌斑形態的突變。大腸桿菌 B 是大家

研究 T4 通用的宿主，後來發現 B 出現可抗 T4 感染的突變菌株，命名為 B/4。不過，T4 也會出現可感染 B/4 的突變株，而且同樣可感染 B。這種突變稱為 h，野生型稱為 h$^+$。至於溶菌斑形態的突變，T4 有一種突變，它的溶菌斑比野生型的大很多，這類的突變通稱為 r，野生型稱為 r$^+$。

這兩類的突變可以用來雜交，進行遺傳重組分析。做法是讓兩類 T4 突變株同時感染大腸桿菌，讓它們在細胞中發生基因交換，然後觀察子代噬菌體的基因重組現象。譬如，拿一株 h$^+$r 和一株 hr$^+$突變株一起感染 B，得到的子代除了有雙親型的之外，還可以看到一些 h$^+$r$^+$和 hr 重組株。重組株出現的頻率（重組頻率）可以用來做基因定位。這樣的定位的實驗結果發現 r 突變可以分成三類，三類各分佈在 T4 染色體三個不同地方。這三個突變位置稱為「基因座」，因為不確定它們究竟是代表單一的基因，還是可能代表多個基因。這三個 r 基因座分別命名為 rI、rII 和 rIII。這些結果是在 1946~47 年間，由戴爾布魯克與赫胥的實驗室所發現的。

啊哈！

1953 年，班瑟在普渡準備實驗課，需要培養 T4 噬菌體。他手頭有兩株大腸桿菌，B 和 K12 λ，他都拿來培養 rII 突變株。結果他發現 rII 居然不能感染 K12 λ。剛開始他以為是忘了加噬菌體，便重做一次實驗，結果還是一樣。不知什麼原因，rII 突變株不能在 K12 λ 中繁殖。他非常興奮，因為這系統正好可以進行他夢寐以求的高解析度遺傳定位研究。

怎麼說呢？他想，如果拿兩株不同的 rII 突變株一起感染 B，讓它們在裡頭繁殖，並發生重組，產生野生型（r$^+$）的重組株。這重組株可以感染 K12 λ，形成溶菌斑；親代 rII 突變株不能，只能感染 B。所以把子代噬菌體塗抹在含 K12 λ 的培養基，出現的溶菌斑就代表 r$^+$重組株；塗抹在含 B 的培養基上，出現的溶菌斑就代表所有子代。

前者除以後者，不就是重組頻率嗎？

這種基因內或基因座內的重組，發生的頻率會很低，所以需要觀察很多子代。噬菌體就可以滿足這個需求。班瑟估計一盤固態培養基上可以放入一億（10^8）個 T4 噬菌體，低到 10^{-8} 的重組頻率都可以觀察到。班瑟計算，對長度大約 1.5×10^5 個鹼基對的 T4 染色體，如此高的解析度足以觀察到相鄰核苷酸的突變，綽綽有餘。

於是他「立刻放下一切，開始進行這個計畫」，這一做，就做了十年。

解析 rII 基因座的遺傳地圖

首先，班瑟發現 rII 基因座有兩個基因。他拿不同的 rII 突變株成對地感染 K12 λ，有些組合都不會殺死 K12 λ，有些會。他歸納這些結果，發現 rII 突變株可以分成兩群，rIIA 和 rIIB。同一群中的突變株一起感染 K12 λ 不能成功，不同群的突變株一起感染 K12 λ 才可以成功。他推論 rIIA 和 rIIB 代表兩個基因，突變在不同基因的 T4 感染 K12 λ 可以成功，因為二者可以「互補」，意思是說 rIIA 的突變株會提供好的 rIIB，rIIB 的突變株會提供好的 rIIA，成功感染 K12 λ。反之，突變同在一個基因（rIIA 或 rIIB）的 T4 無法互補，它們一起感染 K12 λ 就無法成功 。

「互補」的道理和孟德爾遺傳學的顯隱性是一樣的。基因發生突變，通常都是造成下游產物的損壞或缺陷，所以當突變的基因（例如果蠅的白眼）和野生型的基因（紅眼）在一起（雌蠅中）的時候，野生型的基因就可以彌補突變的不足。rIIA 與 rIIB 突變之間的互補也是同樣道理。

班瑟接下來進行 rII 突變的重組實驗。他用兩株不同的 rII 突變株感染大腸桿菌 B，的確可以得到野生型（r^+）的重組株。重組頻率很低，如他所預期。他開始進行大規模的重組實驗，再從得到的重組頻率，一點一點地建構起遺傳地圖。

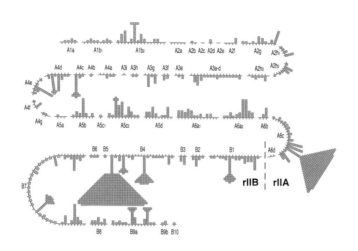

图 9-1 班瑟完成的 T4 rII 基因座詳細地圖，每一個小方塊代表一株
突變的位置。各處發生突變的頻率顯然不一致，有些地方
（「熱點」）特別容易發生突變。rIIA 佔上面三行，rIIB 佔下
面一行半，二者以虛線隔開。（重繪自班瑟 1961 年的論文）

這樣的工作相當瑣碎辛苦。在最高峰期，班瑟有三位助理幫忙。

1955 年，班瑟發表了第一篇論文，1959 年和 1961 年接續發表
最終的分析。他們一共處理了大約兩萬株的突變株，把 rIIA 和 rIIB
剖析至極致，把 rII 的兩千四百多個突變排列在一條線上（圖 9-1），
rIIA 突變和 rIIB 的突變分別位在相鄰的兩個區域裡。如果每個突變
代表一個核苷酸，顯示基因確實是線狀的序列。

他們的系統一次可以觀察 100 萬個（10^6）噬菌體，也就是說 10^{-6}
的重組頻率都可以偵測得到。但是在所有的雜交實驗中，他們觀察到
最低的重組頻率是 2×10^{-4}。這似乎表示對 T4 的 DNA 而言，這是最
低的交換頻率，不可能再低，因為兩個突變距離不能再近了。班瑟估
計這 2×10^{-4} 相當於距離兩個鹼基對之間的交換，也就是說如果突變
之間的距離小於兩個鹼基對，交換不可能發生。

戴爾布魯克看了班瑟的論文草稿後，在上頭寫：「你寫這之前一定多喝了幾杯。這會冒犯很多我喜歡的人。」沒錯，班瑟的新發現，對當時的遺傳學家確實是很大的衝擊。在這之前，傳統遺傳學觀念裡的「基因」和「突變」都只是位在染色體上的單位，沒有大小，也沒有結構。但是，班瑟的 rII 分析顯示基因不是一個點，而是一條有特定範圍的線，突變是排列在這條線上的點。基因沒有什麼神聖的完整性，它可以分割，就像 DNA 任何其他地方。

　　此外，這張遺傳地圖顯示，基因中有些地方似乎特別容易突變。日後才知道，這個有趣和奇怪的現象是因為 T4 的 DNA 有些地方的鹼基經過特殊的修飾，非常容易突變。

　　班瑟的這個故事也包含一個幸運的意外發現。但是意外的發現也必須掌握，不然就沒有幸運可言。所以，巴斯德說「機會眷顧有備的心靈」。班瑟與 rII/K12 λ 的邂逅，以及盧瑞亞和吃角子老虎的邂逅，都是「啊哈！」時刻。「啊哈！」表示意外的遭遇剛好和心裡頭已經存在的某種念頭產生創新的結合，也就是心裡已經有準備，能立刻被這意外打出火花，把兩個表面上性質相當不同的事物連接起來。

DNA 與蛋白質的共線性

　　班瑟的 rII 地圖顯示基因中的突變以線狀排列在 DNA 上，然而，它們是否對應到蛋白質上胺基酸的排列？

　　當時流行的「序列假說」，就認為蛋白質的胺基酸序列由 DNA 的鹼基序列決定。從實驗的角度來說，這表示基因中突變的位置會和蛋白質胺基酸改變的位置會在同一條線上相對應，這樣的關係稱為「共線性」。DNA 和蛋白質的共線性可以用實驗檢視嗎？

　　這時候的生化學家能夠做蛋白質的胺基酸定序，所以可以定出胺基酸改變的位置。但是 DNA 仍然無法定序，只能用遺傳定位方法定出突變的相對位置。班瑟已經有詳細的 rII 的遺傳地圖，但是沒有 rIIA 或 rIIB 編碼的蛋白質。他曾經嘗試分離這些蛋白質，但是沒有

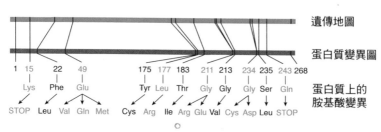

圖 9-2 雅諾夫斯基建立的 DNA 與蛋白質共線性。上面綠色線條標示的是色胺酸合成酶 15 個突變所在的遺傳地圖，下面灰色線條是這些突變所造成的胺基酸變異的位置，數字是胺基酸的位置，數字下標示的是胺基酸的改變。有些胺基酸發生不只一種突變。遺傳地圖和蛋白質變異圖上的突變位置次序一致，相對位置大致符合，但是有些差異。遺傳定位依據的原理是假設染色體不同地方的交換頻率都相同，這個假設不完美，但還是實用。

成功。1957 年他到劍橋與布藍納合作，尋找 T4 蛋白質其他的突變，也沒有成功。

　　第一個成功建立 DNA 和蛋白質共線性的是史丹佛大學的雅諾夫斯基（Charles Yanofsky），他研究的對象是大腸桿菌的色胺酸合成酶。他收集了很多這個酶的突變株，把它們的遺傳位置定出來，然後一個個純化這些突變的酶，定出它們的胺基酸序列，再和野生型的酶進行序列比較，看哪一個胺基酸改變了，就是這個突變造成的。他總共比較了 15 株的突變位置和胺基酸改變的位置，發現二者完全相對應，除了排列次序完全一致，相對的距離也大致符合（圖 9-2）。

　　第二年（1964），班瑟的實驗室用不同的策略也得到共線性的結果。他分析的是帶一類特殊突變的 T4 蛋白質，這種突變叫做「琥珀」突變，它會使蛋白質合成進行到突變的位置時就停止（見下文）。他定出這些突變的位置，排成一條直線。也測出這些蛋白質的大小，發現突變的位置越靠近基因的一邊，所合成的蛋白質越小，沒有例外。

　　這些研究支持 DNA 與蛋白質的共線性，更增強大家思考鹼基序

列和胺基酸序列之間的關係，也對遺傳密碼的解碼期待更加殷切。

巴斯德的三劍客

針對特殊基因或基因座進行詳細分析和解剖的，當時還有一個重要的實驗室。它位在大西洋的另一邊。

巴斯德研究所總部位於法國巴黎，是巴斯德於 1887 年成立的，主要致力於生物學、微生物學、疾病和疫苗相關的研究。自 1908 年起至今，這個機構共有 10 位科學家獲得諾貝爾獎。

分子生物學蓬勃發展的時期，美國科學家偏重在基因解碼的路線，英國科學家偏重在分子結構的研究，巴斯德研究所的科學家則專注於基因的調控。大家都經歷第二次世界大戰，法國的科學家沒有美國和英國的那麼幸運，德國的侵略和佔領打斷甚至摧毀大多數科學家的研究。這一章出場的法國科學家，都有和德軍抗爭的經驗。

勞夫是巴斯德研究所的老將，19 歲的時候（1921 年）就以醫學系學生進入研究所，1937 年開始擔任微生物生理學研究的主管。第二次世界大戰中，他參加法國地下抵抗軍，曾經獲得國家獎章。戰後（1945 年），莫納德（Jacques Monod）和渥曼一起加入他的實驗室。

莫納德是個多彩多姿的人。1936 年，他曾經在加州理工學院摩根的實驗室做研究，但是花很多時間擔任當地帕沙第納交響樂團和合唱團的指揮工作，差一點就和樂團簽約當團長。此外，他也是科學哲學作家，出版的書很受歡迎。第二次世界大戰時，他是德軍佔領區地下反抗軍行動指揮部的首領。聯軍大登陸前夕，他還安排空投武器、炸鐵路以及攔截郵件等。同時間，他還繼續在研究細菌。

1950 年，實驗室又加入一位重要人士，賈可布（見第 4 章），也是一位優秀的科學哲學作家。他念完醫學院二年級的時候，第二次世界大戰爆發，便跑到英國加入法國解放軍當軍醫。在北非服役的時候腹部中彈，打碎了他當外科醫生的夢。戰後，他完成醫學院學業。

賈可布在 1949 年上了勞夫和莫納德教的微生物學之後，去見莫

圖 9-3 巴斯德的三劍客（左起）賈可布、莫納德與勞夫。攝於 1965 年 10 月 16 日，獲知諾貝爾獎消息兩天之後。

納德，希望到他實驗室做研究。莫納德要他去找大老闆勞夫。賈可布找到勞夫時，他正在和實驗室的人吃午餐。賈可布後來的回憶是：「我告訴他我的願望，我的無知，我的誠意。他用他的藍眼睛瞪著我好一陣子，搖搖頭，跟我說：『不可能；我們一點空間都沒有。』」賈可布來回找了勞夫七、八次，最後一次是第二年的 6 月。「他沒讓我有時間解釋我的願望，我的無知，我的誠意，就宣告說：『你知道嗎，我們發現了原噬菌體的誘導！』我說：『喔！』盡我所能表現出崇拜的樣子，心想：『原噬菌體是什麼鬼？』……接著他問：『你有興趣研究噬菌體嗎？』我結結巴巴地說這正合我意。『好，9 月 1 日來吧！』」賈可布走到街上，馬上到書店找字典查，但是都沒查到這幾個字。原噬菌體（prophage）是潛伏在細菌中沒有發作的噬菌體。當時勞夫正在

研究這個新奇的現象（見下文）。普通的字典當然不會有這個字。

酶適應假說

第二次世界大戰期間，莫納德在培養大腸桿菌的時候觀察到一種奇怪的生理現象。他把兩種糖類同時加入培養液培養大腸桿菌，發現大腸桿菌會先消耗其中一種糖（葡萄糖是第一優先），消耗完了之後，生長會停滯一下，然後再開始消耗另一種糖，繼續生長。

奇怪，為什麼要消耗掉一種糖才消耗另一種糖呢？為什麼不一起用？為什麼轉換的過程會停滯生長一下子呢？莫納德把這些結果給勞夫看，勞夫認為這是一種「酶適應」的現象，也就是原來有個細菌用一種酶消耗第一種糖；當第一種糖消耗完了，這個酶就要花一點時間進行適應，改變它的專一性，才能消化第二種糖。莫納德說，這席談話是他一生的一個轉捩點。從此，他就開始研究這個「酶適應」的機制（一方面進行地下抵抗軍的工作）。

勞夫認為酶是由次單元組成，當它碰到可以催化的「受質」（例如葡萄糖），結構會被受質改變，獲得催化代謝該受質的能力；等到這個酶碰到另一種受質（例如乳糖）的時候，又被這個受質改變，獲得催化代謝後者的能力。當葡萄糖和乳糖同時存在的時候，葡萄糖的競爭力比較強，會優先促成酶的適應來代謝葡萄糖；要等到葡萄糖用完了，乳糖才得以引起酶的適應。

這些可以改變酶的活性的物質（葡萄糖和乳糖）稱為「誘導物」。根據這個「酶適應」的模型，受質就是誘導物，誘導物就是受質。這個推論可以用來測試這個假說，也就是說，會不會有的誘導物不是受質，或者有些受質不是誘導物？如果有的話，這個假說就不成立。

他們決定進行這樣的測試。他們到英國和德國合成一些乳糖的類似物，拿回巴黎測試。結果發現有些類似物是受質也是誘導物，但是有些是受質卻不能誘導，更有些能誘導但不是受質。後者很有用，被稱為「免費的誘導物」，因為它們可以誘導酶的活性，卻不會被消耗

掉。其中最有名的是一個簡稱為 IPTG 的化合物。IPTG（異丙基 - β -D- 硫代半乳糖苷）將成為很重要的研究工具，直到今日。

「免費的誘導物」推翻了酶適應模型，但是莫納德很高興，因為他從歧路被拉回來。雖然如此，他們需要一個新的模型，或許也需要新的策略。

對科學家來說，推翻一個假說本身就是很可喜的事情。要證明一個假設正確很困難，但是要推翻它卻很容易。這是著名學術理論家和哲學家波柏（Karl Popper）的一項核心思想「真偽不對稱性」，意思是說，真很難證明，偽卻很容易證明。例如，我們要證明「綿羊都是白色」是正確的非常困難，即使觀察了 100 萬隻白綿羊也不能下定論，因為只要接下來發現 1 隻黑綿羊，假說就泡湯了。100 萬隻白羊也沒有辦法證明「真」，1 隻黑羊就可以證明它的「偽」。這就是「真偽不對稱性」。

「真偽不對稱性」反映大部份科學實驗的特質：好的科學理論必須要能夠用實驗測試它的「偽」。測試的結果通常只能推翻或者不推翻，無法證明它的正確，很少有模型可以用實驗直接就證明。反過來，推翻就比較容易，所以如果你有個新模型或新的理論，第一件要嘗試的就是可否可以用實驗推翻它。費曼也說：「我們要設法證明我們錯，越快越好，因為只有這樣，我們才有進步。」

遺傳學鋪路

1950 年代，美國的賴德堡夫婦找到三個與乳糖代謝有關的基因：lacZ、lacY、lacA。這三個基因相鄰在一起，形成一個基因座，排列的順序是 lacZ-lacY-lacA。lacZ 編碼「β - 半乳糖苷酶」（β-galactosidase），lacY 編碼「半乳糖苷通透酶」，lacA 編碼「轉乙醯酶」。其中最重要的是 β - 半乳糖苷酶，它催化乳糖代謝第一步，把乳糖（一種雙醣）切開成葡萄糖和半乳糖（單醣）。大腸桿菌有這種酶就可以消化乳糖。賴德堡的實驗室在發展純化和測量這個酶的方

法。

　　他們分離到一些無法代謝乳糖的大腸桿菌突變株（lac⁻），定出這些突變的遺傳位置。之後，他們和巴斯德的實驗室都分離到不需要誘導物就可以表現上述三個酶的突變，命名為 lacI⁻。

　　野生型（lacI⁺）的大腸桿菌需要在培養基中添加受質乳糖或誘導物（例如 IPTG），才可以看到 lacZ 和 lacY 編碼的酶出現。lacI⁻突變株卻不需要添加受質乳糖或誘導物，就可以看到 lacZ 和 lacY 的產物。lacI⁻突變的位置接近 lac 基因座（lacZ-lacY-lacA），但不連在一起。

誘導物的本質

　　lacI 應該是個調節基因，乳糖代謝的一個重要樞紐。它在誘導的機制中扮演怎樣的角色呢？

　　莫納德起初認為 lacI⁻突變株會在細胞內合成一種「內在誘導物」，這個內在的誘導物可以取代外加的誘導物（如乳糖或 IPTG），所以 lacI⁻突變株不需要外加誘導物就能夠激發 lacZ 和 lacY 的活性。這個假設最後證明是錯的，推翻這假說的是他們自己做的實驗，一項暱稱為「PaJaMo」的實驗。

　　「PaJaMo」代表三位研究者的姓，唸起來像 pajama（睡衣）。Ja 是賈可布（Jacob），Mo 是莫納德（Monod），Pa 則是一位訪問學者巴迪（Arthur Pardee）。巴迪以前是鮑林的學生，1947 年畢業，1950 年代到莫納德的實驗室進修。PaJaMo 實驗是在 1957 年秋天到冬天完成，論文發表於 1959 年。

　　PaJaMo 實驗利用渥曼和賈可布的 Hfr 接合實驗策略。當接合發生，Hfr 的染色體進入 F⁻細胞後，接下來的幾個小時中，F⁻細胞裡除了自己的染色體之外，還有一段 Hfr 的染色體片段。Hfr 片段過了一段時間之後才會逐漸消失。在 Hfr 片段消失之前的這段時間，F⁻細胞可以說是處於「部份雙倍體」的狀態，就是 Hfr 片段攜帶的基因在細胞中有兩套，一套在 Hfr 片段上，一套在染色體上。這段「部份

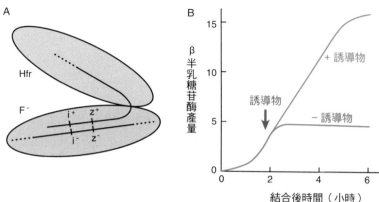

圖 9-4 PaJaMo 實驗。(A) 實驗設計:讓 Hfr 的染色體將 lacZ⁺(z⁺) 和 lacI⁺
(i⁺) 帶入 F⁻接受者的菌體中,接受者本身的染色體攜帶的是 lacZ⁻
(z⁻) 和 lacI⁻(i⁻)。這樣的部份雙倍體會不會製造 β-半乳糖苷酶?
(B) 實驗結果:接合發生不久,β-半乳糖苷酶就開始出現,但是大
約兩小時後就停止。如果在兩小時的時候加入誘導物 IPTG,β-半
乳糖苷酶就繼續產生。

雙倍體」階段提供巴迪等人一個機會,觀察 lacI⁻ 的功能角色,也就
是說當 lacI⁺ 和 lacI⁻ 同時存在細胞中的時候,會發生什麼事。

　　PaJaMo 實驗的設計是這樣子的 (圖 9-4):Hfr 染色體攜帶野生
型的 lacZ⁺ 和 lacI⁺,F⁻染色體攜帶 lacZ⁻ 和 lacI⁻ 兩個突變。lac 基
因座在接合後 17 分鐘左右進入 F⁻。巴迪等人要問的就是,這個時候
β-半乳糖苷酶會不會出現?

　　F⁻ 本來就是 lacZ⁻,所以不論有沒有誘導物,都不會製造 β-半
乳糖苷酶。Hfr 是 lacZ⁺,但是它也是 lacI⁺,所以沒有誘導者存在
的話也不會製造 β-半乳糖苷酶。當 Hfr 的 lacZ⁺ 進入 F⁻之後,就
提供後者製造 β-半乳糖苷酶的能力,但是它同時面對 Hfr 片段帶進
來的 lacI⁺ 以及 F⁻染色體上的 lacI⁻,前者要抑制它,後者讓它不受
抑制。到底哪一個贏?

根據莫納德的「內在誘導物」模型，lacI⁻會贏，因為它會製造內在誘導物，讓 β-半乳糖苷酶開始產生。結果他們看見接合進行不久，β-半乳糖苷酶雖然開始出現，但是過了兩小時後就停止了。如果他們在兩小時的時候，加入誘導物 IPTG，β-半乳糖苷酶就會持續生產。這些結果推翻了「內在誘導物」的模型，因為如果 lacI⁻會製造「內在誘導物」的話，β-半乳糖苷酶就應該一直製造，不需要 IPTG 的誘導。

這個結果顯示 lacI⁺是顯性的，它會抑制 β-半乳糖苷酶的製造。巴迪等人認為 lacI⁺會產生一種抑制 lac 基因座表現的物質，而 lacI⁻突變失去製造這個抑制物的能力。當 lacZ⁺和 lacI⁺進入 F⁻的時候，細胞中沒有抑制物，而進來的 lacI⁺還來不及製造抑制物，所以 β-半乳糖苷酶就開始產生，要過了大約兩小時，lacI⁺製造了足夠的抑制物，才阻止了 β-半乳糖苷酶的製造。

lacI 製造的抑制物質，巴迪等人就稱它為「抑制物」（repressor），lacI 就叫做「抑制物基因」。

智慧的交集

根據這些結論，他們開始建構一個「乳糖操縱組」（lac operon）的模型。乳糖操縱組含有兩種基因，「結構基因」和「調節基因」。結構基因是 lacZ、lacY 和 lacA，它們編碼具特定生理功能的蛋白質；調節基因只有一個，lacI，它產生抑制物來調控結構基因的表現。抑制物如何同時調控三個結構基因呢？他們提出結構基因旁邊有一個「操作子」（operator）序列，是抑制物辨認和附著的地方。當抑制物附著到操作子上頭，三個結構基因一起受到抑制。誘導物的角色是和抑制物結合，使後者失去抑制能力。受質是誘導物，類似受質的化合物（例如 IPTG）只要能夠附著抑制物，阻止它和操作子結合，也可以是誘導物。

根據這個模型，操作子應該也會產生突變，使抑制物無法附著，

A

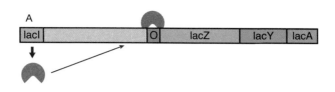

B

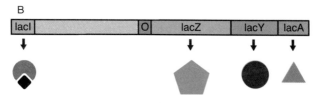

圖 9-5 乳糖操縱組模型。（A）lacI 產生一種抑制物（灰色缺口派），
抑制物附著到操作子（O）上，抑制右側三個乳糖代謝基
因的表現。（B）誘導物（黑色菱形）的出現會附著抑制物，
使抑制物無法附著到操作子上，三個代謝乳糖的基因就
得以表現。

使得結構基因不受抑制物控制；也就是說 β-半乳糖苷酶會不停地產
生，即使誘導物不存在。賈可布開始尋找這樣的突變株，亦即沒有
誘導物的存在下仍然不停製造 β-半乳糖苷酶的突變株。他成功找到
了，而且定出這個操作子突變的位置，就在 lacZ 旁邊（圖 9-5B）。

　於是乳糖操縱組的模型更完備。它的基本假設都經得起日後的考
驗。之後一些細節需要調整，例如他們原來提出抑制物是 RNA 分子，
這個錯誤兩、三年後就被實驗證實錯誤。抑制物是蛋白質，是 lacI
基因編碼的蛋白質。這個蛋白質對誘導物有專一的親和力，被附著後
就失去附著操作子的能力。

　整個乳糖操縱組系統漸漸被研究得非常透澈，成為其他細菌基因
調控的經典模型。後來遺傳工程技術開始普遍，科學家尋找一個能夠
調控轉殖基因的工具，乳糖操縱組自然就變成最好的選擇。

　在巴斯德，賈可布與莫納德的無間合作是一段傳奇。他們 1949

年相遇之後，就一直密切合作，兩人特別喜歡一起午餐討論。賈可布比較擅長遺傳實驗，莫納德做生化實驗比較好；賈可布比較直覺，莫納德比較邏輯。莫納德喜歡在實驗前就先嚴謹地思索可能的結果，以及這些結果可能代表的意義，就好像一位優秀的邏輯家和棋手；賈可布則是位非常傑出的實驗家。莫納德會說：「如果你對的話，結果就會這樣子，那可以測試。」賈可布會很快找到實驗方法。

這樣長達七年的強烈智慧交集，讓他們共同發表了 22 篇論文。1965 年，他們和勞夫一同獲得諾貝爾獎。

溶解的誘導

正當賈可布和莫納德努力研究乳糖操作組的時候，隔壁實驗室的渥曼和勞夫也忙著研究「潛溶」現象。前面（第 4 章）提過，渥曼雙親和他都研究一種細菌的「潛溶」現象。潛溶是「溫和型」的噬菌體造成的。溫和型的噬菌體進入細菌之後，不一定會殺死細菌，有時候它會進入潛伏期，安靜地留在細菌中。這樣子和宿主和平共處的噬菌體，稱為「原噬菌體」。

原噬菌體留在宿主細胞中，一直到特殊的情況（例如細菌死亡），它才大量複製，打破細菌細胞而釋出（稱為「溶解作用」，lysis）。所以，培養潛溶細菌的培養液中偶爾會出現一些死細胞所釋出的噬菌體。美國的科學家很少人研究「潛溶」，他們大都研究「猛爆型」的噬菌體。T1~T7 都是猛爆型的，這些噬菌體不會走潛溶的途徑。

勞夫選擇一種叫做「巨大芽孢桿菌」的細菌做潛溶的研究，因為它體積很大（是最大的細菌之一），在顯微鏡下很容易觀察。勞夫把單一的細菌養在水滴中，用顯微鏡觀察。他說：「我決定研究單一的細菌。這個決定的理由很簡單。我不喜歡算術，我沒有天份，而且我要盡可能避開公式、統計分析、還有微積分。」

勞夫不厭其煩地嘗試各種東西來誘導溶解作用，都沒成功。一直到 1959 年，他看到隔壁賈可布在用紫外線誘發大腸桿菌突變，就拿

紫外線來嘗試，結果就成功了。紫外線誘導的效果和再現性都很好，可以讓幾乎所有細菌都發生溶解作用。這現象表示潛溶是整個細菌族群的特性，不是發生在單一細菌的偶發事件。他把這個結果告訴戴爾布魯克，戴爾布魯克馬上成功重複這實驗，這時候才相信潛溶現象。

賴德堡本來也不相信潛溶現象。但是 1950 年，他太太伊絲特意外發現他們用的 K12 竟然也是潛溶性的，會在培養過程中釋放出一種噬菌體。她稱這噬菌體為「λ」，帶有 λ 潛伏的 K12 就稱為 K12 λ。前述班瑟研究 T4 噬菌體 rII 突變的時候，就用這株大腸桿菌做宿主之一。

潛溶就這樣漸漸被大家接受。但是這到底是怎麼回事？潛溶細菌裡的噬菌體到底在哪裡？它到底處於什麼狀態？為什麼有時候又會造成宿主細胞的溶解作用而跑出來？

答案竟然就來自隔壁渥曼的實驗室。賈可布和渥曼在進行「交配打斷」的實驗（見第 4 章），他們用的 Hfr 菌株碰巧是 K12 λ，帶有 λ「原噬菌體」。除了觀察到 Hfr 染色體上的基因依序進入 F⁻菌株之外，他們也觀察到 λ 進入 F⁻細胞後就發生溶解作用，導致細胞死亡以及噬菌體的釋出。他們發現 λ 的 DNA 顯然是嵌入大腸桿菌的染色體某個特定的地方，和 Hfr 片段上面的基因一樣，遵循一定的時間和順序進入 F⁻菌株。它一進入新的宿主，就啟動溶解作用，殺死宿主，除非 F⁻菌株已經有潛伏的 λ「原噬菌體」。

為什麼 λ 在潛溶的宿主中不會發作，進入新的宿主才發作呢？這不是有點像 PaJaMo 實驗的情境嗎？PaJaMo 實驗中，lacZ 進入新的細胞中後馬上製造酶，要過一段時間才被 lacI 生產的抑制物所抑制。是否潛伏的 λ「原噬菌體」也有抑制物在抑制它，不進行溶解作用？當它進入新的細胞的時候，新細胞沒有抑制物可以抑制它，就造成溶解作用？

賈可布和渥曼接下來幾年的研究，發現這個想法是對的。λ 的「潛溶」機制竟然和賈可布與莫納德的「乳糖操縱組」機制一樣，都

是由一個抑制物操控。λ 的抑制物是 λ 自己的基因製造的，當 λ 潛伏在 K12λ 中，染色體會嵌入宿主的染色體中（形成原噬菌體），它製造的抑制物會附著在 λ 染色體特定的操作子上，抑制 λ 的基因表現，維持潛溶狀態。當 Hfr 染色體把 λ 原噬菌體送入 F⁻菌株中，後者沒有抑制物，原噬菌體就活躍起來，開始進行溶解作用。

就這樣，1953 年渥曼從美國帶回來 HfrH 菌株（還有果汁機），幾年內就在巴斯德立下三筆大功。第一、大腸桿菌的交配打斷實驗釐清染色體傳遞的模式，並且建立染色體的遺傳地圖（見第 4 章）。第二、幫助賈可布和莫納德建立乳糖操縱組的調控模型。第三、後者更進一步延伸到勞夫的潛溶噬菌體現象。三項研究交集在一起，真是大快人心。

第 10 章
糖水與指甲

1949~1976

如果你太草率，你就得不到可重現的結果，那你也就無法下任何結論；但是如果你正好有一點馬虎，那麼當你看見奇怪的事情的時候，你會說：「哦，老天，我做了什麼事？這次我有什麼做得不一樣嗎？」如果你真的無意中只改變了一項參數，你就會追究出緣故……我稱它為「有限度的馬虎原則」。

——戴爾布魯克

DNA 可以被修復

雙螺旋的出現代表分子生物學的分水嶺。在後雙螺旋時代，基因研究進入具體的物理世界。基因訊息的儲藏以及基因複製的機制都有分子的理論基礎，雖然還不完備，也還沒有釐清，但是沒有一個地方出現明顯的弔詭。

薛丁格在《生命是什麼？》中提出的主要疑問，是單分子的基因（亦即 DNA）為什麼那麼穩定。針對這個疑問，雙螺旋模型並沒有提供明顯的答案或線索。唯一能夠想像的是 A-T 與 G-C 的配對或許可以提供一種協助修復的機制，意思是說如果有一股 DNA 的 A 掉落了，需要重新添加一個新的 A 上去，對面的 T 就提供模板，補上正確的核苷酸（A）。這樣的修補機制存在嗎？

輻射線照射的生物效應，在 1920 和 1930 年代漸漸被發現。1926年繆勒發現 X 射線可以造成果蠅的死亡和突變（見第 2 章）。兩年後艾騰伯（Edgar Altenburg）也發現紫外線有同樣的效果。細胞有能力修復這些輻射造成的傷害，還要等二十多年才被發現。

1949 年，冷泉港實驗室主任德默萊茲（Milislav Demerec）的博士後研究員克爾納（Albert Kelner）無意中在鏈黴菌（一種土壤細菌）中發現一種修復紫外線傷害的機制。克爾納在實驗室用紫外線照射鏈黴菌，製造突變。他發現紫外線的殺菌力實驗波動很大，不知道為什麼。最後他發現是日光燈的關係。被日光燈照射過的鏈黴菌存活的數目比沒被照射過的鏈黴菌高出很多。原來是可見光的照射幫助鏈黴菌修復紫外線的傷害。這個現象被稱為「光再活化」（photoreactivation）。克爾納後來繼續發現大腸桿菌，還有一些黴菌，也有光再活化現象。

光再活化現象令人迷惑。再活化的機制是出於可見光本身的作用嗎？或者是細胞中某個酶在可見光的刺激下作用？根據後者的假設，1958 年魯柏特在大腸桿菌中發現這樣的酶。他利用嗜血桿菌的轉形系統（見第 5 章）做測試。他將紫外線照過的嗜血桿菌 DNA，放入大腸桿菌的萃取液中，再用藍光照射，結果 DNA 的轉形效率大幅提

高。沒有照射藍光的沒有效果，顯然大腸桿菌萃取液中有一個可以進行光再活化的酶。

魯柏特繼續研究這個酶的特性，發現它是一個很奇妙的酶。它會修復紫外線在 DNA 造成的一種叫做嘧啶二聚體（pyrimidine dimer）的產物。嘧啶二聚體是 DNA 同一股上下兩個嘧啶（兩個 T、兩個 C 或者一個 T 和一個 C）以共價鍵連接起來的聚合物。它會阻礙 DNA 的複製，還會造成突變。魯柏特發現的酶會辨識嘧啶二聚體，附著在上面，在藍光的照射下，將兩個嘧啶分開，恢復原狀。這個酶本來取名為「光再活化酶」（photoreactivation enzyme），現在改稱「光裂合酶」（photolyase）。

魯柏特的研究首次顯示 DNA 修復機制的存在，開啟了 DNA 修復的生化研究。在他之後，其他不依賴可見光的修復機制也陸續在很多生物中發現。1970 年代魯柏特在德州大學達拉斯分校的土耳其學生桑卡（Aziz Sancar）分離出這個酶以及編碼它的基因。

桑卡畢業後，在耶魯大學又研究後來發現的另一種 DNA 修復機制「核苷酸切除修復」。催化修復反應的這個酶會在受傷的鹼基的兩側各切一刀，將十幾個核苷酸（包括受傷的）移除之後，再用 DNA 複製酶（見下文）將空缺補起來。桑卡找到編碼這個酶的三個基因。

桑卡的實驗室也繼續光裂合酶的研究。通常蛋白質不會吸收藍光，所以他們推論光裂合酶應該有一個會吸收藍光的輔因子（cofactor）的參與。光裂合酶在細胞中的數量很少，只有十幾個。所以他們就分離出光裂合酶的基因，大量生產光裂合酶。結果他們在純化的酶中發現兩個輔因子：葉酸（folic acid）和還原型黃素腺嘌呤二核苷酸（$FADH^-$）。他們發現是前者吸收藍光，再將能量傳遞給 $FADH^-$ 進行嘧啶二聚體的切割。這是很奇特的化學反應。葉酸擔任的角色相當於太陽能板，吸收太陽能，再將能量遞給催化機器工作。

光裂合酶還有一個奇怪的特性，就是會被咖啡因所抑制。在培養基中加入咖啡因，大腸桿菌的光再活化就會被抑制。當初我和桑卡在

德州大學的時候，傍晚常常一群師生在陽光下打排球，就有人戲言說：「我們打球前是否不應該喝咖啡。」日後才知道人類沒有光裂合酶，喝不喝咖啡不會影響 DNA 的修復。

2015 年，桑卡和同樣研究 DNA 修復酶的瑞典的林達爾（Tomas Lindahl）和美國的莫卓祺（Paul Modrich）一起獲得諾貝爾化學獎。

解決薛丁格的弔詭

DNA 的修復機制有很多種，幾乎所有的生物都有，甚至有些噬菌體的「染色體」也攜帶修復酶的基因。DNA 在細胞自然發生的突變，或者外在因素（包括輻射線或致變化合物）誘導的突變，都有很多不同的修復機制排隊等著修復它們。這就是為什麼基因雖然只是單分子，還是「顯得」很穩定。它其實不是很穩定，只是它的不穩定被修復機制遮蓋住。

DNA 修復的正確性很重要，如果不正確的話，就會產生突變。DNA 修復的正確性很多都是依賴雙螺旋的結構。DNA 的傷害大部份都只發生在一股。當這股的鹼基或核苷酸壞了，必須置換，另一股的鹼基就可以提供模板，讓正確的鹼基或核苷酸得以放進去。我們可以說 DNA 雙股的鹼基序列是彼此的備份，讓對方受損或喪失的資訊能夠正確地恢復。

此外，雙倍體的真核細胞中，每一個染色體都有兩套同源染色體，更添加了一層保護。如果染色體的兩股序列同時喪失，另一條同源染色體也可以提供模板，讓失去的序列得以回復。

這些都是生物在漫長演化中獲取並留下的基因維護系統，是薛丁格沒有預料到的秘密。

前所未見的化學反應

同一個時期，雙螺旋模型的另一個啟示帶動 DNA 複製的研究。這個課題是當時科學家非常關注的課題，一來因為它的生物學重要

性，二來因為它代表一種奇特的新型化學反應。

這個課題為什麼奇特呢？因為「複製」是科學家從未研究過的化學機制。化學家接觸到的反應通常都是一種反應物變成另一種產物，沒有看過反應物會複製，由一個變成兩個。面對這新款的化學反應，化學家沒有前例可援引，必須從基本的機制做思考。華生和克里克提出互補的複製機制是對的嗎？如果是對的，如何進行？細胞用什麼酶催化 DNA 的複製呢？

這個問題吸引了鮑林的最後一個研究生梅塞爾森（Matthew Meselson）。DNA 雙螺旋問世那年（1953），梅塞爾森剛進入加州理工學院鮑林的實驗室，他的研究題目是一個含有肽鍵的化合物的晶體結構。肽鍵是蛋白質中胺基酸之間的鍵結，鮑林要他研究這分子中肽鍵的結構。

隔年 3 月，法國巴斯德研究所的莫納德到加州理工學院給了一場演講，提出一個有趣的問題：當乳糖出現的時候，細菌細胞中會出現分解乳糖的酶活性。這個活性是來自細胞新合成的酶，或者是由本來在分解別的糖的酶改變而來？換句話說，新的活性是來自新的酶或舊的酶？（見第 9 章）

梅塞爾森聽了演講後，心想：這問題說不定可以用同位素做實驗回答，亦即用不同的同位素標記舊的（乳糖出現前）和新的（乳糖出現後）蛋白質，這樣就可以追蹤，看新的活性是來自舊的或新的蛋白質。至於有什麼同位素可以用呢？那個時代，最普遍的同位素是重水，重水含氫的同位素「氘」（重量是氫的兩倍），是當時原子能工程很重要的材料。梅塞爾森發現真的有人用重水培養細菌和海藻，重水中的氘會出現在細胞的有機化合物中，這些化合物就比平常的化合物重。鮑林認為他的想法很好，但是告訴梅塞爾森說：「你應該先做你的論文研究。」

之後有一天，梅塞爾森去找戴爾布魯克，後者問他對華生和克里克的兩篇雙螺旋論文看法如何。梅塞爾森說他沒看過，戴爾布魯克就

把他趕出辦公室，叫他念完論文再來跟他談。等梅塞爾看完論文，也懂了一些 X 射線繞射晶體圖學後，就回去見戴爾布魯克，戴爾布魯克才和他討論 DNA 的複製問題。梅塞爾森發現用重水標示蛋白質的想法，應該可以用來研究 DNA 的複製，便決心進行這項研究。

華生此時也在加州理工學院，常常和梅塞爾森見面，華生很看好他。1954 年，華生應邀到伍茲赫爾海洋研究所參加「普通生理學」暑期課程的教學，他邀請梅塞爾森幫忙。在那裡，梅塞爾森遇見未來的研究夥伴史塔爾（Frank Stahl）。史塔爾正在紐約羅徹斯特大學多爾曼（August Doermann）的實驗室進行有關噬菌體的博士論文。他在

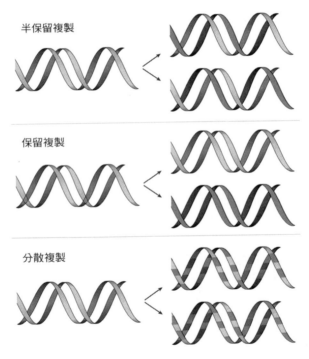

半保留複製

保留複製

分散複製

圖 10-1 1950 年代關於 DNA 複製方式的三個模型。

1953 年就聽過華生演講 DNA 雙螺旋結構。他與梅塞爾森相見，兩人惺惺相惜。剛好史塔爾已經安排畢業後要到加州理工學院加入戴爾布魯克的團隊，成為貝爾塔尼（Giuseppe Bertani）的博士後研究員。梅塞爾森就向他提議，將來一起合作研究 DNA 的複製。

隔年，史塔爾完成博士論文，來到加州理工學院。兩人一起租屋同住，時常一起討論科學。

三個模型

那時候，梅塞爾森和史塔爾面對的是三個不同的 DNA 複製模型（圖 10-1），他們的目標是釐清哪一個才是正確的。

第一個模型是華生和克里克所提出的「半保留複製」。在這個模型中，複製的時候兩股分離，各自當做模板來合成新的一股。如此就得到兩個新的雙螺旋，各帶一股舊的 DNA 和一股新合成的 DNA。第二個模型是「保留複製」（conservative replication）。在這個模型中，親代的 DNA 兩股沒有分開。複製後也維持如此，新合成的 DNA 兩股都是新的。

第三個模型「分散複製」（dispersive replication）是戴爾布魯克提出的。在這個模型裡裡，複製後的 DNA 舊成份和新成份摻雜在一起，同一股有新的部份也有舊的部份。這個奇怪的模型，是為了解決兩股互相纏繞所引起的問題。

華生和克里克在他們第二篇雙螺旋論文中，就提出纏繞的問題。親代的 DNA 兩股互相纏繞著，如果沒有其他變化，複製後的新 DNA 仍然互相纏繞在一起。如果複製中的 DNA 兩股帶著已經複製好的子代雙股 DNA 朝反方向繞，來解開纏繞，它面臨的是一項不可能的任務。即使簡單的細菌染色體，都大約有 100 萬個核苷酸對，複製時需要解開 10 萬圈的纏繞。細菌染色體複製速度大約每秒鐘 1000 個鹼基對，也就是每秒鐘要繞 100 次。在黏稠的細胞質中拖曳著長度達數十萬核苷酸對的 DNA 進行如此超高速旋轉，所需的能量是天文數字。

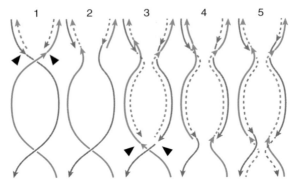

圖 10-2 戴爾布魯克的分散複製模型。實線代表親代的 DNA，虛線代表新合成的 DNA，箭頭標示 5' 至 3' 的方向。(1) 複製從上往下進行，為了解開纏繞，親代 DNA 在箭頭處發生斷裂。(2) 斷裂的親代兩股分別接上新合成的兩股。(3) 接下來新合成的DNA 接在親代的兩股，之後發生再次斷裂。(4) 親代兩股與新合成的兩股再次連結。(5) 如此循環繼續進行。（重繪自戴爾布魯克 1954 年發表於《美國國家科學院學報》的論文）

　　針對這個問題，戴爾布魯克提出上述「分散複製」模型（圖 10-2）。根據這個模型，複製過程中每隔一段長度，DNA 兩股就會發生斷裂與重組，親代 DNA 和新合成的 DNA 之間發生交換，解決纏繞的問題。在這個模型中，複製之後的子代 DNA，兩股都有新的也有舊的 DNA。

　　梅塞爾森的構想是用不同的同位素來標記舊的和新的 DNA。如果 DNA 的複製是「半保留」的話，複製後每個子代 DNA 會帶一半的舊同位素和一半的新同位素。如果複製是「保留」的，複製之後，親代分子還是不變，帶著舊的同位素，另一個分子則帶新的同位素。如果 DNA 的複製是分散式的話，複製後每個子代 DNA 都是一半舊同位素和一半新同位素。「分散」和「半保留」一樣，子代 DNA 都是半舊半新。不過前者是兩股都半舊半新，後者是一股舊一股新。

　　梅塞爾森計畫要用沒有放射性的穩定同位素來標記 DNA，依賴

同位素的質量差異來區分。譬如舊的分子用輕的同位素標記，新的用重的同位素標記，那麼舊分子會比較輕（密度比較低），新的分子比較重（密度比較高）。半舊半新的分子的重量（密度）會在二者之間，半輕半重。

這個策略的關鍵，在於如何用重量或密度的差異來分辨或分離這些不同類的分子。這樣的技術不存在，也沒有人嘗試過。要怎麼進行呢？

實驗從餐桌開始

用重量來區分 DNA 分子的條件是 DNA 分子必須一樣長才可以；用密度來區分則不受限於同樣長度的 DNA，實驗過程中 DNA 斷裂成不同長度也沒關係。但是分子的密度如何測量呢？分子不像巨觀世界的物體，可以先測量體積和重量，然後算出密度。測量分子密度的一個方法就是把它放在不同密度的溶液中，如果它的密度高於溶液的密度，就會受重力拉引而下沉；如果密度低於溶液的密度，會因為浮力而上升；如果二者的密度相等，它就不動。

可是 DNA 的密度是多少呢？要用什麼密度的溶液來測試呢？

他們一開始在家裡嘗試。梅塞爾森回憶說：「第一個實驗，我們在餐桌上做……我放很多糖到玻璃杯中，加滿水，然後剪下一片指甲丟進去，只是要看它會不會浮……我們不知道 DNA 真正的密度是多少……指甲還算類似吧。我沒記錯的話，在最濃的糖水中，指甲也沉了。我們需要密度更高的東西……我們走到客房掛的週期表前……從鈉往下一直唸到銣、然後銫，這是這類自然元素最後一個。」

DNA 的密度沒有人知道，但是噬菌體（史塔爾的專長）的密度是 1.51。於是他們查《化學與物理學手冊》，尋找密度接近 1.51 的溶液或溶劑。他們找到 10 種鹽溶液、糖溶液和甘油，就拿這些溶液做離心實驗。

為什麼要用離心機？因為分子在溶液中除了重力拉引造成的沉浮

之外，分子還會往四面八方擴散。擴散的速度如果超越重力或浮力的拉引，這個分子就不會下沉，也不會浮起。一般溶於水中的糖、鹽、咖啡、奶粉（包括裡面的蛋白質）、甚至病毒（包括裡面的 DNA）都如此。它們雖然密度都比水高，但在一般重力（1G）下也不會在水中沉澱，就是因為擴散在作祟的緣故。

離心機的用處就是提供幾萬甚至幾十萬個 G 的重力場來拉曳這些分子，讓它們下沉或上浮的速度顯著大於擴散的速度，這些分子才會下沉或上浮。如此科學家才能從這些分子的流體動力學，研究它們的大小、形狀、密度等性質。

離心沉浮

當時加州理工學院有一位離心方面的專家維諾格拉德（Jerome Vinograd），梅塞爾森求助於他。維諾格拉德熱心傾囊相授，教他使用當時最夯的 Spinco Model E 機型。

Model E 是屬於「分析式超高速離心機」（圖 10-3A），非常龐大，長寬都超過一般人的身高。離心速度可以高達每分鐘六萬轉，相當於 289000 G 的離心力。它備有即時照相系統，可以在離心進行中用光學系統拍攝離心管中分子的位置。

他們起初用幾種溶液離心測試 T4 噬菌體，結果 T4 都沉下去。他們就再找密度更高的溶液，發現氯化銫（CsCl）飽和溶液的密度是 1.91，就拿來做離心實驗，沒想到 T4 浮起來了。這就有希望了。

梅塞爾森他們還發現在 Model E 超強的離心力場下，竟然連氯化銫都下沉，不過氯化銫下沉的力量仍然無法完全克服擴散，因此不會完全沉到底部，只會造成一個「梯度」，也就是越靠底部的氯化銫密度越高，越靠上方的氯化銫密度越低。底部和頂部的密度差異，可以達到大約 0.2。

這樣的梯度不就可以用來分離不同密度的 DNA 嗎？讓 DNA 在這樣的氯化銫梯度中離心，不同密度的 DNA 不就會停留在與它們密

度相同的位置嗎？

　　首先他們測試單一的 DNA 樣本在一個適當密度（1.7）的氯化銫
溶液離心。從拍攝的照片看起來，DNA 真的慢慢往中間移動，最後
形成一條「帶子」（圖 10-3B）。顯然當氯化銫溶液形成密度梯度的時
候，DNA 也往與它同等密度的位置移動，最後聚集在相等密度的區

A

B

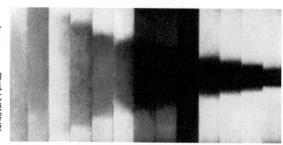

含DNA的氯化銫溶液

0　2.1　4.3　6.4　8.5　10.7　12.8　14.9　17.1　19.2　21.3　23.5　36.5　小時

圖 10-3　超高速離心機的應用。（A）維諾格拉德（左）、梅塞爾森（右）分別於
　　　　　1955、1958 年和巨大的 Model E 離心機合照。（B）DNA 本來均勻溶
　　　　　解在氯化銫溶液中（0 小時），在 Model E 中以每分鐘 31410 轉離心，
　　　　　經過三十多小時後（圖下數字），氯化銫形成密度梯度，DNA 也在相
　　　　　當於自己密度的地方形成一個「帶」。

域。成功了！這 DNA 在氯化銫溶液中的密度顯然是 1.7。

下一個目標就是嘗試用氯化銫梯度離心技術，分離出不同密度的 DNA 分子。照道理，密度較高的 DNA 會聚集到氯化銫密度較高的位置；密度較低的 DNA 會聚集到密度較低的位置。

要測試這個構想，先要取得不同密度的 DNA。1957 年 5 月，梅塞爾森看到有一家公司在賣氮（N）的同位素 15N。15N 沒有放射性，只是重量高於一般的氮元素 14N。DNA 的鹼基中含氮，所以 15N 可以用來標記 DNA，得到密度較高的 DNA。但是梅塞爾森怕這樣的密度差異太小，無法在離心梯度中分開。所以他決定先試用胸腺嘧啶（T）的類似物 5- 溴尿嘧啶（5-bromouracil, 5-BU），它重量比 T 大很多，結果 5-BU 標示的和 T 標示的 DNA 在氯化銫梯度中分開太遠。另外，5-BU 容易造成突變，於是他們改用 15N 取代 5-BU，發現 15N 和 14N 的 DNA 可以分開得很好，就決定使用 15N 做真的實驗。

複雜的比較簡單

接下來的問題是，要拿什麼生物做複製實驗呢？他們首先嘗試噬菌體 T4，因為噬菌體容易大量培養，DNA 也很容易純化。可是，沒想到他們所得到的結果很亂，不同密度的 DNA 沒有明確的分佈，無法得到什麼結論。其中一個因素應該是噬菌體在感染的細胞中複製不只一次，實驗收集到的子代 DNA 也不知道是第幾代的後代。另外他們當時並不知道的是，T4 的 DNA 在複製過程中會進行大規模的交換，所以他們觀察的子代不但已經複製多次，還發生過重組，怪不得產生雜亂的結果。9 月，他們改用大腸桿菌做實驗，乍看之下系統變得更複雜，其實結果剛好相反。他們成功了。

10 月中，史塔爾要到密蘇里州應徵新工作，梅塞爾森不想等待，決定單獨進行實驗。史塔爾建議他要分兩次做，第一次先在 14N 培養細菌（合成舊的 DNA），再換到 15N 培養（合成新的 DNA）；第二次反過來做，先在 15N 培養，再換到 14N 培養。不要兩個實驗一起做，

因為單獨一個人同時做兩個實驗會手忙腳亂，會搞亂掉。梅塞爾森沒聽他的建議，兩個實驗一起做，結果真的搞混了。不過，他說：「我洗出照片，看到三條明顯的帶。我知道那應該只有兩個帶才對。我把樣本搞混了。但是看到三個清晰的帶，特別是中間的那一條，我就知道答案了。」

第二天，他再做一次，這次學乖了，只做一個，從 ^{14}N 換到 ^{15}N。11 月，史塔爾回來了，他們兩人再做另一個，從 ^{15}N 換到 ^{14}N。這兩次都成功了。

生物學最美麗的實驗

他們的結果很清楚地顯示，在 ^{15}N 培養出來的細菌抽出來的 DNA，在離心機中形成一個「帶」（圖 10-4，0 代）。換到 ^{14}N 培養液中生長，過了一代之後，萃取出來的 DNA 在離心機中形成一個密度較輕的「帶」（1.0 代）。這個結果排除了「保留複製」，因為如果 DNA 複製方式是保留式的話，他們應該看到一個 ^{15}N 的「帶」和一個 ^{14}N 的「帶」，不會只有一個帶。

現在離心機中只出現一種 DNA，密度比 ^{15}N 輕，符合「半保留複製」所預期的一半 ^{15}N、一半 ^{14}N 的子代，不過這個結果並沒有排除「分散複製」，因為後者產生的子代 DNA 密度也是 ^{15}N 和 ^{14}N 各半。這個癥結就有賴下面的結果解開。

當細菌繼續在 ^{14}N 生長，大約兩代後，抽取出來的 DNA 在離心機中形成兩個「帶」，其中一個「帶」的密度和第一子代 DNA 的密度相同，另一個「帶」的密度則更輕。這個結果是「半保留複製」所預期的，亦即當第一子代 DNA 複製的時候，兩股分開，一股帶 ^{15}N，一股帶 ^{14}N。在 ^{14}N 培養下，前者會複製成 ^{15}N-^{14}N（中間密度）的 DNA，後者則複製成 ^{14}N-^{14}N（較低密度）的 DNA。

這個結果排除了「分散複製」，因為如果複製是「分散」的，得到的 DNA 應該都還是 ^{15}N 和 ^{14}N 混在一起的分子，不會出現兩個分開

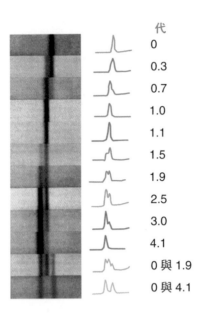

圖 10-4 梅塞爾森和史塔爾於 1958 年發表的氯化銫密度梯度實驗。大腸桿菌從 ^{15}N 培養基中轉移到 ^{14}N 培養基（0 代），經過不同時間後，抽取 DNA 置於氯化銫溶液中進行超高速離心。DNA 依據密度的不同，分別在不同溶液密度處形成帶狀分佈。經過一代後，DNA 移到密度較輕（靠左）的地方。過了兩代後，又多出一帶密度更輕的 DNA。

的帶。

　　總之，DNA的複製顯然符合「半保留」模型，正如華生和克里克所提出的。

　　得到這些令人興奮的結果，他們拿著照片到處去告訴別人、和他們討論，卻遲遲不發表。此時有一部新的 Model E 到達，梅塞爾森又開始新實驗，沒有要動筆把這些結果寫成論文的跡象。

　　戴爾布魯克終於忍不住，叫他們把筆記本、照片、草稿和打字機打包起來，開車送他們到科羅納德爾瑪爾（Corona del Mar）的海洋生

物學研究站，把他們關進一間房間，要他們留在那裡直到寫完論文為止。三天後，他們完稿了。史塔爾帶著全家到密蘇里就任新職，梅塞爾森則留在學院，在鮑林實驗室完成博士論文。

這篇 1958 年發表的經典論文，撰寫的風格非常特殊。梅塞爾森和史塔爾沒有先提出三個DNA複製模型，再根據它們設計實驗來測試，而是直接描述如何用他們發展的氯化銫梯度離心技術，來分離不同密度的DNA，然後搭配氮的同位素標籤，追蹤親代DNA在複製過程如何分配。他們從實驗的結果下的結論是：DNA 有兩個含氮的「次單位」（subunit）；經過複製之後，每個子代DNA分子會接受一個親代的含氮「次單位」。

注意，他們刻意不說兩「股」，只說「次單位」。這是很合理的，因為確實沒有任何實驗證據支持他們觀察的含氮「次單位」就代表DNA 的「股」，何況那時候 DNA 是否真的是雙螺旋結構都還不是定論。即使兩個含氮的「次單位」就是 DNA 的兩股，它們是否像雙螺旋那樣兩股互相配對在一起也不確定。實驗結果也不排除兩個次單位是頭尾銜接在一起，只知道它們是可以分開、獨立傳遞給子代的次單位。

所以，他們沒有宣稱這篇論文已經毫無疑問地證明了DNA「半保留複製」的模型。如果含氮的「次單位」就等於DNA的「股」的話，他們的結果才支持DNA「半保留複製」模型。這是他們堅守的客觀立場。對於這點，梅塞爾森這麼說：「忘掉所有的預設立場，只問數據告訴你什麼；除了數據之外，什麼都不聽信。」

此外，有心人或許會注意到，他們這篇論文沒有掛他們老闆（指導教授）的名字。事實上，華生與克里克的兩篇雙螺旋論文也沒有掛他們老闆的名字。原因是他們發表的研究都是他們自己構想，自己執行完成的，老闆可以說沒有什麼貢獻，所以不會掛名。這和後來的習慣很不一樣，現在的學術風氣是掛名氾濫，一般只要研究是在老闆的實驗室做、用到老闆實驗室的資源，通常都會掛上老闆的名字。

蠶豆實驗

梅塞爾森與史塔爾的論文發表於 1958 年。在前一年，哥倫比亞大學赫伯・泰勒（Herbert Taylor）的實驗室就已經發表了一篇同樣支持「半保留複製」的論文。他們觀察的對象是蠶豆的染色體，使用的技術是自動放射照相術（見第 4 章）。1950 年就有人用 ^{32}P（磷的放射性同位素）標定植物中的核酸，然後用自動放射照相術觀察。^{32}P 的放射性粒子能量大，感光效率高，不過它放射的途徑長，所以解析度低，無法清楚地分辨染色體。泰勒改用氚（^{3}H，氫的放射性同位素）做實驗，^{3}H 的放射性粒子能量低，路徑短，解析度夠高，可以用來觀察染色體。

泰勒的實驗設計和梅塞爾森與史塔爾的可以說如出一轍，都是用同位素區分親代和子代DNA。泰勒等人用放射性同位素，梅塞爾森與史塔爾用不具放射性的同位素。前者依賴放射性感光的底片影像鑑別，後者依賴密度梯度的離心分離。

泰勒把蠶豆的幼苗放在含有氚的胸腺嘧啶（簡稱 ^{3}H-T）培養基中培養幾小時，然後洗掉 ^{3}H-T，換到含沒有放射性的胸腺嘧啶（T）的培養基，加入秋水仙素來抑制細胞分裂，讓染色體濃縮起來，再用自動放射照相術處理，最後在顯微鏡下觀察結果。

他們的實驗結果和梅塞爾森與史塔爾的很像。^{3}H-T 標示的染色體在沒有放射性的培養基中複製一次後，兩套子代染色體都帶有等量的放射性，均勻地分佈在染色體上。這符合子代的染色體有兩個次單位，複製後子代的染色體都帶有一個舊的「次單位」（有放射性）和一個新的「次單位」（無放射性）。

在沒有放射性 T 的培養基再複製一次之後，就只有一套子代染色體有放射性，另一套沒有。這符合上一代有放射性和沒放射性的兩個次單位分開，各自複製（加一個新的單位）成完整的染色體。這個結果顯示這些次單位是貫穿整個染色體的完整結構，能夠在複製與細胞分裂過程中保持完整性。這些結果都支持 DNA 的「半保留複製」

模型，但是他們和梅塞爾森與史塔爾一樣，也沒有足夠充份的證據說那些「次單位」就代表 DNA 的一股。

梅塞爾森與史塔爾還在實驗室奮鬥時，泰勒等人的論文就發表了。梅塞爾森和史塔爾認為他們的實驗仍舊值得嘗試。在那個時候，雙螺旋還只是個模型，一個很棒、很美妙的模型，還沒有真正的證據支持細胞中的 DNA 就是這樣的結構。梅塞爾森－史塔爾及泰勒等的「半保留複製」的證據，讓雙螺旋模型更具體可信。

雙股的證據

梅塞爾森和史塔爾的 DNA 半保留複製研究，被他們來自英國的室友凱恩茲稱讚是「生物學最美麗的實驗」。

凱恩茲自己也在構想如何研究細菌染色體的結構和複製。他做了下面這個實驗，也幫助梅塞爾森和史塔爾支持半保留複製的模式。他用赫胥發明的方法，從 T2 噬菌體純化出完整的 DNA 分子，然後用自己專長的自動放射照相術，測量出 T2 的 DNA 長度是 52 微米（5.2×10^{-5} 公尺，圖 10-5）。

自動放射照相術的照片中，看不出來 DNA 有幾股。不過，已知

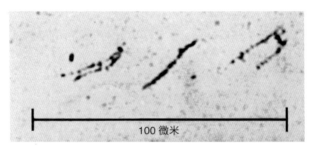

100 微米

圖 10-5 凱恩茲用自動放射照相術拍攝的 T2 DNA。曝光時間 63
天。橫線代表 100 微米。測量出的 T2 DNA 長度平均值
是 52 微米。凱恩茲的論文照片發表於 1961 年。

T2 DNA 的分子量是 1.1×10^8。假設 DNA 是雙股的話，以一對鹼基對的分子量大約是 680 計算，T2 的 DNA 應該有 1.6×10^5 個鹼基對。再用 DNA 的鹼基間距是 3.4 埃（3.4×10^{-10} 公尺）計算，T2 的 DNA 應該是 5.4×10^{-5} 公尺。這樣計算出來的長度符合照片中 DNA 的長度。凱恩茲的結果支持了 DNA 是雙股的。

尋找催化複製的酶

DNA 在細胞中複製一定要依賴特定的酶。細胞中的重要生化反應基本上都是需要酶的催化。酶提供專一性和效率。對 DNA 的複製而言，二者都極重要。DNA 的複製需要高度的精確度，同時需要高度的速度。細菌染色體動不動就是幾百萬核苷酸對那麼長，要在細胞週期的幾十分鐘內完成複製，可以想像複製要多麼快速。

尋找催化 DNA 複製的酶，就是一項很重要的課題。有個催化 DNA 合成的酶很快就出爐了，發現者是美國聖路易華盛頓大學的孔伯格（Arthur Kornberg）。

孔伯格自小就有遺傳性黃疸症。當他還在醫學院當學生的時候，就調查同學之間有相同症狀的情形，發表了第一篇論文。1953 年他開始在華盛頓大學任教，本來是研究 ATP 的合成，後來才轉向 DNA 合成的研究，並首先成功在試管中建立起體外 DNA 合成的系統。他在試管中放入 DNA 當模板，四種核苷酸（dATP、dTTP、dGTA、dCTP）當做合成 DNA 的前驅物，再加入大腸桿菌細胞的萃取物。後者基本上是把細胞打破之後，用離心除去細胞外殼後剩下的細胞質。它含有各種酶，包括催化 DNA 合成的酶。

孔伯格的這個體外系統可以讓前驅物合成 DNA。下一步就是設法用各種物理和化學方法，把催化 DNA 合成的酶純化出來。他在 1956 年成功了。他分離到一個 DNA 合成酶，將它命名為「DNA 聚合酶 I」（DNA polymerase I, Pol I）。

孔伯格開始用 Pol I 做 DNA 合成的研究。他發現 Pol I 催化

DNA 合成的時候，是以一股 DNA 當做模板，合成新的一股。這新股上的鹼基序列和模板股的鹼基序列是互補的。也就是說新股的 C 對應模板股的 G；新股的 A 對應模板股的 T 等。這結果支持雙螺旋模型的 G-C 與 A-T 的互補配對關係。此外，Pol I 合成新股的方向是從 5' 往 3'，和模板股的方向（從 3' 往 5'）相反，這也支持 DNA 雙股的「反平行」。華生與克里克的雙螺旋模型正確性更加堅定了。

三年後，孔伯格因為這項成就獲得諾貝爾獎。

Pol I，當科學家對它了解更多之後，就覺得它應該不是負責大腸桿菌染色體複製的酶，因為它催化合成的速度太慢了，每秒鐘才合成大約 20 個核苷酸。照這個速度，大腸桿菌的染色體要五天才能複製完畢。此外，它合成 DNA 的續航力也太差，合成一小段（大約 20~50 核苷酸）後就會掉下來，必須再重新附著上去才能繼續合成。

1969 年，迪路西亞（Paula De Lucia）與凱恩茲分離到一株 Pol I 的突變株，它失去 Pol I 的活性，雖然對紫外線比較敏感，但還是好好活著。這更支持 Pol I 不是複製染色體的酶。（現在我們知道 Pol I 有參與協助複製，但它的角色可以被取代。還有，它參與 DNA 的修復，所以沒有了它，細菌修復紫外線傷害的能力降低。）

1971 年，孔伯格的次子湯瑪斯（Thomas）與格夫特（Malcolm Gefter）從大腸桿菌分離到另一個 DNA 聚合酶 II（簡稱 Pol II），但是後來發現 Pol II 也不是染色體複製酶，因為失去了 Pol II 的突變株也可以存活。他們再接再厲，在隔年發現了 DNA 聚合酶 III（簡稱 Pol III）。這個酶在細胞中存在的數目很少，而且是由九個不同的次單位結合起來的，難怪很難分離到。

這個酶才是真正複製大腸桿菌染色體的酶。它合成 DNA 的速度很快，高達每秒鐘 1000 個核苷酸，而且續航力很強，一附著上 DNA 開始複製就不太會掉下來，因為它有一個結構次單位會勾住 DNA 滑動。有了 Pol III，生化學家才得以仔細研究 DNA 複雜的複製機制。

解決纏繞問題

　　DNA 合成和複製的機制慢慢被研究清楚了，但是複製的時候雙股纏繞的問題還沒有解決。這個問題的契機，出現在 1968 年的夏天。

　　這契機的發現者，是加州大學柏克萊分校來自台灣的王倬。王倬當時就是在研究 DNA 纏繞的問題。B 型 DNA 雙螺旋模型代表 DNA 處在位能最低（最「輕鬆」）的狀態，雙螺旋的兩股大約每 10 個核苷酸對互繞一次。以一條 1000 鹼基對的 DNA 而言，兩股要互繞大約 100 次最輕鬆。如果兩股只互繞 95 次，不足 5 次，它就處於不舒服的狀態。互繞不足的現象如果發生在一條線狀的 DNA 分子，它的兩端沒有束縛，所以可以自由旋轉，讓互繞次數補足。但是，如果互繞不足的是一條環狀的 DNA，兩股都是連續的分子，互繞的次數無法改變，於是互繞次數的欠缺所產生的張力，會使整個環狀 DNA 扭繞起來（圖 10-6）。這樣雙螺旋在立體空間產生的進一步螺旋纏繞，稱為「超螺旋」（superhelix），亦即（雙）螺旋再纏繞的螺旋。超螺旋如果是由於互繞次數不足所造成的，稱為「負超螺旋」；反之，互繞次數過多也會產生超螺旋，稱為「正超螺旋」。

　　負超螺旋 DNA 是前述加州理工學院的維諾格拉德最先發現的。他和梅塞爾森與史塔爾合作發展出氯化銫密度梯度超高速離心技術之後，繼續發展這方面的技術。他在離心多瘤病毒（polyoma virus）的環狀 DNA 時發現負超螺旋的現象。後來其他實驗室使用他的技術，也陸續發現更多的超螺旋 DNA。幾乎從任何細胞中萃取出來的環狀 DNA，都呈現「負超螺旋」。最常見的是細菌的質體，而且環狀的細菌染色體也都是處於「負超螺旋」狀態。至於什麼樣的機制會促使環狀 DNA 處於「負超螺旋」狀態，DNA 處於這樣的張力下有什麼生理學意義，那時候都沒有人知道。

　　王倬當時就是在使用維諾格拉德的技術分離超螺旋 DNA 時，得到一個意外的發現。王倬在自傳中如此回顧：「……發現純然是意外的。我在研究 DNA 的負超螺旋，有一個細胞樣本和其他的不吻合……

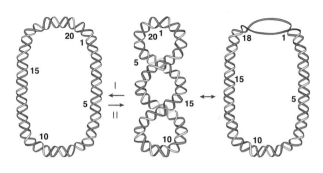

	無超螺旋	負超螺旋	無超螺旋
旋轉次數	20	20	18
超螺旋次數	0	-2	0

圖 10-6 環狀 DNA 的超螺旋。（左）沒有超螺旋的環狀 DNA，兩股互繞 20次，處於輕鬆的狀態。（中）同樣的環狀 DNA，經過第二型拓撲異構酶（II）作用減少兩次互繞（往右箭頭），產生兩個負超螺旋。兩個負超螺旋在空間的扭轉讓 DNA 增加兩圈的旋轉，維持每 10個核苷酸對旋轉一次。此拓撲異構物也可以透過第一型拓撲異構酶（I）恢復互繞 20 次（往左箭頭）。（右）如果阻止負超螺旋的發生，讓 DNA 平躺在平面，不足的兩個旋轉次數就很明顯。如果要讓 18 次的互繞次數滿足 180 個核苷酸對，讓它們維持每 10 個核苷酸旋轉一次，會使 20 個核苷酸對無法配對。

　　當我回到我的筆記本看看這個樣本有什麼不一樣，我發現我把細胞萃取液放在離心機中轉太久，比平常久很多，溫度也比較高。時間比較長是因為我突然必須帶我女兒到醫院，我把機器設在『保持』。溫度太高最可能是我設定錯誤了。」

　　那個「不吻合」的樣本中，環狀 DNA 失去了負超螺旋。負超螺旋不會沒事自己消失，王倬猜測這 DNA 負超螺旋的消失是一個酶的作用。這個酶應該是純化過程中殘留在樣本中的，也就是說大腸桿菌具有消除負超螺旋的酶。於是他開始嘗試從大腸桿菌純化這個酶，經過幾個月的實驗工作，終於把這個酶純化出來，證實它可以放鬆負超

螺旋。王倬把這個酶命名為「ω 蛋白」。

1970 年 7 月，王倬把論文稿投到《分子生物學期刊》，被擱置很久，顯然審查人很難相信這個前所未聞的神奇酶。一直到 1971 年 2 月，這篇論文才被刊登出來。

ω 蛋白的作用機制很神奇，是剪斷 DNA 的一股，讓另外一股穿過切口，增加一次右旋的纏繞，再把切口封起來，完全沒有痕跡（圖 10-7）。每一次反應，它會增加 DNA 兩股互繞一次。如果一條 1000 鹼基對的 DNA 環兩股只互繞 95 次，ω 蛋白會一次一次地增加互繞的次數，達到比較輕鬆的狀況。

1976 年，一種增加負超螺旋的酶在大腸桿菌中被發現，取名為「旋轉酶」（gyrase）。旋轉酶會使原來沒有超螺旋的 DNA 變成負超螺旋，也就是減少 DNA 雙股的互繞次數。它和 ω 蛋白一樣，也是用剪接的方式改變雙股互繞次數，但它每次都把兩股一起剪斷，讓兩股互相往左旋轉一次（減少互繞），再連接回去。大腸桿菌的染色體和

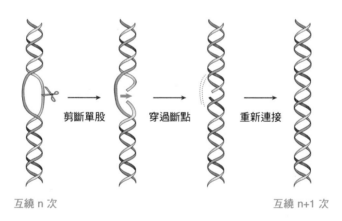

剪斷單股　　穿過斷點　　重新連接

互繞 n 次　　　　　　　　　　　　　　　　互繞 n+1 次

圖 10-7　第一型 DNA 拓撲異構酶的作用機制。它先剪斷 DNA 的一股，讓另外一股從這個斷點穿過，使得 DNA 互繞的次數增加一次（從 n 次增加到 n+1 次）。

質體的負超螺旋，原來就是這個酶造成的。

旋轉酶也比 ω 蛋白更神奇。它可以作用在兩個環狀 DNA 之間，把一個分子的兩股同時切斷，讓另一個分子的兩股穿過去，然後連接回來。這樣就把兩個原本獨立存在的環狀 DNA 互相套在一起了。

類似 ω 蛋白和旋轉酶的酶陸續從各種生物純化出來，所有的生物都可以找得到這些神奇的酶。這些酶作用在 DNA，並沒有改變 DNA 的化學結構；反應前和反應後的 DNA 化學結構完全沒變，唯一改變的是 DNA 分子在三維空間的關係，或者說 DNA 的拓撲學，譬如環狀 DNA 分子兩股互繞關係，或者說兩個環狀 DNA 分子互相圈套的關係。這些化學相同，但是拓撲學不同的 DNA 分子，被稱為「拓撲異構物」（topoisomer）。改變 DNA 的拓撲學性質，把它們從一種拓撲異構物改變為另一種拓撲異構物的酶，稱做「DNA 拓撲異構酶」。

ω 蛋白後來改稱為「拓撲異構酶 I」。此外，ω 蛋白這類剪接單股的拓撲異構酶被分類為「第一型 DNA 拓撲異構酶」，旋轉酶和其他剪接雙股的拓撲異構酶被分類為「第二型 DNA 拓撲異構酶」。我們現在發現，第一型或第二型的 DNA 拓撲異構酶都是所有生物不可或缺的酶。DNA 處於「負超螺旋」狀態是有生物意義的：「負超螺旋」（互繞不足）使得 DNA 雙股比較容易分開（圖 10-6 右），比較方便 DNA 當模板進行複製或合成 RNA。此外，細胞中 DNA 進行交換、分配、重組等活動的時候，也都需要不同的拓撲異構酶參與。我們可以想見，演化中當 DNA 挑起儲藏遺傳資訊的責任後不久，改變雙股纏繞方式的拓撲異構酶就出現了。

DNA 拓撲異構酶太神奇了。王倬自己如此說：「以酶而言，DNA 拓撲異構酶是魔術師中的魔術師；它們打開和關閉 DNA 的門，不留下一點痕跡。它們讓兩條單股或雙股 DNA 互相穿過，就好像空間排斥的物理定律不存在的樣子。」

生命的演化竟然出現這樣神奇的酶，真的沒有人可以預見。王倬

在自傳的開場引用了 1953 年戴爾布魯克寫給華生的一句話：「我願意賭你的〔雙螺旋〕結構裡鏈子的相纏螺旋大錯特錯。」戴爾布魯克無法想像生物會有如此精巧解開雙螺旋的酶，話說回來，又有誰能夠呢？

仍在等待弔詭

這個時候的戴爾布魯克已經與分子生物學的主流越走越遠。

他一直不放棄尋找弔詭以及新的物理定律的初衷。遺傳路線和生化路線都揭發很多嶄新的生物現象和原理，可是沒有人遇見什麼深奧的弔詭。這些成果基本上都是在細菌和噬菌體中做的。他想，弔詭或許要到更高等的生物中才找得到。

1953 年他成功做了鬚黴（*Phycomyces*，一種真菌）孢囊柄的趨光性實驗，於是決定離開噬菌體，改攻鬚黴的知覺傳導。數年之後，他仍然沒有看見弔詭的蹤影。但是他不放棄，不相信現有的物理和化學原理就足以解釋生物學，他依舊認為弔詭「可能拐過街角就碰到」。他的堅持，別的科學家漸漸不認同。

分子生物學未來之路已經偏離戴爾布魯克，而接近新的領導人克里克的眼光。1957 年克里克在《科學美國人》發表一篇文章，陳述 DNA 顯然攜帶生物的遺傳資訊，不過 DNA 的複製還沒解決，基因如何指揮蛋白質的合成也不清楚。但是他很樂觀地認為這只是暫時的障礙，生物現象終將可以用分子機制解釋。「從每一個角度看來，生物學越來越接近分子層次。」

研究 DNA 修復的魯柏特是我在美國德州
大學達拉斯分校的老師。這是當年我畫
他的漫畫。他喜歡端著自助餐來聽研討
會，聽著聽著就打起瞌睡，很可愛。我
就畫他坐兒童椅。

第 11 章
信使與轉接器
1960~1964

為什麼科學幾乎都是年輕人做得最好？我想到一個理由，
可能是基本的理由。我們都像是小孩子在玩耍。

——賈可布

蛋白質的合成工廠

　　早在 1930 年代，科學家就發現 RNA 和蛋白質的合成有密切關係。但是當時對細胞中的 RNA 的研究非常混亂。今日我們知道細胞中有不同的 RNA，擔當不同的角色。其中數量最多的 RNA 是在「核糖體」（ribosome）裡面，但是那時候核糖體也還沒有被發現。

　　1950 年代中期，巴萊德（George Palade）利用新發展出來的電子顯微鏡，在細胞的粒線體和內質網看到很多小顆粒。這些顆粒陸續被不同的實驗室發現，取了一些不同而且模糊的名字。後來這些顆粒可以分離得比較純，才發現它們主要的成份是 RNA 和蛋白質，而且是蛋白質合成的地方。1958 年，羅伯茲（Richard Roberts）提出「核糖體」這個統一的名稱。

　　這些都是在真核細胞研究的結果。真核細胞有細胞核，染色體在細胞核裡，也就是說遺傳訊息儲藏在細胞核裡。但是，核糖體是在細胞核外面的細胞質中，所以蛋白質合成是在細胞核外進行。那麼，染色體上的遺傳訊息如何從細胞核裡面傳出來到核糖體呢？

　　很邏輯的推論是，這中間有某種物質擔任信使的角色，將遺傳訊息從細胞核裡傳遞到細胞質中的核糖體。這個信使是什麼東西呢？絕大多數的科學家都覺得 RNA 是最可能的信使。

　　自從 1956 年，不同的實驗室發現 TMV 的基因位在 RNA 上。既然 RNA 能夠攜帶遺傳訊息，RNA 擔當遺傳訊息的信使也是很合理的假設。但是，細胞質中有很多種 RNA，它們都是單股的，而且很短（和 DNA 比較起來）。到底誰是信使？

誰當信使

　　當時基本上有兩個對立的假說。第一個假說認為信使是核糖體，不同的核糖體攜帶不同的 RNA（稱為核糖體 RNA，rRNA），這些 RNA 攜帶不同的指令，製造不同的蛋白質。這個假說的口號是：「一個基因、一個核糖體、一個蛋白質。」第二個假說認為信使是

非核糖體的 RNA，它們將訊息攜帶到核糖體進行蛋白質的合成，核糖體只是擔任工廠的角色。這種非核糖體的 RNA 就稱為信使 RNA（messenger RNA, mRNA）。

當時有不少支持 mRNA 的研究。例如赫胥發現 T4 噬菌體感染大腸桿菌的時候，細菌中會有少量的新 RNA 合成。佛爾金（Elliot Volkin）與亞斯特拉臣（Lazarus Astrachan）發現這些 RNA 的鹼基比

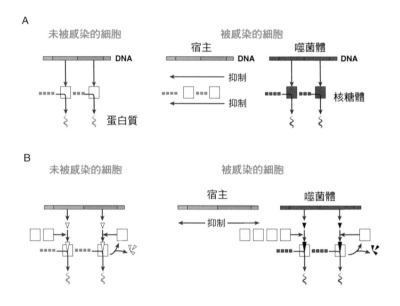

圖 11-1 信使 RNA 的兩個模型。（A）模型 A：信使是核糖體 RNA。在未受感染的細胞中，不同的遺傳訊息從 DNA 直接傳到不同的核糖體（大方塊），利用胺基酸（小方塊）製造不同的蛋白質（螺旋狀）；感染噬菌體後，宿主停止製造核糖體，噬菌體的 DNA 傳遞新的遺傳訊息給新的核糖體。（B）模型 B：信使不是核糖體 RNA。在未受感染的細胞中，不同的遺傳訊息從 DNA 傳給不同的信使 RNA（白色錐形），不同的信使 RNA 結合核糖體，製造不同的蛋白質。在感染細胞中，宿主停止製造信使 RNA，噬菌體製造新的信使 RNA（黑色錐形），用宿主的核糖體製造新的蛋白質。（簡化、改繪自布藍納等人論文）

例接近噬菌體 DNA 的鹼基比例，不接近宿主的 DNA 的比例，而且這些 RNA 不穩定。巴斯德研究所的科學家做的 PaJaMo 實驗也顯示，編碼 β - 半乳糖苷酶的訊息是不穩定的（見第 9 章）。梅塞爾森的實驗室用同位素標定的方法，發現 rRNA 很穩定。所以遺傳訊息似乎不在 rRNA 上，而是由不穩定的 mRNA 所攜帶的。

1960 年 4 月，賈可布從巴黎到劍橋訪問。他和一群科學家朋友在克里克家裡聚會，與會的布藍納提出一個策略，用噬菌體感染細菌來測試這兩個模型。策略的構想很簡單（圖 11-1）：如果遺傳資訊是由 rRNA 攜帶的話，當噬菌體感染細菌時，就會產生新的核糖體；如果遺傳資訊是由 mRNA 攜帶，就會出現新的 mRNA，不會有新的核糖體出現。沒有新核糖體合成的話，新的 mRNA 就只能「租用」（布藍納的用語）原有的核糖體來製造蛋白質。

這樣的策略又牽涉到區分「新」的和「舊」的 RNA，所以梅塞爾森和史塔爾以前做半保留複製實驗的技術應該派得上用場。在派對中，賈可布發現他和布藍納都將要到加州理工短期訪問，賈可布是受梅塞爾森邀請，布藍納則是戴爾布魯克邀請的。最棒的是梅塞爾森還在加州理工學院，兩人就開始計畫如何和梅塞爾森合作進行實驗。

賈可布和布藍納抵達加州理工學院，就和梅塞爾森著手進行實驗。他們要問：噬菌體感染細菌的時候，有沒有合成新的核糖體？他們先把大腸桿菌培養在含有兩種較重的同位素 ^{15}N 和 ^{13}C 的培養基，然後換到含兩個輕的同位素 ^{14}N 和 ^{12}C 的培養基中，同時用 T4 感染。接下來就是用超高速離心技術在氯化銫密度梯度（見第 10 章）中觀察感染後有沒有新的核糖體出現。舊核糖體（帶 ^{15}N 和 ^{13}C）會出現在溶液密度較高的位置，新合成的（帶 ^{14}N 和 ^{12}C）會出現在密度較低的位置。此外，噬菌體會合成新的 RNA，如果沒有新的核糖體出現，新合成的 RNA 應該會和舊的核糖體結合在一起；如果有新的核糖體出現，新 RNA 應該會和新核糖體出現在一起。

眾神作對

他們的實驗一開始就不順利，核糖體在氯化銫溶液中一直散開。核糖體都有兩個次單位，一大一小，二者必須結合在一起才能製造蛋白質；但是在離心管中，這兩個次單位一直分開。時間緊迫，賈可布和布藍納的訪問期快結束了。

接下來的戲劇性發展，賈可布如此描述：「眾神仍然和我們作對，沒有一件事情成功。我們起初充滿的信心都蒸發掉了。梅塞爾森沮喪之下，跑掉了，去結婚。錫德尼〔布藍納〕和我談論要回歐洲。有位叫做希爾德加德的生物學家，在同情心的驅使下……開車帶我們到鄰近的沙灘……我腦袋空空。錫德尼愁眉苦臉，一張臭臉，一言不發地遙望著地平線。」布藍納接著說：「……我突然想到核糖體的穩定要依賴鎂，而銫一定會和鎂競爭，效率雖不高但是足以取代它，使核糖體不穩定。當然我們放進去的鎂只有千分之一莫耳濃度，而我們放的銫是八個莫耳濃度。所以該做的是增加鎂。我跳起來，說：『鎂，鎂！』法蘭塞爾瓦〔賈可布〕搞不懂怎麼一回事。」

這是怎麼回事呢？鎂離子是維持核糖體結構不可或缺的。鎂離子的濃度要千分之一的莫耳（10^{-3} M），大小兩個次單位才會穩定結合在一起，所以他們在氯化銫溶液中加入千分之一莫耳的鎂離子。布藍納想到：單價的銫離子（帶一個正電）應該不會和雙價的鎂離子（帶兩個正電）競爭，干擾後者與核糖體的互動；即使有競爭，也應該非常低。可是他們用的氯化銫濃度高達八個莫耳（8 M），是鎂離子的8000 倍。很低的競爭力，但放大 8000 倍就不可忽視。所以，問題應該出在鎂離子不夠。鎂離子要再多加！

就這樣，兩人趕回實驗室。他們只有最後一次機會了。這次他們多加了很多的鎂，他們的實驗成功了。T4 感染的細菌中，沒有新的核糖體出現，只有新的 RNA 合成，這新的 RNA 真的附著在舊的核糖體上。結論：核糖體不攜帶遺傳訊息；遺傳訊息是在新合成的 RNA 上，也就是 mRNA。這是他們打包回家的前一天。

布藍納與賈可布興沖沖地打電話給梅塞爾森，告訴他這好消息。第二天早上，兩人在學院給了一個演講。然後賈可布飛返法國，布藍納飛到舊金山。布藍納回到劍橋之後，再花了四個月做一些對照組的實驗，才完成整個研究。

　　同一時期，mRNA 的模型也得到另一個支持，來自華生。華生在 1959 年審查一篇論文的時候，看到裡頭敘述 T4 感染大腸桿菌後產生的新 RNA，會在離心機中沉澱，很像核糖體的小次單位。華生覺得奇怪，就叫學生重複這實驗，結果他們發現鎂離子濃度夠高（百分之一莫耳）的時候，T4 的 RNA 確實會結合在完整的核糖體上；鎂離子濃度低（萬分之一莫耳）的時候，核糖體的大小次單位分離，T4 的 RNA 就離開核糖體。這些 T4 RNA 的行為就好像是 mRNA，將 T4 的遺傳訊息帶到核糖體，合成 T4 的蛋白質。1961 年，他們的論文和布藍納等人的論文一起發表在《自然》期刊。

　　接下來的問題是：mRNA 如何攜帶遺傳訊息呢？它是直接將 DNA 上的鹼基序列複製下來嗎？這是最直截了當的模型，但是需要檢驗。1961 年，霍爾（Benjamin Hall）與史派格曼（Sol Spiegelman）拿 T2 感染大腸桿菌產生的mRNA 和 T2 的 DNA 進行「雜配」的實驗。所謂雜配，就是讓兩股序列互補的核酸在試管中，重新組合成雙螺旋。如果二者成功結合成雙股，就表示二者的鹼基序列是互補的。前一年，馬莫與杜提（Paul Doty）發展出 DNA 的雜配技術。霍爾與史派格曼進行的是 RNA 和 DNA 的雜配，實驗方法基本上是相似的。

　　霍爾與史派格曼把 T2 的 DNA 加熱，分開兩股，然後把 T2 的 mRNA（單股）加入，經過一段時間後，他們用密度梯度離心的方法，把單股與雙股的核酸分開（雙股的密度較低）。他們發現 T2 的 DNA 確實可以和 mRNA 雜配，顯然 mRNA 上的鹼基序列就是從 DNA 上複製下來的。

遲到的聚合酶

RNA 在細胞中的角色越來越被重視。但是它是如何合成的？細胞中應該有一種 RNA 聚合酶，催化它的合成。這個酶在哪裡？是如何合成 RNA 的？尋找 RNA 聚合酶變成一些實驗室的目標。第一絲希望出現於 1955 年。

那一年紐約大學醫學院歐喬亞（Severo Ochoa）的實驗室中，博士後研究員葛倫伯格–梅納果（Marianne Grunberg-Manago）在研究磷酸與 ATP（帶三個磷酸的 A）的交換反應。她無意間在細菌的萃取液中發現一個酶，能夠將 ADP（帶兩個磷酸的 A）、CDP（帶兩個磷酸的 C）、GDP（帶兩個磷酸的 G）、UDP（帶兩個磷酸的 U）合成長串的 RNA，並成功分離到這個酶。

有趣的是，這個酶合成 RNA 的過程並不需要 DNA 當做模板，可以無中生有合成 RNA。它或許不是真正從 DNA 複製遺傳訊息的 RNA 聚合酶，因此歐喬亞很謹慎地把它命名為「多核苷酸磷酸酶」（polynucleotide phosphorylase, PNP）。我們現在知道多核苷酸磷酸酶在細胞中的功能是分解 RNA，而非合成 RNA。它催化的反應是可逆的，葛倫伯格–梅納果觀察到的是逆向反應。

歐喬亞的實驗室本來對 DNA 或 RNA 都沒有興趣。葛倫伯格–梅納果曾說，在 PNP 發現之前，「核酸」這個字從來都沒出現在歐喬亞的實驗室。不過歐喬亞雖然有點失望，後來他還是利用 PNP 的特性，在試管中合成各種 RNA 片段，對後來遺傳密碼的解密有很大的幫助。

1959 年歐喬亞與他從前的學生孔伯格共同獲得諾貝爾獎。一個人發現能夠合成 RNA 的酶，一個人發現能夠合成 DNA 的酶（DNA 聚合酶 I，見第 10 章）。有趣的是，這兩個酶都不是細胞中真正合成 RNA 及複製 DNA 的酶。

隔年（1960），有三個實驗室各自從細菌分離出真正的 RNA 聚合酶。接下來，更多的 RNA 聚合酶就陸續從各種生物（包括有些病毒）中純化出來。RNA 聚合酶才是真正從 DNA 將遺傳訊息複製下來的

酶，它們會辨認特定的起始點開始複製，利用其中一股 DNA 做模板，根據華生–克里克的鹼基互補模式，製造出單股的 mRNA 或其他的 RNA。這個從 DNA 把鹼基序列複製到 RNA 上的步驟叫做「轉錄」（transcription）。

悲觀的假說

　　mRNA 把遺傳訊息帶到核糖體，在那裡製造蛋白質。但是 RNA 的鹼基序列如何轉換成蛋白質的胺基酸序列呢？這個「轉譯」的工程在細胞中是誰擔任的？又是如何做到？

　　早在 1955 年，克里克就在「RNA 領帶俱樂部」的通訊中提出一個「悲觀的假說」。他說，DNA 或 RNA 結構上不可能形成 20 種孔穴，容納 20 種不同的胺基酸。他提議有一種特殊小分子，一端藉著酶的作用接上特定的胺基酸，另一端則以氫鍵和核酸（當時 mRNA 的存在還不確定，克里克只說「核酸」）上的鹼基序列配對，藉此將胺基酸排列起來，連接成蛋白質（圖 11-2）。他稱呼這特殊小分子為「轉接器」（adaptor）。細胞有 20 種胺基酸，所以至少要有 20 種不同的轉接器，還要有 20 種不同的酶將各種胺基酸放到對應的轉接器上。

　　這個「轉接器假說」對純理論的路線而言是負面的。因為如果這個假說正確，那麼遺傳密碼基本上就只取決於轉接器與胺基酸之間的配對；配對就決定哪個密碼子編碼哪個胺基酸。轉接器與胺基酸間的配對又取決於轉接器的結構和機能，而轉接器的結構和機能應該是演化篩選的結果。如果真的是這樣子，遺傳密碼就可以是任何形式，不會有什麼章法可言。如果遺傳密碼沒有什麼章法，那麼所有用抽象理論方法解碼的路線都沒什麼意義，沒有希望。不是嗎？

　　所以，站在理論派角度的克里克在文章的封面就引用一位 11 世紀波斯詩人的話：「有人如此澈底迷失，已經無路可走，還在找路走嗎？」文章結尾他還說：「在劍橋相對的孤獨中，我必須承認，有時候我對密碼問題已經無法忍受了。」

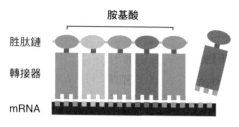

圖 11-2　克里克的「轉接器假說」。他提出細胞中有一種特殊的「轉接器」分子（長方形），一端攜帶特定的胺基酸（橢圓形），另一端則以氫鍵和 mRNA 上的鹼基序列配對，藉此將胺基酸一一連接成胜肽鏈。不同顏色代表不同的胺基酸和轉接器。

　　這個自己都不太看好的假說，結果卻是正確的；相對地，他之前提出的優雅「無逗點密碼」卻是錯的。克里克在自傳中對這件事的感想是：「優雅，如果存在的話，可能比較微妙；初看似乎做作，甚至醜陋的，可能是天擇所能提供的最佳方案。」

　　克里克自認，這轉接器假說不是很好的理論，因為他不知道如何測試它。轉接器的出現，就只好依賴運氣了。

體外系統

　　科學研究偶爾會出現運氣好的意外發現。因為是意料之外，所以發現者可能沒有完全了解它，經由外人點醒才看出它的真正意義。克里克的轉接器就是依靠這樣的運氣發現的。

　　這項意外的發現，發生在美國哈佛大學醫學院薩梅尼克（Paul Zamecnik）醫生的實驗室。薩梅尼克的研究領域是蛋白質。1952 年，他和同事霍格蘭（Mahlon Hoagland）成功發展出蛋白質合成的體外系統。所謂體外系統，就是在試管中用從細胞的萃取成份執行蛋白質的合成，沒有活細胞的參與。他們在試管中加入大鼠肝臟細胞的萃取液、ATP、GTP、放射性的胺基酸及 RNA。在適當條件下，蛋白質會

在試管中合成。合成的蛋白質可以用酸沉澱下來,再測量沉澱物所含的放射性。游離的胺基酸不會沉澱,所以沉澱物若帶有放射性就代表有合成出來的蛋白質。

隔一年,他們利用這個系統,發現蛋白質合成的地方是在所謂「微粒體」(microsome,後來改稱為「核糖體」)。此外,他們還發現胺基酸會先一個一個地被 ATP 活化,再跑到核糖體上合成為蛋白質。薩梅尼克覺得奇怪,因為這樣似乎表示每一種胺基酸需要一種酶來活化。

薩梅尼克打電話給哈佛的朋友、核酸權威杜提,討論核酸如何將訊息傳遞到蛋白質。杜提說他剛好有個訪客,可以過去和他談談。這個人就是華生。薩梅尼克還不知道 1953 年在《自然》刊登的那篇雙螺旋「小文章」。華生帶著一個鐵絲做的模型,向薩梅尼克解釋雙螺旋模型。自此之後,薩梅尼克開始注意體外系統中的核酸;華生和克里克也開始注意薩梅尼克實驗室的研究。

這期間,他們用大腸桿菌的萃取液取代肝臟細胞萃取液,建立起更方便的蛋白質合成體外系統。這個系統還沒有正式發表之前,就很快流傳到各處的實驗室,幫助很多人的研究取得進展,特別是遺傳密碼的解碼(見第 12 章)。

對照組變成實驗組

1955 年,霍格蘭與薩梅尼克想試試看他們的體外系統,可否用來研究 RNA 合成。他們加入放射性的 ^{14}C-ATP,發現真的可以得到 ^{14}C 標示的 RNA。在這個實驗,他們加了一個對照組,用 ^{14}C-白胺酸取代 ^{14}C-ATP。白胺酸是胺基酸,只能合成蛋白質,可是他們發現 ^{14}C-白胺酸居然也連接到一種RNA!這個 RNA 很小,無法離心下來,他們稱之為「可溶性 RNA」(soluble RNA, sRNA)。

這個意外的發現引起他們高度的興趣。他們本來以為可溶性RNA 只是 rRNA 的破碎片段,現在他們決定要好好研究它。他們的

研究方向就這樣轉向，原來的對照組變成了實驗組！

隔年（1956），他們純化這攜帶 ^{14}C-白胺酸的可溶性RNA，將它加入蛋白質合成系統，發現 ^{14}C-白胺酸竟然脫離可溶性RNA，在核糖體被加入蛋白質中。這是怎麼回事？他們很困惑。

耶誕節期間，他們正在撰寫這篇研究論文，這時候華生又來訪。華生知道了他們的結果，馬上想到：這可溶性RNA不就是克里克所提議的「轉接器」嗎？

日後霍格蘭回憶當時的情景說：「我很清楚記得我在那間實驗室裡，倚靠著一部離心機，聽吉姆〔華生〕那樣告訴我，還有他說：『這就是你實驗結果的解釋……』我現在還可以清清楚楚地感受到我氣憤的感覺，吉姆居然教我如何詮釋我的結果。可是我也感覺到，天殺的，他是對的！」

同一年，康乃爾大學的侯利（Robert Holley）和柏格（Paul Berg，孔伯格的博士後研究員）也發現有RNA牽涉到胺基酸的活化。侯利更持續研究，最後純化出這RNA分子，甚至定出它的鹼基序列。

這些科學家原本都不知道克里克的「轉接器」假說，卻從不同的角度交集到克里克的「轉接器」。克里克本人知道這些消息後非常興奮，不過他有點遲疑，因為他認為「轉接器」應該更小，大概三個核苷酸或稍大一點而已。不管如何，接續的研究支持他假說中提出的「轉接器」。它扮演的角色是將DNA的語言轉譯成蛋白質的語言，所以它的名字就被改為「轉送RNA」（transfer RNA, tRNA）。從鹼基序列轉到胺基酸序列的這個步驟，稱為「轉譯」（translation）。

薩梅尼克以及其他的研究室進一步發現，不同的胺基酸連接到不同的tRNA分子上。這現象符合克里克的假說，每一個胺基酸有它專屬的「轉接器」。要了解tRNA，看來得要純化單一種的 tRNA。侯利的實驗室經過七年努力，從150公斤的酵母菌純化出 200 公克的tRNA，再從這些tRNA中純化出1公克的丙胺酸tRNA（alanine tRNA）。

侯利使用的定序方法很複雜。他先用酶把轉送 RNA 切成片段，用電泳和色層分析技術純化這些片段，再分析這些片段的核苷酸組成和序列，最後把這些序列比對連接，才拼湊起整個序列。

　　最後，他們定出這個 tRNA 的序列（圖 11-3）：長度是 77 個核苷酸，很多地方的鹼基都可以用互補的方式形成氫鍵。整個分子看起來像一個苜蓿葉。結構的中央有三個鹼基的序列和丙胺酸的密碼子互補，tRNA 分子就是依賴它和 mRNA 上的密碼子配對。這三聯體序列就叫做「反密碼子」（anti-codon）。

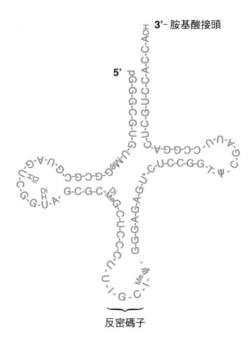

圖 11-3　侯利定出來的酵母菌丙胺酸 tRNA 結構。序列中除了標準的鹼基（A、U、G、C）之外，還有幾個修飾過的鹼基。下方的三核苷酸 IGC 反密碼子，可以和 mRNA 的丙胺酸密碼子配對結合。（改繪自侯利 1965 年發表的論文）

　　這分子中有九個鹼基被修飾過，其中有一個是反密碼子（IGC）5' 端鹼基。這個修飾過的鹼基稱為「肌核苷」（inosine, I），是修飾過的 A。這個修飾讓這個反密碼子與密碼子配對時，具有更高的彈性，在遺傳密碼子的重複性扮演重要的角色（見第 12 章）。

　　丙胺酸 tRNA 是第一個被定序的 RNA，也可以說是第一個被定序的基因。當然當初比德爾和塔特姆的「一個基因一個酶」的假說，必須修正了，因為顯然有些基因編碼的是 RNA（例如 tRNA），不是蛋白質。

20 個轉接器

　　不同的 tRNA 陸續在不同的生物被分離出來，正如克里克所預期的。克里克還預言每一種生物都至少應該有 20 種酶將胺基酸放到對應的 tRNA 上。這種酶稱為「胺醯－tRNA 合成酶」（aminoacyl-tRNA synthetase），也陸續在各種生物中發現，每一種生物至少有 20 種，大腸桿菌則有 21 種。每一種胺基酸有一種酶，除了離胺酸有兩種。

　　正如克里克的假說，胺醯－tRNA 合成酶的作用就是將胺基酸接到對應的 tRNA 的 3' 端。這個 tRNA 將這個胺基酸帶到核糖體，讓它的反密碼子與 mRNA 上互補的密碼子序列配對，每一個密碼子配對一個相對應的 tRNA。位在 3' 端的胺基酸就依序連結，成為一定胺基酸序列的蛋白質。

　　遺傳訊息就這樣子，從 DNA 的鹼基序列傳到 mRNA 的鹼基序列，再藉由 tRNA 的翻譯傳到蛋白質的胺基酸序列。整個過程講求準確性。RNA 聚合酶需要正確轉錄 DNA 的序列，胺基酸需要準確接上專屬的 tRNA，tRNA 的反密碼子需要準確配對上 mRNA 上的密碼子，才能保證翻譯的正確性。

　　克里克在 1956 年提出一個分子生物學的「中心教條」（Central Dogma）：「資訊一旦跑進蛋白質，就不能夠再跑出來。」意思是說遺傳訊息的流動，可以在核酸中傳遞而不會消逝。DNA 複製、RNA 轉

錄，以及日後發現的反轉錄（從 RNA 轉錄成 DNA），遺傳資訊只是轉來轉去，都還在。但是當遺傳訊息一旦跑進去蛋白質之後，就不能夠再回復，因為沒有一種機制可以將胺基酸序列翻譯、存回核苷酸序列。這就是克里克著名的「中心教條」。日後克里克後悔自己用了「教條」這個字眼，因為「教條」是不可懷疑、不容挑戰的條文。用這個字眼有違科學精神。

第 12 章
濾紙與密碼
1961~1968

我一直相信科學工作最好走不同的相位。也就是說要嘛早半個波長，要嘛晚半個波長，都沒有關係。只要你和時尚的相位錯開，你就可以成就新的東西。

——盧瑞亞

遺傳密碼的本質

克里克的「無逗點密碼」以及其他人的密碼模型，都是假設密碼子應該是三個鹼基構成（三聯體），雖然這是合理的假設，但沒有任何實驗的支持，大家也不知道如何做實驗測試。

1961 年有一天，克里克突然想到一個點子，他覺得太棒了。這個實驗所需要的器材和步驟非常簡單，基本上不做實驗的他也應付得來。他決定親手做，不過還是找了一個幫手。

他的基本想法是這樣子：假設有一個基因，中間有一段不重要的區域 A。A 區所編碼的胺基酸序列怎麼改變都不會影響蛋白質的活性，多一個胺基酸或者少一個胺基酸也沒有關係。如果我們在 A 區插入一個核苷酸，這個插入位置下游的讀框就都往前移一個核苷酸，做出來的胺基酸序列絕大部份都錯了，這個蛋白質就失去活性。如果我們在 A 區再插入一個核苷酸，下游的讀框都往前移兩個核苷酸；如果密碼子是二聯體，原來的讀框就恢復了，只是多了一個胺基酸，這個蛋白質恢復正常了。但如果密碼子不是二聯體，這個蛋白質就還是壞的。如果再於 A 區插入第三個核苷酸，那麼下游的讀框就往前移三個核苷酸；如果密碼子是三聯體，原來的讀框就恢復了，只是蛋白質多出一個胺基酸而已，蛋白質恢復活性。以此類推，如果密碼子是四聯體，插入四個核苷酸後，蛋白質才會恢復。

同樣的道理也可以用在核苷酸的刪除。如果密碼子是三聯體，在 A 區刪除一個或兩個核苷酸也會破壞蛋白質活性；刪除三個又恢復活性。克里克認為用這樣的策略可以知道遺傳密碼子是幾個核苷酸決定的。

這個策略很好，但是技術上要如何在基因中增減一個核苷酸呢？那個時期，剛好出現一種稱為「嵌入劑」的致變劑（促進突變的化學物）。嵌入劑分子通常和鹼基一樣具有疏水性的平面，會嵌入 DNA 相疊的鹼基之間，造成複製錯誤，使複製出來的 DNA 在它嵌入的地方多了一個核苷酸或少了一個核苷酸。克里克選用一種叫做原黃素

（proflavine）的嵌入劑。

他選擇的遺傳研究系統是班瑟之前建立的 T4 rII 基因座系統。班瑟發現 rII 突變株無法感染大腸桿菌 K12λ，野生株才可以。這個篩選系統很乾淨，而且一次可以處理大量的樣本。

克里克在 T4 感染大腸桿菌的時候加入原黃素，促進突變的發生，再從子代的 T4 中篩選出不能感染 K12λ 的 rII 突變株。在這些突變株中，rII 基因中應該插入（+1）或者刪除（－1）一個核苷酸，產生讀框位移。

克里克從一株 rII 突變株開始（假設它是 +1 突變），讓它再接受原黃素處理，然後篩選出能夠成功感染 K12λ 的 rII⁺野生型。這些回復株應該是在 rII 某處發生了一個－1 的突變，抵消掉 +1 的突變（圖12-1）。每一株的 +1 和－1 兩個突變都可以用重組方式分開，得到只有－1 的突變株。這些新的－1 的突變株又可以如法炮製得到一些新的 +1；新的 +1 又可以拿來得到新的－1……。他就這樣反覆做，累

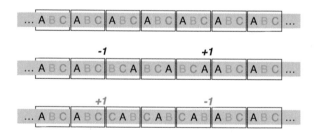

圖 12-1 克里克的三聯體實驗構想。假設密碼子是三聯體，第一列代表一段鹼基序列，ABC 代表它的三聯體讀框。如果某處喪失一個核苷酸（－1），後面的讀框就完全錯了（變成 BCA）。但是如果後面某處加入一個核苷酸（+1），原來的讀框又恢復了。如果－1 和 +1 之間的胺基酸改變不重要的話，蛋白質的活性就恢復（見第二列）。反過來，一個核苷酸的喪失可能補償前頭一個核苷酸的插入（見第三列）。根據這個想法，克里克就可以收集不同 rII 的 +1 和－1 突變株，做進一步的測試。（改繪自克里克等人的論文）

積了一群 +1 和一群 −1 的突變株。

　　克里克勤快地動手做實驗，他做了幾千個交配，常常是週末做的。他太太說她從沒看過他那麼健康快樂。他的助手巴奈特（Leslie Barnett）說：「他實在不太行，不過他做很多……法蘭西斯〔克里克〕真的不喜歡做實驗工作。他是屬於出點子的人，而從某方面來說，我其實可以說是他的雙手。」

　　接下來他們讓兩個 +1 重組，得到 +2 的突變；也讓兩個 −1 重組，得到 −2 的突變。這些 +2 或 −2 突變株都不能感染 K12 λ，所以密碼子不是二聯體。這並不令人訝異。最後他讓 +2 和 +1 重組得到 +3 的突變，讓 −2 和 −1 重組得到 −3 的突變，看看有沒有出現能夠感染 K12 λ 的重組株。

　　關鍵的時刻來臨了。那天下午，他和巴奈特把帶有 +3 和 −3 的突變株塗在鋪滿 K12 λ 的培養基，放進保溫箱，晚上回來看結果。克里克在自傳中如此描述當時的情景說：「我們把盤子拿出來，它上頭有溶菌斑。於是我們第一件事是檢查標籤，確定我們拿對盤子，沒有把盤子搞混了，然後我就這樣對巴奈特說：『你知道嗎，你和我是世界上唯一知道那是三聯體密碼子的人？』」

　　他們的論文發表於當年（1961）最後一期的《自然》期刊，這篇論文獲得如潮佳評。賈德森在《創世第八天》中如此說：「這篇論文及研究工作，思路的清晰、精準、有力，實屬經典之作，廣受科學界的推崇。」

　　克里克本人卻不覺得它有多偉大。他說：「我不覺得這有什麼特別重要……有人說它發現密碼子是三聯體，但是它很明顯大概是三聯體……如果我們發現密碼子是四聯體，那才真的是一項發現……何況化學研究再過不久就會發現三聯體的本質了……我想你可以把這整個工作都刪掉，遺傳密碼的研究也不會有太大的差別。我想這是歷史學家應該用的測驗：如果你把一項成果刪掉，會有任何差別嗎？」這種看法符合他曾說過的：「理論家（特別是生物學中的理論家）的任務

是要建議新的實驗。好的理論不只要做預測，更要做令人訝異卻成真的預測。」克里克的三聯體實驗很精采，但是它的結論不令人詫異。

這段低調的論述，讓人不禁聯想到華生在自傳《雙螺旋》中開場的第一句話：「我從未見過法蘭西斯謙虛的樣子。」

大驚奇在等著

那年（1961）8 月，克里克到莫斯科參加第五屆國際生物化學學會。在那裡有個大驚奇正等著他。

這是個每三年一屆的盛會。這年有五千多人來自 58 個國家參加。在冷戰中的鐵幕內舉行，對蘇俄科學家有特殊的意義。史達林去世三年。赫魯雪夫開始建造柏林圍牆。蘇聯生物學家受到政治導向、反孟德爾遺傳學又反分子生物學的李森科（Trofim Denisovich Lysenko）惡毒迫害長達二十多年。他們希望利用這次的國際會議，表達他們對李森科主義的不滿和異議。但是，這不是克里克碰到的大驚奇。

會議期間，有一天下午，梅塞爾森想溜出去觀光，但是他還要給一個演講，所以他晃著去聽美國科學家尼倫伯格（Marshall Nirenberg）的演講。尼倫伯格不太為人所知，噬菌體集團的成員中幾乎沒有人認識他。他的演講題目是「大腸桿菌無細胞蛋白質合成對自然或合成的模板 RNA 的依賴」，看起來就不是很有趣的題目。現場的聽眾很少，大約 30 人。歷史的時刻常常就是這樣被忽略。

尼倫伯格報告的時間只有短短 15 分鐘。聽眾席中的梅塞爾森聽了報告之後，大受震撼。他跑去告訴克里克，克里克就特別安排讓尼倫伯格在大會最後一場再講一次，這次的聽眾約有 1000 人。克里克說，聽眾都像被「電到」。

尼倫伯格來自美國國家衛生研究院（National Institutes of Health, NIH）。他的實驗室用蛋白質體外合成系統做研究，這個系統是薩梅尼克的實驗室發展出來的（見第 11 章）。和尼倫伯格合作的是前一年 11 月才加入他實驗室的德國博士後研究員馬泰（Heinrich Matthaei），

一位非常熟練嚴謹的科學家。

　　尼倫伯格在莫斯科報告的是他們的新發現。他們在蛋白質合成系統中加入不同的 RNA，有些 RNA 會刺激蛋白質的合成。他們也用人工合成的 RNA，其中有一種合成 RNA 的整串鹼基都是 U，稱為 poly(U)。Poly(U) 放進合成系統裡，合成出來的蛋白質是一長串的苯丙胺酸。這太令人訝異了，豈不是說 UUU 就是苯丙胺酸的密碼子嗎？

　　這是不是表示：遺傳密碼可以就用這樣的生化系統在試管中解出來？如果真的可行，那麼，這麼多人汲汲營營走理論路線建立的模型，通通都可以丟到垃圾桶了。怪不得好多人被電到。

試管中的密碼子

　　馬泰剛加入尼倫伯格的實驗室進行體外蛋白質合成研究不久，發現他們的合成系統如果不添加 RNA，合成的蛋白質很少。他們測試添加不同的 RNA，包括來自酵母、大腸桿菌和 TMV 的 RNA。他們加入大腸桿菌和 TMV 的 RNA 後，蛋白質合成的數量就大幅提高。這讓他們覺得，這個系統具有解開遺傳密碼的潛力。

　　這一年，加州大學的佛蘭克爾–康拉特剛完成 TMV 蛋白質的定序。他們正在用突變劑更改 RNA，觀察蛋白質的變化，看能不能提供解碼的線索（見第 8 章）。隔年 5 月，尼倫伯格到佛蘭克爾–康拉特的實驗室做一個月的訪問研究，嘗試用放射性的胺基酸標幟 TMV 蛋白質。馬泰留守進行實驗，測試將合成的 RNA 加入合成系統中，看看它們能否擔當 mRNA，在試管中合成蛋白質。他試了三種 RNA，poly(A)、poly(U) 和 poly(AU)。poly(A) 就是整條核苷酸都是 A，poly(U) 是整條都是 U，poly(AU) 則是含有一半 A 和一半 U，序列是隨機的。結果他發現 poly(A) 和 poly(AU) 沒有刺激任何蛋白質的合成，poly(U) 則刺激了 12 倍的蛋白質合成量。

　　馬泰進一步測試，poly(U) 刺激合成的蛋白質到底含有什麼胺基酸。他拿 20 種放射性的胺基酸，分別加入有 poly(U) 的試管中。20

支試管中，只有一種放射性胺基酸大量出現在蛋白質中，其他 19 種胺基酸都沒有。這是他們預期的，因為 poly(U) 只有一種鹼基，怎麼樣都應該只編碼一種胺基酸。

大量出現於合成的蛋白質的胺基酸，是苯丙胺酸。這顯示 UUU 編碼的是苯丙胺酸，如果密碼子是三聯體的話！馬泰非常興奮，他說：「……一早，當湯姆金斯（Gordon Tompkins）〔尼倫伯格的上司〕進來時……我就告訴他，我現在知道編碼的就是這一個。」馬泰也打電話到柏克萊，把 poly(U) 的結果告訴尼倫伯格。尼倫伯格沒有聲張，立刻趕回來加入實驗。

為了確認 poly(U) 真的是編碼苯丙胺酸，他們進一步把 poly(U) 做出來的放射性蛋白質水解為單一的胺基酸，果然所有的胺基酸都是苯丙胺酸。

對這些驚人的結果，尼倫伯格和馬泰採取緘默處理。冷泉港研討會前一週，布藍納路過 NIH 給了一場關於 mRNA 的演講，他們沒有告訴他。尼倫伯格和馬泰都不是當時分子生物學的「圈內人」，所以沒受邀參加冷泉港的研討會。他們把實驗結果整理成兩篇論文，投稿到《美國國家科學院學報》，並準備 8 月在莫斯科舉行的國際生物化學學會中報告。動身到莫斯科之前，尼倫伯格和一位來自巴西里約熱內盧的生化學家結婚了。

厄運與幸運

當初馬泰除了測試 poly(U) 之外，還測試了 poly(A)，但是後者沒有做出任何蛋白質，後來才明白原因。當時還不知道 AAA 編碼的胺基酸是離胺酸，離胺酸帶正電，整串離胺酸攜帶的正電太強了，無法被酸沉澱下來，所以看起來好像沒合成。關於這個問題，後來歐喬亞的實驗室在合成系統中多加了鎢酸，才把整串離胺酸沉澱下來。

當遺傳密碼都解出來之後，有位南斯拉夫裔的法國醫生貝爾姜斯基（Mirko Beljanski）告訴尼倫伯格，1950 年代後期他在歐喬亞（見

第 11 章）的實驗室進修的時候，就曾用 poly(A) 進行體外蛋白質合成，也沒有成功。此外，華生實驗室的提色瑞（Alfred Tissieres）也曾經測試 poly(A)，同樣失敗。所以，體外蛋白質合成的研究中，至少有三個實驗室曾經栽在 poly(A) 手中。

另外沒有讓馬泰偵測到蛋白質合成的 RNA，是 poly(AU)。現在回顧，原因應該是 A 和 U 在 poly(AU) 中隨機排列，很容易出現「終止密碼子」UAA（平均八個核苷酸就會出現一個）。碰到終止密碼子（termination codon），蛋白質合成就會停止，用 poly(AU) 當信使製造出來的蛋白質就很短，沒辦法被酸沉澱下來。

吹垮紙牌屋的微風

驚人的 poly(U) 實驗，出於一個無名的雙人組之手，勝過好多位走理論路線的世界級物理學家、數學家、生化學家及生物學家，包括幾位諾貝爾獎得主。它輕易推翻了眾人擁護多年的克里克「無逗點密碼」模型（見第 8 章）。根據「無逗點密碼」的論點，AAA、CCC、GGG、UUU 都應該是無意義的。現在尼倫伯格和馬泰的實驗顯示，UUU 不是無意義的，它編碼苯丙胺酸。這個簡單的結果，就推翻了美麗的「無逗點密碼」模型。

一紙小小的實驗數據，勝過千百頁的理論和計算，好像《聖經》故事中的大衛以一個石頭擊倒哥利雅巨人。也好像一陣微風，輕易吹垮了整桌的紙牌屋。

遺傳密碼解碼的大門，終於被打開了一個小縫。

資訊學派的分子生物學家好像被打了一巴掌。當時戴爾布魯克和他領導的噬菌體集團這群分子生物學家有一股狂熱，一味崇尚靈巧和創新，認為生化與結構的研究方法太瑣碎、太緩慢，忽視了生化實驗在設計、材料和儀器發展方面也充滿創意和巧思。

尼倫伯格和馬泰的成果展現了試管實驗的威力，RNA 領帶俱樂部的理論和數學方法漸漸失去光環。忽視生物化學，只用推理的方式

破解密碼的希望破滅了。

反過來說，生化學家也突然發現他們被帶入資訊學的世界。試管中要注意的不再只是化合物的反應，現在多了一樣東西：資訊。分子攜帶著資訊。分子生物學和生化學之間的界限漸漸模糊了。生化學常常討論的化學反應途徑、機制和專一性漸漸被密碼、資訊和指令取代。生物化學的時尚寶座已經讓給二元的數位生命：核酸與蛋白質。

強大的競爭對手

克里克的「三聯體」論文在同一年的年底發表，在文中提到尼倫伯格和馬泰的 poly(U) 結果。他說很多人都開始進行這樣的生化路線解碼，如果順利的話，說不定一年內整個遺傳密碼就可以全部解開。他太樂觀了。

沒錯，這時候的尼倫伯格和馬泰發現，世界上最偉大的分子生物學家開始和他們競爭。想想遺傳密碼這個聖杯是多麼不可抗拒的誘惑，這也不意外吧。

從莫斯科回來之後的次月，尼倫伯格到麻省理工學院演講。有一位來自歐喬亞實驗室的聽眾說他們也在做類似的研究，尼倫伯格大為沮喪。因為歐喬亞本來就在研究蛋白質合成，而且兩年前才得到諾貝爾獎。他的實驗室很大，大約有 20 位研究員。尼倫伯格登門造訪歐喬亞，提出雙方合作的建議，但是歐喬亞沒有接受。

在合作無望之下，尼倫伯格的上司湯姆金斯，外加上頭的大老闆赫普爾（Leon Heppel）開始組織起來，全力支援他對抗強大的競爭對手，尼倫伯格的團隊逐漸增加到 20 位左右的博士後研究員及助理。尼倫伯格和馬泰使用的人造 RNA，都是研究所的同事幫忙合成的。RNA 合成是赫普爾的專長之一，他使用的酶是歐喬亞實驗室發現的多核苷酸磷酸酶（PNP，見第 11 章）。歐喬亞研究 PNP 的時候，赫普爾曾幫忙他們分析 PNP 合成的 RNA。兩個實驗室合作了一年。

一開始的時候，尼倫伯格的團隊還是繼續原來的策略，用各種人造 RNA 合成蛋白質，再分析蛋白質的成份。當時的 RNA 都還是用 PNP 合成，所以做出來的序列都是隨機的，沒有特定的序列。唯一能夠改變的只是調整前驅物的種類和比例。譬如用 4：1 比例的 GDP 與 UDP 來合成的 RNA，序列中會出現的三聯體一共有八種，可以分成四類：3G（GGG）、2G+1U（GGU/GUG/UGG）、1G+2U（GUU/UGU/UUG）、3U（UUU）。這四類預期出現的頻率可以估算出來，分別是：0.8^3（0.512）、$0.8^2 \times 0.2$（0.128）、0.81×0.2^2（0.032）、0.2^3（0.008）。拿這個比例和出現在蛋白質中胺基酸的比例比較，就可以猜哪一個胺基酸大概是哪一類的三聯體。出現最多的胺基酸的密碼子大概就是 GGG；出現最少的胺基酸的密碼子大概就是 UUU。出現第二多的胺基酸的密碼子（2G+1U）有三種，哪一個密碼子對應哪一個胺基酸就不能確定，需要進一步的數據。同樣的，出現第三多的胺基酸的密碼子（1G+2U）也有三種，不能確定。在這個階段，尼倫伯格和歐喬亞的實驗室都採用這個策略。

遺傳資訊的熱潮

　　遺傳密碼解碼的競賽氣氛漸漸蔓延，引起大眾媒體熱切的關注。1962 年秋天在美國羅格斯大學舉行的「資訊巨分子研討會」，與會者有 225 人。《紐約時報》報導了這個研討會，說遺傳密碼是生命資訊的要素和生物科學的新前線；它的「內涵意義遠大於原子彈和氫彈革命」。《紐約時報》甚至登出一部份的遺傳密碼表，是尼倫伯格和歐喬亞兩個實驗室的結果拼湊起來的未完成品。

　　下一個階段（1964~65 年）出現了兩個突破性的解碼技術。第一個是尼倫伯格發展出來的過濾技術。他把 20 種放射性的胺基酸分別和 tRNA 混合，藉由胺醯–tRNA 合成酶的催化，讓胺基酸接到相對應的 tRNA 上，這樣他就得到 20 種放射性的胺醯–tRNA，上頭帶著各種放射性的胺基酸。

他把這些胺醯–tRNA分別拿來和特定序列的「寡核苷酸」（短RNA）配對，看看哪一個胺醯–tRNA能夠和哪個序列的RNA配對。能夠配對的 RNA 上面應該有對應的密碼子序列，這個密碼子就是編碼 tRNA 攜帶的那個胺基酸的密碼子。特定序列的寡核苷酸哪裡來呢？這時候的化學合成技術可以製造出幾個鹼基長，具有特定序列的寡核苷酸。這些寡核苷酸可以拿來測試。

偵測寡核苷酸和胺醯–tRNA 的配對，就要利用過濾技術（圖12-2）。他在放射性的胺醯–tRNA 和寡核苷酸的混合液中加入核糖體，再用濾紙過濾。胺醯–tRNA 和寡核苷酸會穿過過濾紙，核糖體則黏在濾紙上。可以和特定序列的 RNA 配對的胺醯–tRNA 就會附著在核糖體上，跟著核糖體留在濾紙上；不能和特定序列的寡核苷酸配對的胺醯–tRNA 就穿過濾紙。用這樣的方法，就可以鑑定攜帶哪一個胺

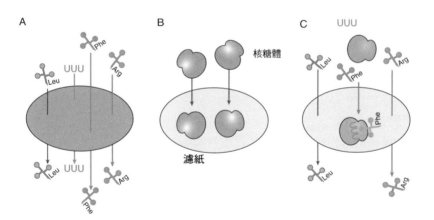

圖 12-2 尼倫伯格發展的濾紙技術。（A）帶著胺基酸的 tRNA 和 UUU 三核苷酸，單獨都可穿過濾紙，不會黏附在上頭。（B）核糖體則無法穿過，會黏附在濾紙上。（C）攜帶著不同胺基酸的 tRNA、UUU 三核苷酸和核糖體混在一起，攜帶著苯丙胺酸（Phe）的 tRNA 和 UUU 配對，附著在核糖體上，就會一起滯留在濾紙上。攜帶其他胺基酸的 tRNA 不會和 UUU 配對，就不會附著到核糖體上，所以不會滯留在濾紙上。以這個例子，UUU 三核苷酸會和攜帶苯丙胺酸的 tRNA 一起與核糖體滯留在濾紙上；攜帶其他胺基酸的 tRNA 會穿過濾紙。

基酸的醯–tRNA配對哪一個密碼子，這個密碼子就是編碼那個胺基酸的密碼子。譬如，用poly(U)寡核苷酸來測試，就只有放射性的苯丙胺酸會被濾紙留下來，其他19種胺基酸不會。

尼倫伯格的博士後研究員萊德（Philip Leder）負責進行這個實驗。他把寡核苷酸的長度減短，想看看縮小到多短，配對還可以成功。最後的結果讓他嚇了一大跳，他說：「我走進〔尼倫伯格的〕小辦公室，我幾乎克制不了自己，我問他認為寡核苷酸至少要多長才可以被辨識……『你相信六個嗎？你相信五個嗎？你相信三個嗎？』……他差一點沒摔倒在地上。」沒錯，萊德發現在濾紙實驗中，只要三聯體就足夠讓tRNA辨認。也就是只要提供UUU，就可以偵測到帶著放射性苯丙胺酸的tRNA。

太棒了，這樣一來，就可以拿所有64種三核苷酸來測試了。但是首先要合成所有這些三核苷酸序列的RNA，技術上雖然可行的，但不是隨手可得，需要大老闆赫普爾和同事們的幫忙。最終，他們用這個方法解出64個密碼子中的47個。

到這個階段，尼倫伯格的實驗進度遠遠超越歐喬亞的實驗室，後者放棄，停止競爭。

意外闖入者

這段解碼的研究熱潮中，合成特定序列的寡核苷來進行體外合成的需求越來越迫切，但是當時特定序列的寡核苷酸只能合成幾個核苷酸長，這樣合成的蛋白質太短，無法被酸沉澱下來。

這時候，具有特定序列的長寡核苷酸意外出現了，它出現在威斯康辛大學印裔化學家柯阮納（Har Gobind Khorana）的實驗室。柯阮納在研究寡核苷酸的合成，他的策略是用DNA當模板，用RNA聚合酶進行轉錄成RNA寡核苷酸。當時特定序列的DNA也可以用化學方法合，長度可達10~15個核苷酸。特定序列的RNA寡核苷酸只能合成到個位數的核苷酸，所以柯阮納想採用這樣間接的方法，製造比較長

的寡核苷酸。

　　柯阮納用一串十幾個 A 的單股 DNA，poly(dA)，做模板，結果轉錄出來的 RNA 竟然很長，有一百多個核苷酸，遠超過模板的長度。他本來以為實驗失敗，後來才發現做出來的 RNA 確實是一長串的 U。原來這是因為轉錄過程中，DNA 模板與轉錄出來的 RNA 之間鹼基配對鬆動，發生「滑動」，同樣的模板序列一再被重複轉錄的結果。後來他用反覆的 AT 序列（亦即 ATATAT……）當做模板，同樣也轉錄很長的 UA 重複序列 RNA，顯然滑動現象是轉錄重複序列的共同特性。柯阮納無意中發現了一個製造特定重複序列的 RNA。

　　1960 年，他用這方法合成出 2~4 個核苷酸重複的長 RNA，放入體外合成系統測試，得到很有用的結果。以 UC 的重複序列（……UCUCUCUCUC……）為例子，不管用哪個讀框轉譯，它都是 UCU-CUC 兩種密碼子的重複，因此只能編碼兩種重複的胺基酸。這 RNA 在體外系統中做出的蛋白質，確實只有白胺酸和絲胺酸；所以這兩個胺基酸的密碼子是 UCU 和 CUC（哪一個胺基酸對應哪一個密碼子還不確定）。如果用 UUC 三核苷酸重複的 RNA 測試，就會有三種讀框，出現 UUC、UCU、CUU 三種密碼子，編碼三種胺基酸。實驗結果：這 RNA 確實做出三種蛋白質，分別是重複的苯丙胺酸、重複的白胺酸和重複的絲胺酸。這些數據堆疊的累積，讓柯阮納很快解出很多密碼子。

　　當尼倫伯格實驗室公佈了濾紙附著技術之後，柯阮納也用化學方法合成出所有 64 種三核苷酸，來進行濾紙附著實驗。到 1965 年，他的實驗室總共解出了 56 個密碼子，而尼倫伯格的實驗室解出的密碼子增加到 54 個。還有幾個密碼子仍然有問題，有的是沒有任何附著，或者附著的結果模稜兩可。這些密碼子必須用其他方法解碼。

無意義突變的發現

這些未解出的密碼子，其中有些可能是假設中存在的「終止密碼子」。所謂「終止密碼子」就是位在基因編碼蛋白質密碼子最後的一個密碼子。這個密碼子是「無意義」的，不編碼任何胺基酸，是停止轉譯的訊號。終止密碼子應該沒有對應的胺醯–tRNA，所以在過濾實驗當然得不到結果。可是過濾實驗沒有結果，也不能就說它是終止密碼子，因為那可能只是技術問題。終止密碼子的解決是依賴遺傳學的幫助。

在終止密碼子被確定和解碼之前，先出現的是「無意義突變」（nonsense mutation）。這種突變會造成轉譯提早停止，使合成的蛋白質變短。

第一個被發現的無意義突變叫做「琥珀突變」，也是一項意外的發現。1960 年，加州理工學院的研究生斯史坦柏格（Charley Steinberg）和博士後研究員艾普斯坦（Dick Epstein）異想天開，想尋找「反 rII」的 T4 突變株。所謂「反 rII」突變就是和 rII 性質相反的突變株。rII 能夠感染大腸桿菌 B，不能感染 K12λ；他們想找的「反 rII」突變，就是反過來不能感染 B，但是能夠感染 K12λ 的突變。這時候，有位同學伯恩斯坦（Harris Bernstein）來邀他們去看電影。史坦柏格和艾普斯坦請他留下來幫忙做實驗，告訴他如果找到突變株，就用他名字命名。結果他們真的找到感染 K12λ 不感染 B 的 T4 突變株，他們就把這種突變叫做「琥珀」（「伯恩斯坦」德文的意思是「琥珀」）。

後來他們卻發現事情不是如他們所想像的。這些 T4 琥珀突變株不能感染 B，是因為們都發生一種致死的突變。他們用的那株 K12λ 能夠被感染，是因為它帶有一個特別的突變能夠「壓抑」T4 的琥珀突變。這株 K12λ 攜帶的突變就被稱為「壓抑突變」（suppression mutation），K12λ 突變株後來也改名為 K12Sλ。野生的 K12λ 沒有這個壓抑突變，所以也不會被 T4 琥珀突變株感染。

能夠感染 K12S λ，但是不能感染 B（或 K12 λ）的突變噬菌體陸續被發現，這些突變通通歸類為琥珀突變。這些有琥珀突變的基因做出來的蛋白質都比野生型的短，因此推測琥珀突變在基因中造成一個終止密碼子，使得蛋白質合成中斷。1964 年，班瑟的 DNA 與蛋白質「共線性」研究，就是利用這些琥珀突變做的（見第 9 章）。

琥珀突變和它的壓抑突變出現之後，又再出現兩個不同的無意義突變，赭石（ochre）突變和蛋白石（opal）突變。這兩類突變都會造成蛋白質縮短，也有它們自己的壓抑突變，會恢復蛋白質的長度。

後來發現這三類無意義突變都是基因中某一個密碼子發生突變，使它變成終止密碼子。終止密碼原本沒有 tRNA 可以辨識它們，壓抑它們的突變則是染色體上某一個 tRNA 基因上的反密碼子發生突變，使這個 tRNA 能夠辨識該終止密碼子，把一個胺基酸帶入終止密碼子的位置，讓轉譯繼續下去，完成整個蛋白質的合成。三個終止密碼子突變的壓抑現象，都是這樣的機制。

解碼終止密碼子

三個終止密碼子也是琥珀（UAG）首先被解出來。1965 年，耶魯大學的蓋倫（Alan Garen）和劍橋醫學研究委員會的布藍納，兩個實驗室採用同樣的策略研究。他們都先製造琥珀突變，再尋找回復突變，然後比較其中胺基酸的變化，從這些變化，他們推算出琥珀突變的密碼子。布藍納研究的是 T4 的外殼蛋白質；蓋倫則用大腸桿菌的鹼性磷酸酶。

蓋倫在鹼性磷酸酶找到一個琥珀突變，是從色胺酸突變過去的。色胺酸的密碼子是 UGG，因此琥珀突變應該是 XGG、UXG 或 UGX（假設單一鹼基的改變，一個以上的改變機率太低）。他再篩選的回復株，也就是鹼性磷酸酶恢復活性（也恢復長度）。他把這些蛋白質的序列定出來，看看插入琥珀突變位置的是什麼胺基酸。他發現有七種胺基酸，包括原來的色胺酸（圖 12-3）。他把這些胺基酸的密碼子

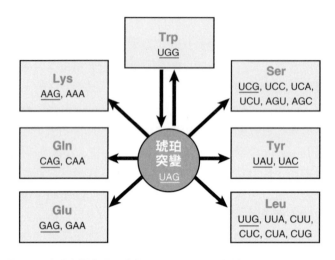

圖 12-3 琥珀突變密碼子的發現。大腸桿菌的鹼性磷酸酶有一個色胺
酸（Trp）突變形成的琥珀突變，可以再突變成七種胺基酸（包
括色胺酸）。琥珀突變密碼子一定是 UAG，才讓單一鹼基的
改變就得以形成這七種胺基酸的密碼子（以底線標示）。

列出來，推算琥珀突變應該是什麼樣的三聯體序列，才會只改變一個
鹼基就可以變成編碼這七種胺基酸的密碼子（圖中以底線標示）。答
案是琥珀突變是 UAG，也就是說，UAG 是終止密碼子之一。

後來，利用同樣的策略，兩人又都解出第二個終止密碼子：赭石
UAA。

1966 年 6 月 2 日，冷泉港每年一度的研討會以「遺傳密碼」為
主題，與會者達 300 人，是參加人數最多的一次。這個歷史的里程
碑，科學界和媒體都熱烈反應。正如克里克在開場白所說：「這是個
歷史場合。」

尼倫伯格和柯阮納在會中宣佈整個遺傳密碼中 64 個密碼子，已
經解出了 63 個（圖 12-4）。最後一個密碼子，也就是第三個終止密碼
子（蛋白石 UGA），隔年布藍納與克里克也用 rIIA 基因解出來。再

UUU	Phe	UCU	Ser	UAU	Tyr	UGU	Cys
UUC	Phe	UCC	Ser	UAC	Tyr	UGC	Cys
UUA	Leu	UCA	Ser	UAA	*	UGA	*
UUG	Leu	UCG	Ser	UAG	*	UGG	Trp
CUU	Leu	CCU	Pro	CAU	His	CGU	Arg
CUC	Leu	CCC	Pro	CAC	His	CGC	Arg
CUA	Leu	CCA	Pro	CAA	Gln	CGA	Arg
CUG	Leu	CCG	Pro	CAG	Gln	CGG	Arg
AUU	Ile	ACU	Thr	AAU	Asn	AGU	Ser
AUC	Ile	ACC	Thr	AAC	Asn	AGC	Ser
AUA	Ile	ACA	Thr	AAA	Lys	AGA	Arg
AUG	Met	ACG	Thr	AAG	Lys	AGG	Arg
GUU	Val	GCU	Ala	GAU	Asp	GGU	Gly
GUC	Val	GCC	Ala	GAC	Asp	GGC	Gly
GUA	Val	GCA	Ala	GAA	Glu	GGA	Gly
GUG	Val	GCG	Ala	GAG	Glu	GGG	Gly

圖 12-4 遺傳密碼表。20 種胺基酸用英文簡寫表示，第一個發現的密碼子 UUU（Phe，苯丙胺酸）佔據第一個位置。同樣的胺基酸用同樣的顏色顯示。三個終止密碼子用星號表示。

過一年（1968），尼倫伯格、柯阮納及侯利三人一起獲得諾貝爾獎。

回顧起來，遺傳密碼的解碼工作一共花了 14 年的時光，從 1953 年伽莫夫提出鑽石密碼假說開始，一直到 1967 年用生化與遺傳方法解出全部密碼為止。前面大約八年的時間中，大量的人力、經費和電腦時間都花在理論路線，可以說是人類歷史上未曾有過如此龐大的解碼工作。結果呢？結果只是，如克里克所說，產生「一大堆討論遺傳密碼的爛論文」。這段期間，資訊學在技術的應用上雖然沒有什麼成就，卻留下遺傳資訊學的理論骨架，並把資訊的觀念帶進生化學中。遺傳的理論開始用「資訊」、「訊息」、「密碼」、「程式」、「指令」這些隱喻，一直到今日的生物學都還存留著。

沒什麼神奇的 20

遺傳密碼漸漸成形時，就可以看出前期的理論家拚命要用各種編碼模型湊出神奇的數字 20，其實沒什麼意義。雖然密碼子有 64 個，但胺基酸只有 20 個，在真正的遺傳密碼裡，扣掉 3 個終止密碼子之外，多餘的 41 個密碼子都拿來重複使用。大部份的胺基酸都有多個密碼子重複編碼它，這些編碼相同胺基酸的密碼子，叫做「同義密碼子」。

如果說這些密碼有什麼特殊安排的話，那就是演化所塑造、隱藏在細節裡的玄機。譬如說，同義密碼子之間的差異幾乎都在第三個鹼基。在這個位置的鹼基轉換，特別是嘧啶（U 和 C）之間或者嘌呤（A 和 G）之間的交換，通常都還是同義。這個「設計」很有道理，因為 DNA 的突變大部份都是嘧啶之間或者嘌呤之間的交換，很少是嘧啶和嘌呤之間的轉變。所以，突變發生在密碼子第三個位置的話，常常不會造成胺基酸的改變，就好像沒有發生突變一樣。

此外，即使突變發生在密碼子另外兩個核苷酸，造成胺基酸的改變，新的胺基酸常和原來的胺基酸性質相像。譬如，疏水的胺基酸經過一個鹼基的突變，常常變成也是疏水的胺基酸；親水的胺基酸經過一個鹼基的突變，常常還是親水性的胺基酸。這樣的設計也讓生物比較能夠忍受突變的壓力。

反過來，如果大自然的遺傳密碼是像伽莫夫提出的「鑽石密碼」（見第 8 章）那種重疊密碼子，每一個鹼基都參與三個密碼子，那麼任何一個突變最多可能造成三個胺基酸的改變。這樣的遺傳系統會非常不穩定。

如果大自然採用克里克的「無逗點密碼」（見第 8 章），每一個核苷酸序列只有一個讀框有意義的，那麼任何一個突變都有可能把一個密碼子改變成無意義的終止密碼子。這是因為無意義的密碼子有 44 種，有意義的密碼子才 20 種，隨意突變產生無意義密碼子的機率非常高。這樣的遺傳系統更是脆弱。在真正的遺傳密碼系統下，突變

要導致終止密碼子的機會不高，因為終止密碼子只有 3 個。

搖擺配對

依照遺傳密碼，細胞有 61 個編碼胺基酸的密碼子，直覺的邏輯就是細胞會有 61 種不同的 tRNA 來辨識這 61 個密碼子。但是當時開始出現一些實驗結果，顯示有些 tRNA 似乎可以和不只一個同義密碼子配對，而且這現象似乎具有一般性；細胞並不需要 61 種 tRNA。可是，一個 tRNA 如何和不同的同義密碼子配對呢？

1966 年，克里克提出一個「搖擺假說」（Wobble Hypothesis）。他說：tRNA 上的反密碼子與 mRNA 上的密碼子配對，不需要完全依照典型的華生–克里克模型，可以用非典型方式配對。

什麼是非典型的配對？我們前頭（第 6 章）談到華生考慮鹼基互相配對的時候，曾提到鹼基的配對有非常多種形式，包括相同鹼基之間的配對（出現在華生的第二個模型）。華生後來在雙螺旋模型中提出的 A-T 與 G-C 配對，我們稱之為典型的模型。它們的特點是二者的形狀和大小很像，所以做出來的雙螺旋外形會很均勻。

密碼子和反密碼子之間的配對牽涉到三對鹼基。從立體結構看來，反密碼子的 5' 端鹼基和密碼子的 3' 端鹼基的配對應該有彈性，可以脫離典型的雙螺旋模型的位置，容許非典型的鹼基配對。克里克提出四種非典型的配對（圖 12-5A）：G-U、I-U、I-C 和 I-A。G-U的配對在一般雙股 RNA 上本來就容易形成。I（inosine，肌核苷）在侯利定序的丙胺酸 tRNA 上面就發現了（見第 11 章）。它是反密碼子 IGC 的第一個鹼基，是從 A 修飾形成的。它除了可以和 U 形成典型的配對，還可以和 C 及 A 形成非典型的配對。這些非典型的配對在形狀和角度上都很不一樣，所以會脫離典型配對的位置（圖 12-5B），因此克里克稱之為「搖擺配對」（wobble pair）。密碼子和反密碼子之間的其他兩個鹼基對還是維持典型的配對。

搖擺假說解釋了為什麼有些 tRNA 分子可以辨識兩個或三個不同

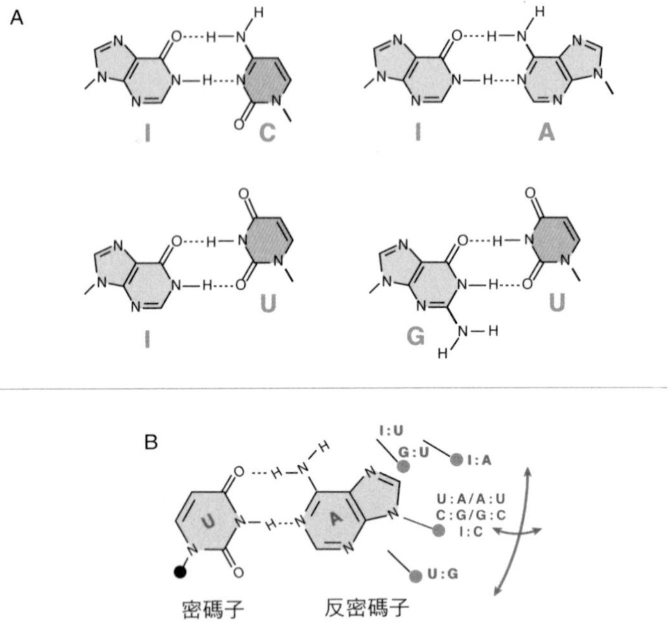

圖 12-5 克里克的「搖擺假說」。(A)四種搖擺配對：I-C、I-U、I-A 與 G-U。
(B)搖擺配對位置的比較：左下側的黑點是密碼子的鹼基連接
核糖第一個碳(C1')的位置，右側的綠點是反密碼子的鹼基連
接 C1' 的位置。I-C 對的位置和角度，與標準的華生－克里克鹼
基對(U-A、A-U、C-G、G-C)的位置(灰色)相同。其他三種
搖擺配對則差異很大。注意：U-G 配對和 G-U 配對的位置差別
也很大。「搖擺」就是指這些非典型配對的形態變化。(改繪自
克里克 1966 年的論文)

的密碼子（同義密碼子），而且差異都在密碼子的第三個鹼基。譬如，
丙胺酸的同義密碼子有四個：GCU、GCC、GCA 和 GCG，其中有三
個能夠和 IGC 配對：GCU（I-U 配）、GCC（I-C 配）和 GCA（I-A 配）
三個，因此以一個攜帶 IGC 反密碼子的 tRNA 就足夠應付；另一個
密碼子 GCG 需要另一種 tRNA 來辨識。所以，細胞只要兩個 tRNA

就足以應付丙胺酸的四個同義密碼子。根據這樣的考量，細胞不需要有 61 種不同的 tRNA 分子來辨識 61 個密碼子。克里克計算出來，細胞最少只要 32 種 tRNA 就可以應付所有 61 個有意義的密碼子。細胞中實際上存在有多少種 tRNA，很難用分離的技術確切知道，因為各種 tRNA 的數目差異很大，有的很多，有的很少。現在我們可以根據生物染色體的鹼基序列來數算出 tRNA 基因的數目，tRNA 的種類確實都遠少於 61 種，大部份都只有四、五十種。

搖擺假說很成功地解釋遺傳密碼和 tRNA 之間的關係，以及 tRNA 的特殊結構。後續的研究進展也支持這個假說的基本正確性，只添加了幾個比較少見的搖擺配對。

新生物學來臨

遺傳密碼完全解開之後，分子生物學的基本架構已經完備了：從遺傳資訊如何儲藏在 DNA 雙螺旋的鹼基序列中、DNA 如何複製、遺傳資訊如何轉錄到 mRNA 的序列並攜帶到核糖體、tRNA 在核糖體上如何轉譯 mRNA 的鹼基序列成蛋白質的胺基酸序列……這一連串的遺傳資訊傳遞系統，釐清了遺傳學在分子層次的基本機制。孟德爾開啟的遺傳學，終於有了完整的詮釋。

這門嶄新的分子生物學終於把物理、化學和生物學統整起來。在這場革命之前，物理和化學基本上已經藉由量子力學結合起來，但是生物學還是距離它們很遙遠，特別是遺傳學。像薛丁格所言，當時的遺傳學非常神秘，從物理學看來很難解釋，似乎有很深的弔詭。現在新的生物學終於將生命現象納入物理化學的範疇中，一切都包涵在已知的物理化學原理裡面，沒有弔詭，也沒有神秘力量。

戴爾布魯克一直到 1981 年過世之前，都沒有放棄追求弔詭和新物理定律的夢。他的夢曾經吸引了很多年輕的科學家進入這個新領域，但是到頭來，原本看起來很神秘的遺傳學，還是遵循基本的物理和化學原理，一切都可以在分子層次解釋清楚，沒有什麼需要新的物

理定律來解釋。戴爾布魯克的夢破滅了。

達爾文也有一個夢。他夢想有一天，「自然界每一個大『界』都會有相當真實的族譜樹」。現在他的夢成真了，所有的生物都位在一棵巨大的族譜樹上。圓這個夢的也是分子生物學。要能夠把所有生物的親緣完全連接在一起，又能夠令人信服，依賴的是基因和蛋白質的分子線索。從 DNA 和蛋白質序列的相似性，物種之間的親疏關係就一目瞭然。序列越相近，親緣關係必定越相近。細菌和我們人類從外表怎麼看都很難令人信服說我們有共通祖先，但是只要比較我們細胞中的 DNA 和蛋白質的序列，就知道我們都是兄弟。所有地球上的生物都是如此。更特別的是遺傳密碼，地球上所有的生物都使用同一套遺傳密碼。這個共通性不可能是偶然發生，它證實我們大家都來自同一個祖宗。

整個遺傳學革命，經歷了大約一百年時間，從孟德爾論文出版（1866 年）以及 DNA 的發現（1869 年），到冷泉港的「遺傳密碼」研討會（1966 年）。雖然 19 世紀時期的進展完全停滯在孟德爾遺傳定律與 DNA 的發現，接下來 20 世紀中的進展腳步就逐漸加快，到最後二、三十年的進展，快得超乎每一個人的預料。克里克在他1988 年出版的自傳中就如此說：「1947 年當我開始研究生物學的時候，所有讓我感到興趣的主要問題，例如基因是什麼做成的，它怎麼複製，怎麼打開和關閉，還有它是做什麼的，我並不懷疑它們會在我的科學生涯中獲得解答。當初我挑選了一個題目，或者說一系列的題目，我原以為它會耗掉我整個科學生涯，而現在我卻發現我主要的抱負都得到滿足了。」

克里克後來就離開分子生物學，1970 年代中期搬到聖地牙哥的沙克生物研究院，在那裡轉而探索更具挑戰性的腦科學，一直到2004 年過世為止。這方面的知識，他都是自修的。他本人不做實驗，只和神經科學實驗室合作，進行理論上的思索和探討。

腦科學最基本的機制是記憶，而我們連記憶如何儲藏和處理都無

法掌握，很像當年我們無法掌握遺傳訊息（基因）如何儲藏和處理一樣。和分子生物學不同的是，記憶的機制應該不能在細胞中探索，也無法依賴簡單的物理和化學就能解釋。它的祕密似乎隱藏在更高層次的系統中。這個系統我們仍然沒有打開門縫。以克里克的才智，他還是無法突破。到目前，我們還在等待腦科學界的孟德爾。

至於華生，他後來漸漸遠離實驗室，走向科學行政和寫作工作。1968 年他擔任冷泉港實驗室的主任，1994 年改任總裁，2003 年轉任總監，2007 年退休。這期間，1990~92 年，他主持美國聯邦政府支持的「人類基因體計畫」（Human Genome Project）。美國國家衛生研究院要拿基因序列申請專利，他反對不果，就辭職下台。他說：「世界各國應該把人類的基因體視為屬於這世界的人民，不是屬於這世界的國家。」

2001 年，人類基因體的序列初稿終於完成，這是分子生物學革命的一個偉大里程碑。它把人類染色體上 30 億鹼基對的序列大致定出來。30 億個 A、T、G、C 排列在 23 對染色體上。如果把 46 條染色體的 DNA 串聯起來，總長大約兩公尺。相當不可思議，這些纖細的分子主宰我們每一個人從一個小小的受精卵發育成人的程式。

但是，人類基因體序列只是一塊墊腳石。這一切都只是開始。歷史告訴我們，人類有無窮的求知慾望，也有無窮的應用知識進行創造的慾望。走過百年歷史的基因研究，才要開始在發揮它的深廣的潛力。我們的食物、醫療、健康、法律、倫理、哲學、藝術等，一切都為之改變了。

後記

所有的事物都受時間和空間的束縛。〔科學家〕所研究的動物、植物或微生物都只是變化萬千的演化鏈的一環，沒有任何永久的意義。即使他接觸的各種分子及化學反應，也不過是今日的流行，都會隨著演化的進行而被取代。他所研究的生物並不是一種理想生物的特殊表現，而是整個廣無邊際、相互關聯、相互依賴的生命網的一條線索而已。

——戴爾布魯克

遺傳工程革命

分子生物的研究成果不但解開基因的秘密，也不可避免地喚起人類進行遺傳工程的慾望。

早在 1967 年，當完整的遺傳密碼剛剛問世的時候，尼倫伯格在《科學》期刊上發表一篇深具遠見的社論，標題是〈社會將會準備好嗎？〉。他在這篇文章裡說：「我們對未來能期待什麼呢？簡短但是有意義的遺傳訊息將可以用化學合成出來。這些指令是用細胞能夠了解的語言所寫的，所以這些訊息可以用來控制細胞。細胞會執行這些指令。這些程式甚至可能遺傳下去……我猜二十五年內，細胞就可以用人造的訊息做程式控制。如果這方面的努力再加強的話，細菌可能五年內就可以用程式控制。」他不就是在預言遺傳工程時代的來臨嗎？

他接著說：「特別要強調的一點是，遠在人能夠充份評估這些改變會帶來的長程後果之前，遠在他能規劃目標之前，遠在他能解決所將面臨的倫理與道德問題之前，他可能就會用合成的訊息設定他自己的細胞。」歷史證明，遺傳工程時代的來臨比他的預測早多了，而且正如他所擔憂的，社會沒有準備好。

這篇社論發表後過了不到五年，利用分子生物技術進行基因改造和轉移的技術就陸續出現，這個技術稱為「重組DNA」（recombinant DNA）。科學家開始在實驗室中分離特定的基因，進行剪接和重組，再把這些基因用特殊的載體送入細胞中，在裡面複製並且執行特定的任務。1972 年柏格的實驗室成功拼出第一個重組DNA分子，他們選擇動物病毒 SV40 當做載體來攜帶外來基因。SV40 的 DNA 會嵌入動物染色體中，因此它所攜帶的外來基因也可以一起嵌入染色體。他們用一種繁複的生化黏接方法，把一段噬菌體 λ 的 DNA 和一組大腸桿菌代謝半乳糖的基因插入SV40 的DNA中。

後來他們沒有把這個重組 DNA 轉殖到動物細胞或者大腸桿菌中，因為有些同僚警告他們，SV40 病毒有可能致癌，不宜隨意進行轉殖。柏格就暫停這方面的工作，開始和一些同僚組成一個委員會，

討論重組 DNA 的潛在危險以及如何應對。這個委員會的努力催生了日後的「阿錫洛瑪重組 DNA 分子會議」（Asilomar Conference on Recombinant DNA Molecules）。

柏格的重組 DNA 技術比較麻煩，現代大家普遍使用的技術是隔年（1973）由科恩（Stanley Cohen）和包以爾（Herbert Boyer）合作發展出來的。科恩在史丹佛大學研究質體。質體是細菌中染色體外的 DNA，通常都是環狀的，攜帶一些對細胞有用但不是必需的基因（見第 4 章）。質體可以當做攜帶外來基因的載體。加州大學的包以爾則研究「限制酶」（restriction enzyme）。限制酶是 1960~70 年代期間陸續發現的 DNA 切割酶，它們會辨識 DNA 上特定的序列加以切割。很多生物（特別是細菌）具有不同的限制酶，可以切割不同的特定序列（長度通常是 4~6 個核苷酸對）。限制酶切點的末端大多數有單股的互補序列，所以可以互相配對，用一種連接 DNA 的「連接酶」（ligase）接起來。科恩和包以爾利用限制酶切割質體 DNA 特定的地方，再插入用同樣限制酶切割過的外來 DNA，然後用連接酶把二者連接起來成為一個重組質體。這樣的質體可以送回大腸桿菌，讓外來 DNA 上的基因表現，產生外來的蛋白質。

這個技術非常方便，尤其是新的限制酶不斷出現，讓重組 DNA 的剪接更有彈性、更方便。世界各處的實驗室紛紛採用這個技術，一直到今日，使用範圍更擴大到其他細菌、真菌、植物和動物。在這技術帶來的憧憬下，大大小小的生物科技公司紛紛成立，搶先用這個技術量產珍貴的蛋白質。第一家成立於 1976 年，就叫做「基因工程科技公司」（Genentech）。包以爾是創始人之一。

1977 年，包以爾以及另一個實驗室成功在大腸桿菌生產人類體抑素（somatostatin），它只有 14 個胺基酸長。1978 年，基因工程科技公司和哈佛大學的吉爾伯特（Walter Gilbert）分別成功在大腸桿菌中表現人類的胰島素。胰島素的長度為 110 個胺基酸，是第一個被定序出來的蛋白質，定序的人是桑格（見第 8 章）。1980 年，桑格、吉

爾伯特和柏格三人一起獲得諾貝爾獎。

以上兩種蛋白質都是人體的激素（荷爾蒙），深具醫療價值。重組 DNA 也開始應用在其他產業。1983 年，發酵起司需要的凝乳酶也成功地由大腸桿菌生產。傳統上凝乳酶都是從小牛的胃萃取而來，價錢不便宜；現在只要培養帶著凝乳酶基因的細菌就可以生產，省了很多成本。

科學家的自律

1974 年夏天，以柏格為首的一群科學家擔心不受控制的重組 DNA 實驗可能導致人類健康的風險以及生態的破壞，提議召開國際會議討論這個公眾議題，而且在會議之前，科學家應該採取「自願的禁令」，暫時停止有「潛在危險」的重組 DNA 實驗。大部份的實驗室都遵守了這個禁令。

八個月後（1975 年 2 月）「阿錫洛瑪重組 DNA 分子會議」在美國加州的阿錫洛瑪海灘舉行，參與者大約有 140 名專業人士，主要是生物學家，但也包括一些律師和醫生。召集人是柏格。

會議的主要目的是討論自願的禁令是否可以取消；如果取消的話，是否應做某些規範、禁止哪些實驗，或者採取防範的安全措施。三天的會議下來，經過不少爭議，最後達成一個主要共識，就是重組 DNA 實驗應該繼續，但是需要嚴格的規範。大會建議使用兩類安全防護罩（containment）：物理性防護罩和生物性防護罩。前者牽涉到實驗室和器材的特殊規劃，後者則是實驗用生物以及生物分子的選擇與處理。

物理性防護罩的用意是以適當的設施隔離實驗所使用的重組 DNA 和宿主，避免人員和物件受到污染，並且防止不當的重組 DNA 材料流出實驗室，往外擴散。依照實驗的潛在危險性高低不同，物理性防護罩可以分成幾級。風險很高的實驗，例如涉及致癌病毒的實驗，必須有隔離度最高的實驗空間和防護衣著，以及最嚴謹的實驗物

品與廢棄物的管理。

生物性防護罩是指使用適當的宿主和載體（特別是病毒載體），以確保實驗操作的安全，降低宿主和載體在實驗室外存活的能力，避免載體和宿主在自然環境擴散。所以載體應該缺乏傳播的能力，只能在特定宿主中存活。宿主應該是在自然環境缺乏競爭力的生物，很難在自然環境中存活。除此之外，大會還建議應該禁止某些DNA進行重組實驗：例如高致病性微生物的DNA、致癌微生物的DNA，以及毒素的基因等。

會議結束翌日，美國國家衛生研究院（NIH）立刻成立一個重組DNA顧問委員會（Recombinant DNA Advisory Committee），進行一項艱鉅的任務：制定《NIH重組DNA分子研究準則》（*NIH Guidelines for Research Involving Recombinant DNA Molecules*）。這個準則要到翌年夏天才出爐。

出爐的準則引發兩極反應。一方面，大眾對他們不了解的遺傳工程抱著無名的疑慮和恐懼；另一方面，很多科學家覺得潛在危險被莫名地誇大，實驗準則嚴格得很不合理。於是在國會、州議會、市議會都出現無數的場內激辯和場外抗議。

這個準則把有些缺乏專業憑據、只是純粹幻想的潛在危險都納入考慮，最典型的純粹幻想災難就是：攜帶重組DNA的大腸桿菌「說不定」會演變成為超級病菌，造成全球瘟疫。流行病學專家會告訴你這是多無稽的幻想，只會出現在科幻電影中；可惜這類專家都沒有受邀參加會議和委員會。

在無知的恐懼和大眾的壓力下，該準則對實驗的限制當然過份嚴苛，造成很多研究者和生技公司的抗議和反彈，特別是這準則陸續被美國地方政府和其他各國政府採納，立法成為正式的法規。有些實驗室因此必須終止進行中的實驗，必須銷毀辛苦建構的重組DNA分子，只因為未符合準則的規定。

後來經過多次公開辯論和抗議論述後，NIH終於接受重組DNA

的潛在危害被過度誇大，在 1978 年 3 月的《聯邦公報》中宣告重組DNA 本身對公眾的危害很小，小到沒有實質意義，研究的管控可以降低。12 月 NIH 頒佈了修訂版的準則。還好 NIH 不是法規管理單位，立法和修法不必經過冗長的官僚程序。接下來幾十年，一直到現在，這個準則仍陸續修正。今日全世界對重組 DNA 實驗的規範，基本上都是遵循美國的規範，放寬很多。五十多年來，全世界各地進行過數百萬次的重組 DNA，當初想像的重組 DNA 災難沒有發生過一件。重組 DNA 成為現代生物學最重要的實驗工具，連學生的實驗課都會教。

從阿錫洛瑪會議到重組 DNA 準則，整個事件具有劃時代的意義。它是歷史上科學家首次自主地把科學研究的倫理議題攤開在公眾的眼光下，接受社會的檢驗和辯論。雖然這樣的做法帶來不少不理性的激烈爭執與抗議，但這些似乎都是民主自由社會不可避免的過程。我們固然不能盼望所有研究者都是客觀、嚴謹和負責；我們也不能期望社會大眾能夠對科技議題有足夠的理解，然後抱著理性不偏的立場來參與討論和決策。

不過，這樣的曝光也提高了大眾對遺傳工程和生物技術的興趣。DNA 成為家喻戶曉的名詞，雙螺旋成為歷史上最夯的科學圖像。DNA 的字眼和圖騰出現在世界各角落的書報、媒體、廣告和午茶閒聊中。

轉殖生物與反向遺傳學

重組 DNA 的技術將遺傳學從基礎科學帶入科技領域。遺傳學從此失去了純真。它帶來商機、帶來法律和倫理問題，也帶來憂慮。它讓大眾最憂慮的，是它能夠快速而且大幅改變生物的遺傳。遺傳工程、轉殖生物、優生學，不管用什麼樣的字眼，我們的社會對這些快速發展的新科技又愛又怕。雖然在大自然中，每一個物種都隨時隨地在突變、改變它們的基因，但是都沒有基因工程這樣有效率、有特定

目標。人類進入畜牧和農業社會之後，也一直在做動植物的育種和優生學，同樣沒有如此精準、如此快速。

現在轉殖生物最普遍且最重要的，應該是農作物。植物的遺傳改變比較容易操作，可以直接在葉子或種子中進行，經過改變的葉子可以透過組織培養建立轉殖後代，改變的如果是種子就可以直接遺傳下去。轉殖哺乳動物最麻煩，因為操作基本上必須在生殖細胞中進行，然後讓改變了的生殖細胞在母體（或代理孕母）的子宮中發育成為個體。

1978 年，全世界第一個試管嬰兒在英國誕生。這個體外人工授精的新技術開拓了一條路徑，導致 1996 年複製羊桃麗的出現。桃麗羊和試管嬰兒不同，牠的染色體不是來自受精卵，而是來自一隻芬蘭多塞特母羊體細胞（胸腺細胞）的細胞核。蘇格蘭羅斯林研究所的科學家把這個細胞核注射進一個已經去除細胞核的蘇格蘭羊的母卵細胞（oocyte），等這個母卵細胞發育成胚胎，再移入一隻蘇格蘭羊的子宮中，讓後者擔任代理孕母的角色。這樣生下來的桃麗羊也是芬蘭多塞特母羊，雖然孕母是蘇格蘭羊。牠和牠母親有一樣的染色體、一樣的遺傳特徵。牠是一隻複製動物。

桃麗羊的技術如果用在人的身上，得到的就是「複製人」。複製人的技術或許沒有太大的障礙，但是世界上還沒有一個國家容許這樣的生殖和育種行為。此外也沒有一個國家容許對人體進行生殖細胞的基因改造，亦即「優生學」的工作，即使這樣的改造是為了矯正某種嚴重的遺傳缺陷（例如血友病）。現在的癥結在於群眾心理和社會倫理方面的障礙。人類還沒有準備面對優生學。

這些基因轉殖技術所代表的遺傳學，都屬於「反向遺傳學」（圖13-1）。傳統的遺傳學，從孟德爾開始，都是先觀察到特殊的性狀變異（例如果蠅的白眼突變），再去尋找是哪個基因的突變所造成的。反向遺傳學則是先找到一個基因，改變它（甚至破壞它），然後看這個改變造成什麼影響。傳統遺傳學是由外往內，反向遺傳學是由內往

個體表現的變化

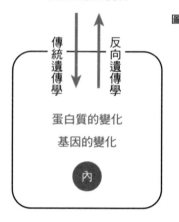

傳統遺傳學　反向遺傳學

蛋白質的變化

基因的變化

內

圖 13-1 傳統遺傳學和反向遺傳學。前者由外往內，從個體表現的變化往內了解是什麼蛋白質和基因的變化所造成；後者由內往外，在細胞內製造基因突變，導致蛋白質的變化，然後觀察該突變造成個體何種表現的改變，藉此了解該基因的功能。

外。在當今染色體定序和基因合成如此快速與便利之下，傳統遺傳學研究幾乎全面被反向遺傳學取代了，只有人類除外。我們可以在所有其他的生物進行反向遺傳操作，但是法律和人道的考量，限制我們對人類生殖細胞進行遺傳操縱。

　　一百年的傳統遺傳學讓我們了解基因。現在我們反過來用基因來了解生物學。細胞所有的代謝反應以及結構可以說都直接或間接地和基因有關，而且其中很多關係錯綜複雜，必須借助各種遺傳分析來釐清。我們可以說：生物學的研究，以前我們思考基因，現在我們用基因思考。從基因，我們思考我們從哪裡來，我們要往哪裡去。

生命起源的挑戰

　　1965 年，莫納德獲得諾貝爾獎的時候，有一位記者採訪他，問他認為當下生物學還剩下什麼基本問題還沒有解決。他回答說有兩個問題：一個是在演化最低和最簡單的層次，就是生命的起源；另一個

是在演化最高和最複雜的層次，就是大腦的運作。他說最簡單的層次可能是最難研究的，因為我們現在能夠著手研究的細胞，即使是最簡單的細菌，都已經是演化了數十億年的產物，距離生命的起源已經非常非常遙遠。

有關生命的起源的問題，最困難的應該是遺傳系統的演化，因為遺傳現象不只是一些生化反應，它具有一個神奇的密碼資訊系統。這個資訊系統牽涉到的複製、備份和轉譯等功能都是複雜的機制，很難想像它如何一步一步演化出來。反過來說，它應該是很早就出現，出現在現今地球所有生物的共同祖先身上，因為我們大家都用這個共同的系統。

最神奇的是，密碼怎麼會出現在生物體呢？密碼不都是刻意設計的嗎？摩斯密碼是 1837 年美國的維爾（Alfred Vail）和摩斯（Samuel Morse）發明的，用三個代碼（短線、長線及空格）的排列變化來傳達文字、符號和數字。原始的生物如何「發明」用四種鹼基編碼 20 個胺基酸呢？這樣的密碼系統以及精密的翻譯機器是怎麼演化出來呢？莫納德認為這是研究生命起源面臨的最大挑戰。我想，大部份的生物學家都會贊同。

訪問中記者還問莫納德一個問題：「如果我們問你『生命是什麼』，我想知道你會給我什麼樣的答案。」莫納德回答說：「假設我告訴你，以我們對最簡單的細胞的知識來說，有一天我們可能在試管中合成一個細胞，這樣說法並不荒謬……現在很不可能，不過理論上至少不是不可能。現在假設我們做到了，我們從原料合成一個細胞，而且這細胞是活的。這足夠回答你的問題嗎？」

合成生命

嗯，合成的細胞是生命嗎？這是一個很有意思的問題。對於這個問題，我們是否可以如此思考？絕大部份的生物學家相信地球的生物（即使是來自宇宙別處）是從自然界的無機物演化來的。這不是和試

管中合成的細胞一樣嗎？差別只是一個是自然發生的，一個是人為製造的。

合成的生命是科學家的聖杯之一。最簡單的目標就是莫納德說的：在試管中合成細胞。莫納德在半個世紀前說這是很遙遠的事，最近卻有人宣稱他們創造了「人造生命」。真的嗎？

2010 年 5 月，分子生物學家凡特（Craig Venter）和他的「合成基因體學公司」（Synthetic Genomics）團隊，宣佈他們合成出世界上第一個「人造細胞」，創造了第一個「人造生命」。

凡特的團隊做了什麼偉大的突破呢？首先，他們解出黴漿菌（一種簡單細菌）的染色體 DNA 序列。然後用人工方法合成染色體片段，再組裝成一個完整的染色體，並且加入一個抗藥性基因。然後，他們把這人工染色體送入一株不同品系的黴漿菌。這株黴漿菌就帶有兩個染色體，一個是原本天然的染色體，一個是送進去的合成染色體。這細菌分裂繁殖之後的後代，有的會攜帶原有的染色體，有的會攜帶合成染色體，因為黴漿菌和大部份細菌一樣只能攜帶一套染色體。這時候他們用藥物處理，把攜帶原有染色體的細菌殺死，而攜帶合成染色體的後代不會被殺死，因為它們帶有抗藥性基因。就這樣，凡特團隊就得到帶著合成染色體的新黴漿菌。凡特團隊在記者招待會上宣稱，這是世界上第一個「人造細胞」。

這樣就算是「人造細胞」嗎？如果讀者跟著我讀到這裡，應該會大聲說：「不是！」為什麼不是？因為他們只是把一個細胞原有的染色體換成新的合成染色體。接納這個染色體，表現它攜帶的數千個基因的，還是原本的細胞。他們並沒有製造細胞。沒有細胞，染色體只不過是一條一條的 A、T、G、C 罷了。

以現代的科技，任何人花一點錢就可以用 A、T、G、C 合成任何基因，這已經是家常便飯。凡特團隊的最大成就是把合成的基因片段連結起來，成為完整的染色體。這是很困難的工作，主要是因為 DNA 的長度只要大於 10 萬個核苷酸對，就很容易被試管中流動的水

「剪」斷。黴漿菌染色體的長度高達 100 萬核苷酸對，這麼長的染色體不可能在試管中維持完整性。凡特團隊解決這個難題的方法，是把 DNA 片段放到酵母菌中，讓酵母菌中天然的重組系統把片段組合起來，成為完整的黴漿菌染色體。這個重要的技術突破，讓凡特團隊得以把完整染色體送入黴漿菌。

問題是，接受染色體的是活生生的細菌細胞，不是合成的細胞。染色體好比是電腦的軟體，攜帶著資訊和指令；細胞是處理資訊和執行指令的硬體。沒有細胞這個硬體，染色體一點都沒有辦法執行它的基因的指令。這就好像，沒有電腦硬體，操作系統的軟體也毫無存在的意義，它的指令沒有東西接受並執行。你把一部電腦的操作系統更換成新的操作系統，你會說你創造了一部新電腦嗎？

細胞比起 DNA 的物理構造要複雜很多很多。DNA 用四種核苷酸就可以快速合成起來。細胞，即使是一個小小的細菌，就有幾千種蛋白質、碳水化合物、脂肪等化合物，拼湊成三維的精密結構，互相密切地牽連著。這些東西還要有細胞膜（甚至細菌的細胞壁）把它們包起來。細胞膜上還要有各式各樣的通行門徑，讓物質和訊息進進出出。即使一個最簡單的細菌細胞，它的複雜度都遠超乎我們的想像，超乎任何超級電腦所能模擬的。目前沒有人知道怎麼製造它。半個世紀前，莫納德說人造生命還很遙遠，現在它還是很遙遠。

一起發跡的資訊革命

創造有機生命或許遙不可及，但是我們或許已經在創造另一種生命：智能的機械生命。我指的是電腦，還有電腦所延伸出來的人工智慧。

電腦和細胞一樣，都是處理數位資訊的機器。仔細想想，它們實在很像。首先，它們都具有軟體和硬體兩個部份，各司其職。軟體是資訊（包括指令和資料）所在，硬體是執行指令和處理資料的機器。電腦的軟體是用 0 和 1 兩個單元編碼，細胞的軟體是則是用 ATGC

四個單元編碼。資料和指令都是由這些單元所編碼，儲藏在相當穩定的地方：電腦的資訊儲藏在硬碟或光碟等記憶體中，細胞的遺傳資訊儲藏在染色體上。這些資訊都可以複製。

其次，它們的操作模式也很相像。電腦要使用儲存在硬碟或光碟上的指令和資料時，就把這些資訊複製一份，傳送到一個暫存的空間（隨機存取記憶體），由「中央處理器」把成串的 0 和 1 翻譯成為有意義的資訊，進行各種工作。接著，隨機存取記憶體中的資訊會被清除，讓出空間來處理另一個指令和資訊。隨機存取記憶體中的資訊是不穩定的，電腦失去電源的時候，它就消失了，但是硬碟和光碟中的資訊不會不見。

細胞也是一樣，當某一個基因要表現的時候，它才會被複製出來（到 mRNA 上），然後送到翻譯機器（核糖體和 tRNA），把鹼基序列的訊息翻譯成胺基酸序列。這些胺基酸序列構成的蛋白質才是細胞中的主要工作者。mRNA 與隨機存取記憶體中的資訊一樣，也是不穩定的，過了一段時間就會消失，讓出轉譯的機會給下一個要表現的mRNA。完整的資訊儲藏在比較穩定的地方，要用的時候再選擇性地複製出來。這是很有邏輯的設計，也是電腦和細胞第二個共有特點。

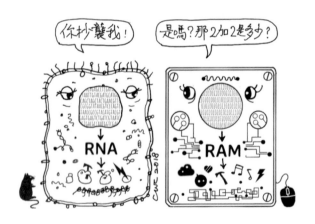

電腦和細胞的第三個共同點是「網路」。單細胞的生物所具有的資訊系統都存在細胞裡面。當生命演化到多細胞的階段，細胞和細胞之間必須能夠健全地溝通聯繫，才能夠分工合作。細胞之間藉由細胞表面的直接接觸或者體外的訊號（例如激素、神經傳導、免疫反應）互相溝通，電腦的演化也是如此。最早期的電腦也是單獨作業，到後來才由電腦之間的連線，讓它們互相交換訊息並分工合作，形成網路。網際網路（Internet）的發展更讓全世界的電腦都得以連結，形成一個史無前例的龐大通訊網路。物聯網（Internet of Things）更要把日用的物品和裝置都連線上網，進行管理和操控。這樣由單獨行動進入分工合作的演化，是電腦和細胞的第三個共同點。

電腦資訊革命的崛起，比遺傳資訊革命還更早。遠在 1820 年代，英國數學家巴比奇就提出可用程式控制的計算機的觀念。他提出第一個機械式計算機，稱為「差分機」，並且在英國政府的支持下開始建構（但是沒有完成）。當時英國另外一位數學家、發明家兼機械工程師愛達‧洛夫萊斯（詩人拜倫的女兒）更替巴比奇的差分機寫了程式，可惜差分機一直沒有完成。巴比奇被視為電腦先驅，愛達則是歷史上第一位程式設計師，現代有一套程式語言就用她的名字命名做紀念。

第一代電子計算機出現在 1930 年代，使用真空管當做處理器，在此之前的計算機都是機械式的。第二代的計算機使用電晶體，出現在 1940 年代，這一代的計算機開始可以儲存程式。當初遺傳密碼理論的解碼研究，還借助過這樣的電腦（見第 8 章）。第三代的計算機使用積體電路，讓電腦的重量和體積大幅降低，預告現代個人電腦的來臨，這一代計算機出現在 1960 年代中期，相當於遺傳密碼正要完全解開的時候。

一路走來

計算機和分子生物學這兩項資訊革命，都把人類社會帶入嶄新的

境界。在這之前，誰能想像得到生命中居然存在著資訊系統？而且人類，地球上智能最高的生物，還發明了新的人工資訊系統。二者都用密碼處理資訊，生命密碼的基本單元是 ATGC 四種鹼基，電腦密碼的基本單元是 0 與 1。我們可以說是一個自然資訊系統，發明了一個人工資訊系統。前者具有高度的智能，後者也開始出現智能，而且有些地方遠超越了人類。

面對未來，要走的路還很長，但回頭看看，我們也已經走了一段很精采的路。從孟德爾的豌豆和米歇爾的核素到現在，我們已經走了一個半世紀。最初只是純粹追求達爾文演化論的物種變異原理，卻發現了遺傳規律，接著走進細胞中的基因與染色體，再更深入化學分子的世界；在這個分子世界，DNA、RNA 和蛋白質隨著遺傳密碼的旋律跳著舞。這是孟德爾做夢也想不到的。他生前說過：「我的時代將會來臨。」他的夢不但完成了，也被超越了。

不可避免的是，新的知識永遠帶來新的疑問和新的挑戰。同樣不可避免的是，新的知識永遠帶來新的應用。分子生物學帶我們進入控制生物遺傳的科技世界，我們可以解剖地球上任何生物（包括人類）的基因、任意改變它們。這個前所未有的的本事，帶來了同樣前所未有的責任。

但是，如果回頭追溯到最當初，我們會發現帶來全新挑戰的科學革命，都源自非常無辜的基本提問。愛因斯坦相對論的起源多麼無辜，但是它帶來原子能和原子彈。

$E=mc^2$ 看起來是一個多麼簡單無辜的公式，0 與 1 也是很無辜的二進位計算單位。3：1 和 9：3：3：1，看起來也是多麼無辜的遺傳特徵比例，不是嗎？看看它們把我們帶到哪裡了。

基因的百年歷史與後續的里程碑

1859　達爾文發表《物種起源》

1865　孟德爾在學會宣讀豌豆遺傳論文

1869　米歇爾發現 DNA

1882　弗萊明發現有絲分裂和染色體

1900　孟德爾遺傳論文重新受到重視

1902　賈洛德首次把天生代謝疾病定位為遺傳缺陷

1902　波威利和薩頓確立染色體的遺傳地位

1911　摩根發現遺傳聯鎖

1913　史特蒂凡特建構第一張遺傳地圖

1919　李文提出 DNA 的「四核苷酸」模型

1927　繆勒用 X 射線誘導果蠅突變

1928　葛瑞菲斯發現肺炎雙球菌的轉形

1941　比德爾和塔特姆發表「一個基因一個酶」

1943　盧瑞亞和戴爾布魯克的「波動測試」顯示細菌有基因

1944　薛丁格發表《生命是什麼？》

1944　艾佛瑞的實驗室提出 DNA 是轉形本質的證據

1946　賴德堡發現細菌中的基因重組

1949　查加夫發表 DNA 的鹼基含量比例

1949　波伊文 - 凡綴里規律

1951　桑格定出胰島素的胺基酸序列

1951　鮑林發表蛋白質的 α 螺旋結構

1951　佛蘭克林發現 A 型與 B 型兩種形式的 DNA

1952　赫胥與蔡斯的果汁機實驗支持 DNA 的遺傳角色

1953　華生與克里克、佛蘭克林與葛斯林及威爾金斯等人發表 DNA 結構

1954　伽莫夫提出「鑽石密碼」模型

1955　班瑟分析 rII 基因座的細節結構

1955　克里克提出「轉接器假說」

1957　克里克提出「序列假說」與「中心教條」

1957　泰勒發表 DNA 半保留複製的證據

1958　梅塞爾森與史塔爾發表 DNA 半保留複製的證據

1958　薩梅尼克與霍格蘭發現 tRNA

1958　孔伯格等人分離出 DNA 聚合酶

1961　尼倫伯格與馬泰定出第一個密碼子

1961　賈可布與莫納德提出乳糖操縱組模型

1961	布藍納、賈可布與梅塞爾森提出 mRNA 的證據
1961	克里克等人提出密碼子是三聯體的證據
1965	侯利分離出 tRNA 並定序
1966	尼倫伯格與柯阮納於冷泉港的研討會發表遺傳密碼
1970	巴蒂摩（David Baltimore）與泰明（Howard Temin）發現反轉錄酶
1971	吳瑞（Ray Wu）成功定序 λ DNA 末端單股的 12 個核苷酸
1972	柏格發表用合成和黏接方式的重組 DNA 技術
1973	科恩和包以爾發表使用限制酶和連接酶的重組 DNA 技術
1975	阿錫洛瑪重組 DNA 分子會議討論基因工程的潛在危險、訂立實驗準則
1976	美國國家衛生研究院頒佈重組 DNA 研究準則、規範實驗室必須遵守的規則
1977	羅伯茲與夏普（Philip Sharp）發現 RNA 剪接現象
1977	桑格發明鏈終止法（chain termination method）的 DNA 定序技術
1977	馬克薩姆（Allan Maxam）與吉爾伯特發明 DNA 化學定序技術
1980	狄克森定出 12 個核苷酸對的 DNA 晶體結構
1980	數個實驗室成功轉殖老鼠
1981	切克（Thomas Cech）發現自我剪接的 RNA（self-splicing RNA）
1982	數個實驗室成功轉殖植物
1985	穆里斯（Kary Mullis）發明 DNA 聚合酶連鎖反應（polymerase chain reaction, PCR）技術
1990	基因療法首次獲批准
1993	安布羅斯（Victor Ambros）發現具有調控功能的微 RNA（microRNA）
1996	佛道爾（Stephen Fodor）發展出基因晶片（gene chip）
1996	複製羊桃麗誕生
1996	酵母菌基因體定序完成
1998	法厄（Andrew Fire）和梅洛（Craig Mello）發現特殊的雙鏈 RNA 可阻斷相應基因的表達，稱之為「RNA 干擾」（RNA interference）
1999	果蠅基因體定序完成
1999	DNA 微陣列（DNA microarray）技術出現
2001	賽勒拉基因體學公司（Celera Genomics）與美國政府「人類基因體計畫」發表人類染色體序列初稿
2005	次世代 DNA 定序技術出現
2010	以半導體晶片技術定序 DNA 技術成熟
2012	單分子 DNA 定序技術成熟
2012	道納（Jennifer Doudna）與夏龐蒂耶（Emmanuelle Charpentier）發表革命性的 CRISPR-Cas9 基因體編輯技術
2020	DeepMind 公司推出人工智慧平台 AlphaFold，快速和精確地預測大量蛋白質的立體結構
2022	T2T 聯盟發表接近完整的人類基因體序列

延伸閱讀與網路資源

參考書籍

《創世第八天》（*The Eighth Day of Creation*, by H. Judson）楊玉齡譯，遠流（2009）
歷史學家賈德森撰寫的分子生物學歷史巨著，包括一百多位學者的一手專訪記錄。
中譯本分為「DNA」、「RNA」和「蛋白質」三冊。

《薛丁格生命物理學講義：生命是什麼？》（*What Is Life?*, by E. Schrödinger）仇萬煜、
左蘭芬譯，貓頭鷹（2016）
薛丁格的經典著作，掀起物理學家投入遺傳學研究的風潮。

A History of Genetics, by A. H. Sturtevant (1965)
摩根的學生史特蒂文特撰寫的早期遺傳學歷史。電子版可以在此下載：http://www.
esp.org/books/sturt/history/readbook.html

A History of Molecular Biology, by M. Morange, Harvard University Press (1998)
一位生物學家眼中的分子生物學歷史。

Phage and the Origins of Molecular Biology, by J. Cairns, G. S. Stent and J. D.
Watson, Cold Spring Harbor Laboratory Press (1966, 2007)
戴爾布魯克 60 歲生日的紀念專輯。收集當代在科學上與他親密互動的科學家撰寫的
故事軼聞。

The Gene: An Intimate History, by Siddhartha Mukherjee, Scribner (2016)
描述基因研究的歷史，以及基因革命對人類社會的現在與未來的巨大影響。

The Path to the Double Helix, by R. C. Olby, Dover Publications (1994)
另一本由歷史學家撰寫的分子生物學史。

Who Wrote the Book of Life? : A History of the Genetic Code, by L. Kay, Stanford
University Press (2000)
詳盡記述了遺傳密碼解碼的漫長歷史。

傳記

《DNA 光環背後的奇女子》（*Rosalind Franklin: The Dark Lady of DNA*, by B. Maddox）
楊玉齡譯，天下文化（2004）
佛蘭克林的傳記。

《吃角子老虎與破試管》（*A Slot Machine, a Broken Test Tube*, by S. E. Luria）房樹生譯，
天下文化（1996）
盧瑞亞的自傳，談他早期的研究，特別是他的「波動測試」。

《雙螺旋》（*The Double Helix*, by J. D. Watson）陳正萱、張項譯，時報文化（1998）
華生引起很多爭議的自傳，描述 DNA 雙螺旋結構發現的歷程。

My Life in Science, by S. Brenner, BioMed Central (2001)
布瑞納的口述自傳。

*Meselson, Stahl, and the Replication of DNA: A History of The Most Beautiful
Experiment in Biology*, by F. L. Holmes, Yale University Press (2001)
非常詳盡地報導梅塞爾森與史塔爾測試 DNA 半保留複製模型的故事。

Untangling the Double Helix: DNA Entanglement and the Action of the DNA Topoisomerases, by J. Wang, Cold Spring Harbor Laboratory Press (2009)
DNA 拓撲異構酶的發現者王倬討論 DNA 纏繞問題、DNA 拓撲異構酶的功能、生化機制、細胞學角色與醫學意義。

What Mad Pursuit, by F. Crick, Basic Books (1988)
克里克的自傳，涵蓋早期的教育、二戰服役的工作、雙螺旋的發現、遺傳密碼的解密、中心教條的提出，一直到後來轉到沙克生物研究院專攻腦科學。

網路資源

Caltech Archives Oral Histories Online http://oralhistories.library.caltech.edu/
加州理工學院收藏該學院學者及相關學者的口述歷史抄本。

DNA From The Beginning http://www.dnaftb.org/dnaftb/
美國冷泉港實驗室的教育平台，以歷史為主軸，用動畫以及其他網路資源介紹傳統遺傳學以及分子生物學。

DNA: The King's Story http://www.kingscollections.org/exhibitions/archives/dna
英國倫敦的國王學院收藏的 DNA 故事「展覽」，聚焦於該學院的科學家在 DNA 雙螺旋結構發現史中扮演的關鍵角色。

Electronic Scholarly Publishing Project (ESP) http://www.esp.org/
收集很多遺傳學的經典文獻，譬如達爾文的 *Origin of Species* 和史特蒂文的 *A History of Genetics*。

Experiments on Plant Hybrids by Gregor Mendel http://www.genetics.org/content/204/2/407
孟德爾於 1866 年發表豌豆遺傳研究論文的新版英文譯文 (*Genetics* 204:407, 2016, S. Abbott 與 D. J. Fairbanks 翻譯)

Linus Pauling and the Race for DNA http://scarc.library.oregonstate.edu/coll/pauling/dna/index.html
美國俄勒岡州立大學紀念鮑林的網站，收集豐富的一手及二手圖文資料，特別是 DNA 雙螺旋問世的時期。

MendelWeb http://www.mendelweb.org/
以孟德爾 1866 年的經典論文為中心的教育網站。有此論文的舊版英文譯文。

Profiles in Science http://profiles.nlm.nih.gov/
美國國家衛生研究院建立的網站，提供一些近代生醫界著名科學家的生平事蹟，包括三萬多份的相關文件、圖片與影片。

Secret of Photo 51
美國 NOVA 科普電視節目 2003 年製播，關於 DNA 雙螺旋發現的紀錄影片，包含真人的訪談以及演員詮釋的情境，內容主要根據《DNA 光環背後的奇女子》一書。現在可以在不同的網路平台觀賞（如 YouTube）。

Wellcome Collection https://wellcomecollection.org/collections
英國倫敦威爾康圖書館 (Wellcome Library) 與合作的機構，共同收集的遺傳學及分子生物學歷史線上資源，有非常豐富的原始手稿、筆記、通信、書籍、圖片、新聞等。1955 年克里克在「RNA 領帶俱樂部」提出「轉接器假説」的 18 頁未發表通訊 *'On Degenerate Templates and the Adaptor Hypothesis'*(https://wellcomecollection.org/works/pe66a67g)，可以在此閱讀和下載。

索引

照片來源

本書使用之科學照片出處或開放授權之影像來源如下：

圖 1-1　Wikimedia Commons
圖 1-2　Wikimedia Commons
圖 1-3　Wikimedia Commons
圖 1-4A　John Innes Foundation Historical Collections
圖 1-4B　Mendelianum, Moravian Museum
圖 2-1　Zellsubstanz, Kern und Zelltheilung. W. Flemming, 1882.
圖 4-1A　Wikimedia Commons
圖 4-1B　Wikimedia Commons
圖 4-5　Uber die intrazelluläre Formation von Bakterien - DNS, Von A. Kleinschmidt. D. Lang in Z. Naturforschg. 16b, 730-739, 1961.
圖 4-6　The Chromosome of Escherichia coli. J. Cairns in Cold Spring Harbor Symposia on Quantitative Biology. 28:44, 1963.
圖 5-1A　Wikimedia Commons
圖 5-1B　Wikimedia Commons
圖 5-2B　Studies on the Chemical Nature of the Substance Inducing Transformation of Pneumococcal Types. Oswald T. Avery et al. in The Journal of Experimental Medicine, Feb 1; 79(2): 137-158, 1944.
圖 5-3　The Identification and Characterization of Bacteriophages with the Electron Microscope. S. E. Luria and Thomas F. Anderson in PNAS, vol. 28 127-131, 1942.
圖 6-3B　Wikimedia Commons
圖 6-7　Molecular Configuration in Sodium Thymonucleate. R. Franklin and R. G. Gosling in Nature, vol. 171, 740-741, 1953.
圖 8-4A　Wikimedia Commons
圖 8-4B　Wikimedia Commons
圖 10-3B　The Replication of DNA in Escherichia coli. M. Meselson & F. W. Stahl in PNAS, vol.44 671-682, 1958.
圖 10-4　The Replication of DNA in Escherichia coli. M. Meselson & F. W. Stahl in PNAS, vol.44 671-682, 1958.
圖 10-5　An Estimate of the Length of the DNA Molecule of T2 Bacteriophage by Autoradiography. John Cairns in Journal of Molecular Biology. Vol. 3, Issue 6, 756-761, 1961.

國家圖書館出版品預行編目 (CIP) 資料

孟德爾之夢 ：基因的百年歷史／陳文盛著 -- 二版 .
-- 臺北市：遠流出版事業股份有限公司，2023.05
296 面 ； 14.8 × 21 公分

ISBN 978-626-361-090-3（平裝）

1.CST：分子遺傳學 2.CST：基因 3.CST：歷史

363.8 112004905

孟德爾之夢
基因的百年歷史（修訂版）

作者／陳文盛
封面畫作、章名頁插畫、人物漫畫／陳文盛

責任編輯／林孜懃
特約編輯／王心瑩
初版主編／張孟媛
封面設計／謝佳穎
內頁設計／優升活設計中心
內頁排版／中原造像
科學圖解繪製／邱意惠
行銷企劃／舒意雯
出版一部總編輯暨總監／王明雪

發行人／王榮文
出版發行／遠流出版事業股份有限公司
　　　　　台北市中山北路一段 11 號 13 樓
　　　　　電話／（02）2571-0297
　　　　　傳真／（02）2571-0197
　　　　　郵撥／0189456-1
著作權顧問／蕭雄淋律師

□ 2017 年 10 月 1 日　初版一刷
□ 2023 年 5 月 1 日　二版一刷
定價／新台幣 480 元（缺頁或破損的書，請寄回更換）
有著作權‧侵害必究　Printed in Taiwan
ISBN 978-626-361-090-3

http://www.ylib.com　E-mail: ylib@ylib.com
遠流博識網　遠流粉絲團 https://www.facebook.com/ylibfans